职业院校机电类"十三五"
微课版创新教材

变频及
伺服应用技术

郭艳萍 钟立 / 主编

李娟 / 副主编

U0191584

人民邮电出版社

北 京

图书在版编目（CIP）数据

变频及伺服应用技术 / 郭艳萍，钟立主编. -- 北京：
人民邮电出版社，2016.7（2023.8重印）
职业院校电类"十三五"微课版创新教材
ISBN 978-7-115-43034-2

Ⅰ．①变… Ⅱ．①郭… ②钟… Ⅲ．①变频器－高等
职业教育－教材②伺服系统－高等职业教育－教材 Ⅳ．
①TN773②TP275

中国版本图书馆CIP数据核字(2016)第155046号

内 容 提 要

本书以西门子和三菱变频器以及三菱伺服驱动器为例，系统介绍了变频器、步进驱动器和伺服驱动器的结构、工作原理、基本使用方法和实训操作，并介绍了PLC与变频器、步进驱动器以及伺服驱动器相结合的实际工程应用案例。本书分 6 个项目，包括西门子变频器的运行与功能解析、三菱变频器的运行与操作、变频器常用控制电路、变频器与 PLC 在工程中的典型应用、步进电机的应用、伺服电机的应用。每个项目下设计有若干任务，每个任务有相关知识介绍和详细的任务实施步骤。

本书可作为高职高专电气自动化、机电一体化、数控技术、轨道交通技术等专业的教学用书，也可作为各类工程技术人员、在职人员的培训、自学教材以及各类企业设备管理人员的参考读物。

◆ 主　编　郭艳萍　钟　立
　　副主编　李　娟
　　责任编辑　李育民
　　责任印制　焦志炜

◆ 人民邮电出版社出版发行　　北京市丰台区成寿寺路 11 号
　　邮编　100164　电子邮件　315@ptpress.com.cn
　　网址　http://www.ptpress.com.cn
　　固安县铭成印刷有限公司印刷

◆ 开本：787×1092　1/16
　　印张：16　　　　　　　　　　2016 年 7 月第 1 版
　　字数：380 千字　　　　　　　2023 年 8 月河北第 18 次印刷

定价：39.80 元

读者服务热线：(010)81055256　印装质量热线：(010)81055316
反盗版热线：(010)81055315

变频与伺服技术是电力电子技术、计算机控制技术和自动控制技术等多学科融合的技术，随着自动化技术的迅猛发展，在实际生产中变频技术和伺服技术得到了越来越广泛的应用。近年来，在高职电气自动化技术专业、机电一体化技术专业、数控应用技术专业及轨道交通技术专业中均开设了"变频及伺服应用技术"课程。该课程也是培养学生自动化技术核心能力的专业课。本书根据国内即将从事或已从事变频及伺服工程应用的一线工程技术人员的实际需求，将变频和伺服的理论基础，变频和伺服控制系统的工程应用、参数设置、系统调试、维护与实验有机地结合起来，系统地介绍变频和伺服的工程应用技术。

西门子的变频器和伺服系统是欧系产品的杰出代表，其功能强大，虽然价格高，但市场占有率也高。三菱的变频器和伺服系统是日系代表产品，也是较早进入中国市场的产品，性价比较高，在中国也有一定的市场份额，因此本书将以西门子和三菱变频器及三菱伺服驱动器为例进行介绍。本书根据自动化技术的岗位需求，将教学内容分为 6 个项目，即西门子变频器的运行与功能解析、三菱变频器的运行与操作、变频器常用控制电路、变频器与 PLC 在工程中的典型应用、步进电机的应用、伺服电机的应用。这 6 个项目之间是循序渐进、步步深入的关系，应用部分精选工程的实际案例，每个案例都包含软硬件的配置方案图、接线图、参数设置和程序设计，供学生模仿学习，提高学生解决实际问题的能力。学生在经过这六个模块的学习之后，可以逐步掌握变频、步进和伺服的知识点及操作技能。

本书任务驱动方式编写，按照变频、步进和伺服的知识点精心设计了 21 个任务，每个任务都以实际工程案例引入，由浅入深地讲述相关理论知识和实际应用案例。该书打破原有的理论知识体系，按照"任务导入"→"相关知识"→"任务实施"→"知识拓展"等方式重构课程内容，使学生每学习一个知识点都由相关的典型案例作为知识的载体，在学习每一个任务中都采用教、学、做一体化的教学模式，案例将力求尽可能简单和详细，用较多的小例子引领学生入门，让学生入门后，能完成简单的工程。

在每个任务的思考与练习中，针对重要知识点都设计相应的练习内容。通过练习，学生可加深对知识的理解与掌握。

该书配有微课，针对重点、难点及变频器的实训示范案例，以 5～20 分钟的小视频的形式，进一步帮助学生理解和掌握知识点和操作技能。此外，该书还配套适合教学用的课件、习题答案、西门子变频器、三菱变频器、步进驱动器以及伺服驱动器手册、变频器学习软件、编程软件、样例程序等，任课教师可到人民邮电出版社教学服务与资源网（www.ptpedu.com.cn）免费下载使用。

本书由重庆工业职业技术学院的郭艳萍和钟立任主编，并进行全书的选例、设计和统稿工作。昆明冶金高等专科学校的李娟任副主编，天津中德应用技术大学的邱美艳参与编写。其具体编写任务如下：郭艳萍编写项目 1 和项目 3、钟立编写项目 4，李娟编写项目 5，邱美艳编写项目 2 和项目 6。

本书在编写过程中参阅了大量同类书籍及西门子和三菱变频器、伺服驱动器的使用手册，在此对相关人员一并表示衷心的感谢！

限于编者的水平，书中难免有不妥之处，恳请读者批评指正，可通过 **E-mail**（785978419@qq.com）与我们联系。

编者

2016 年 6 月

项目 1
西门子变频器的运行与功能解析

学习目标

1. 了解交流电动机调速的 3 种基本方法。
2. 掌握通用变频器的基本结构及变频原理。
3. 认识西门子 MM440 变频器的接线图、操作面板及其拆卸方法。
4. 学会西门子变频器的运行操作方式。
5. 掌握西门子变频器的常用功能。

| 任务 1.1　认识变频器 |

任务导入

　　MM440 系列变频器是德国西门子公司广泛应用于工业场合的多功能标准变频器。它采用高性能的矢量控制技术，提供低速高转矩输出和良好的动态特性，同时具备超强的过载能力，以满足不同的交流电动机调速应用场合。西门子 MM440 变频器的外观和结构是怎么样的，如何拆装变频器的操作面板、前盖板和 I/O 板呢？

相关知识

一、交流异步电动机的调速方法

　　众所周知，直流调速系统具有较为优良的静、动态性能指标，在很长的一个历史时期内，调速传动领域基本上被直流电动机调速系统所垄断。但直流电动机由于受换向器限制，使其维修工作量大，事故率高，使用环境受限，很难向高电压、高转速、大容量发展。与直流电动机相比，交流电动机具有结构简单、制造容易、维护工作量小等优点，但交流电动机的控制却比直流电动机复杂得多。早期的交流传动均用于不可调速传动，而可调速传动则用直流传动。随着电力

扩展视频：交流异步电动机的调速方法

电子技术、控制技术和计算机技术的发展，交流调速技术日益成熟，在许多方面已经可以取代直流调速系统；特别是各类通用变频器的出现，使交流调速已逐渐成为电气传动中的主流。

异步电动机的转速公式

$$n = n_1(1-s) = \frac{60f_1}{p}(1-s) \tag{1-1}$$

式中，f_1——异步电动机定子绕组上交流电源的频率（Hz）；

　　　p——异步电动机的磁极对数；

　　　s——异步电动机的转差率；

　　　n——异步电动机的转速（r/min）。

　　　n_1——异步电动机的同步转速（r/min）。

根据式（1-1）可知，交流异步电动机有下列 3 种基本调速方法。

① 改变定子绕组的磁极对数 p，称为变极调速。

② 改变转差率 s，其方法有改变电压调速、绕线式异步电动机转子串电阻调速和串级调速。

③ 改变电源频率 f_1，称为变频调速。

1．变极调速

在电源频率 f_1 不变的条件下，改变电动机的极对数 p，电动机的同步转速 n_1 就会变化，从而改变电动机的转速 n。若极对数减少一半，同步转速就升高一倍，电动机的转速也几乎升高一倍。这种调速方法通常用改变电动机定子绕组的接法来改变极对数。这种电动机称为多速电动机。其转子均采用笼型转子，转子感应的极对数能自动与定子相适应。这种电动机在制造时，从定子绕组中抽出一些线头，以便使用时调换。下面以一相绕组来说明变极原理。先将 U 相绕组中的 2 个半相绕组 a_1x_1 与 a_2x_2 采用顺向串联，如图 1-1 所示，产生 2 对磁极。若将 U 相绕组中的一半相绕组 a_2x_2 反向并联，如图 1-2 所示，则产生 1 对磁极。

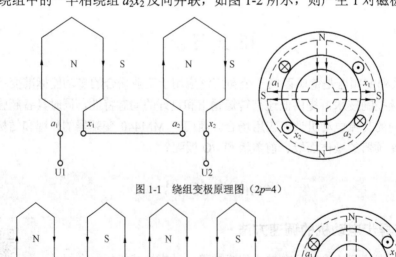

图 1-1　绕组变极原理图（$2p$=4）

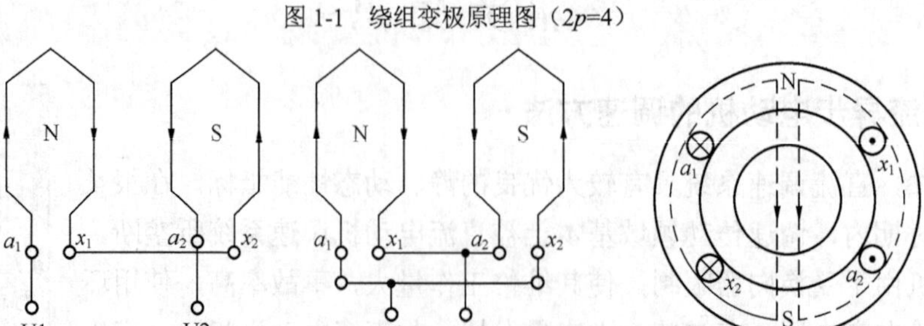

图 1-2　绕组变极原理图（$2p$=2）

目前，我国多极电动机定子绕组连接方式常用的有两种：一种是从星形改成双星形，写为 Y/YY，如图 1-3 所示；另一种是从三角形改成双星形，写为△/YY，如图 1-4 所示，这两种接法可使电动机极对数减少一半。在改接绕组时，为了使电动机转向不变，应把绕组的相序改接一下。

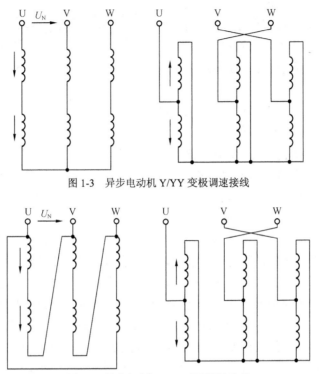

图 1-3　异步电动机 Y/YY 变极调速接线

图 1-4　异步电动机△/YY 变极调速接线

变极调速主要用于各种机床及其他设备上。其优点是设备简单，操作方便，具有较硬的机械特性，稳定性好；其缺点是电动机绕组引出头较多，调速级数少，级差大，不能实现无级调速，电动机体积大，制造成本高。

2．变转差率调速

改变定子电压调速、转子串电阻调速和串级调速都属于改变转差率调速。这些调速方法的共同特点是在调速过程中都产生大量的转差功率。前两种调速方法都是把转差功率消耗在转子电路里，很不经济；而串级调速则能将转差功率加以吸收或大部分反馈给电网，提高了经济性能。

（1）改变定子电压调速：由异步电动机电磁转矩和机械特性方程可知，在一定转速下，异步电动机的电磁转矩与定子电压的平方成正比。因此改变定子外加电压就可以改变其机械特性的函数关系，从而改变电动机在一定输出转矩下的转速。

当改变电动机的定子电压时，可以得到一组不同的机械特性曲线，从而获得不同转速。如图 1-5 所示，曲线 1 为电动机的固有机械特性，曲线 2 为定子电压是额定电压的 0.7 倍时的机械特性。从图中可以看出：

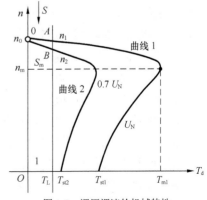

图 1-5　调压调速的机械特性

同步转速 n_0 不变，最大转差或临界转差率 S_m 不变。当负载为恒转矩负载 T_L 时，随着电压从 U_N 减小到 $0.7U_N$，转速相应地从 n_1 减小到 n_2，转差率增大，显然可以认为调压调速属于改变转差率的调速方法。

　　该调速方法的调速范围较小，低压时机械特性太软，转速变化大。为改善调速特性，可采用带速度负反馈的闭环控制系统来解决该问题。

　　目前广泛采用晶闸管交流调压电路来实现定子调压调速。

　　（2）转子串电阻调速：绕线式异步电动机转子串电阻调速的机械特性如图 1-6 所示。转子串电阻时最大转矩 T_m 不变，临界转差率增大。所串电阻越大，运行段机械特性斜率越大。

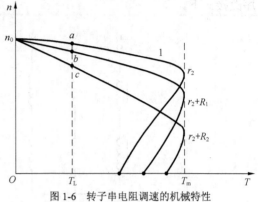

图 1-6　转子串电阻调速的机械特性

若带恒转矩负载，原来运行在固有特性曲线 1 的 a 点上，在转子串电阻 R1 后，就运行在 b 点上，转速由 n_a 变为 n_b，依此类推。

　　转子串电阻调速的优点是设备简单，主要用于中、小容量的绕线式异步电动机，如桥式起重机等。缺点是转子绕组需经过电刷引出，属于有级调速，平滑性差；由于转子中电流很大，在串接电阻上产生很大损耗，所以电动机的效率很低，机械特性较软，调速精度差。

　　（3）串级调速：串级调速方式是指绕线式异步电动机转子回路中串入可调节的附加电势来改变电动机的转差，从而达到调速的目的。其优点是可以通过某种控制方式，使转子回路的能量回馈到电网，从而提高效率；在适当的控制方式下，可以实现低同步或高同步的连续调速。缺点是只能适应于绕线式异步电动机，且控制系统相对复杂。

3．变频调速

　　交流变频调速技术的原理是把工频 50Hz 的交流电转换成频率和电压可调的交流电，通过改变交流异步电动机定子绕组的供电频率，在改变频率的同时也改变电压，从而达到调节电动机转速的目的（即 VVVF 技术）。

　　交流变频调速系统一般由三相交流异步电动机、变频器及控制器组成。它与直流调速系统相比具有以下显著优点。

　　① 变频调速装置的大容量化。直流电动机由于受换向器限制，单机容量、最高转速及使用环境都受到限制。其电枢电压最高只能做到一千多伏，而交流电动机可做到 6～10kV。直流电动机的转速一般仅为每分钟数百转到一千多转，而交流电动机的速度可以达到每分钟数千转，以满足高速机械的运行要求。

　　② 变频调速系统调速范围宽，能平滑调速，其调速静态精度及动态品质好。

　　③ 变频调速系统可以直接在线启动，启动转矩大，启动电流小，减小了对电网和设备的冲击，并具有转矩提升功能，节省软启动装置。

　　④ 变频器内置功能多，可满足不同工艺要求；保护功能完善，能自诊断显示故障所在，维护简便；具有通用的外部接口端子，可同计算机、PLC 联机，便于实现自动控制。

　　⑤ 变频调速系统在节约能源方面有着很大的优势，是目前世界公认的交流电动机的最理想、最有前途的调速技术。其中以风机、泵类负载的节能效果最为显著，节电率可达到 20%～60%。由于风机、水泵等负载的功率消耗与电动机转速的 3 次方成正比，因此当负载的转速

小于电动机额定转速时，其节能潜力比较大。

扩展视频：变频调速的原理

二、变频调速原理

1. 变频调速的条件

从式（1-1）来看，只要改变定子绕组的电源频率 f_1 就可以调节转速大小了，但是事实上只改变 f_1 并不能正常调速，而且可能导致电动机运行性能的恶化。其原因分析如下。

由电动机学原理知，三相异步电动机定子绕组的反电动势 E_1 的表达式为

$$E_1 = 4.44 f_1 N_1 K_{N1} \Phi_m \tag{1-2}$$

式中，E_1——气隙磁通在定子每相中感应电动势的有效值（V）；

N_1——每相定子绕组的匝数；

K_{N1}——与绕组结构有关的常数；

Φ_m——电动机每极气隙磁通。

由于式（1-2）中的 4.44、N_1、K_{N1} 均为常数，所以定子绕组的反电动势可用式（1-3）表示，即

$$E_1 \propto f_1 \Phi_m \tag{1-3}$$

根据三相异步电动机的等效电路知，$E_1 = U_1 + \Delta U$，当 E_1 和 f_1 的值较大时，定子的漏阻抗相对比较小，漏阻抗压降 ΔU 可以忽略不计，即可认为电动机的定子电压 $U_1 \approx E_1$，因此可将式（1-3）写成

$$U_1 \approx E_1 \propto f_1 \Phi_m \tag{1-4}$$

若电动机的定子电压 U_1 保持不变，则 E_1 也基本保持不变，由式（1-4）可知，当定子绕组的交流电源频率 f_1 由基频 f_{1N} 向下调节时，将会引起主磁通 Φ_m 的增加。由于额定工作时电动机的磁通已经接近饱和，Φ_m 继续增大，将会使电动机磁路过分饱和，从而导致过大的励磁电流，严重时会因绕组过热而损坏电动机。而从基频 f_{1N} 向上调节时，主磁通 Φ_m 将减少，铁芯利用不充分，同样的转子电流下，电磁转矩 T 下降，电动机的负载能力下降，电动机的容量也得不到充分利用。因此为维持电动机输出转矩不变，我们希望在调节频率 f_1 的同时能够维持主磁通 Φ_m 不变（即恒磁通控制方式）。

以电动机的额定频率 f_{1N} 为基准频率，称为基频。变频调速时，可以从基频向上调，也可以从基频向下调。

2. 基频以下恒磁通（恒转矩）变频调速

当在额定频率以下调频，即 $f_1 < f_{1N}$ 时，为了保证 Φ_m 不变，根据式（1-3）得

$$\frac{E_1}{f_1} = 常数$$

也就是说，在频率 f_1 下调时也同步下调反电动势 E_1，但是由于异步电动机定子绕组中的感应电动势 E_1 无法直接检测和控制，根据 $U_1 \approx E_1$，可以通过控制 U_1 达到控制 E_1 的目的，即

$$\frac{U_1}{f_1} = 常数 \tag{1-5}$$

通过以上分析可知：在额定频率以下调频时（$f_1 < f_{1N}$），调频的同时也要调压。将这种调速方法称为变压变频（Variable Voltage Variable Frequency，VVVF）调速控制，也称为恒压频比控制方式。

当定子电源频率 f_1 很低时，U_1 也很低。此时定子绕组上的电压降 ΔU 在电压 U_1 中所占的比例增加，将使定子电流减小，从而使 Φ_m 减小，这将引起低速时的最大输出转矩减小。可用提高 U_1 来补偿 ΔU 的影响，使 E_1/f_1 不变，即 Φ_m 不变，这种控制方法称为电压补偿，也称为转矩提升。定子电源频率 f_1 越低，定子绕组电压补偿得越大，带定子压降补偿控制的恒压频比控制特性如图 1-7 所示。

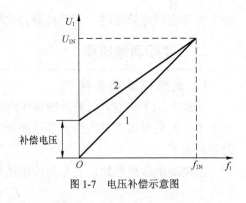

图 1-7 电压补偿示意图

如图 1-7 所示，曲线 1 为 $U_1/f_1=$ 常数时的电压与频率关系曲线；曲线 2 为有电压补偿时，即近似的 E_1/f_1 为常数时的电压与频率关系曲线。实际上变频器装置中相电压 U_1 和频率 f_1 的函数关系并不简单地如曲线 2 一样，通用变频器有几十种电压与频率函数关系曲线，可以根据负载性质和运行状况加以选择。

在基频以下调速时，采用 U/f 控制方式以保持主磁通 Φ_m 的恒定，电动机的机械特性曲线如图 1-8 中 f_{1N} 曲线以下的曲线所示。此过程中，电磁转矩 T 恒定，电动机带负载的能力不变，属于恒转矩调速。如图 1-8 所示，曲线 f_4 中的虚线是进行电压补偿后的机械特性曲线。

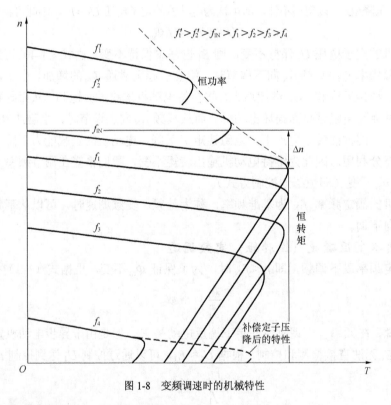

图 1-8 变频调速时的机械特性

观察各条机械特性曲线，它们的特征如下。

① 从额定频率向下调频时，理想空载转速减小，最大转矩逐渐减小。

② 频率在额定频率附近下调时，最大转矩减少，可以近似认为不变；频率调得很低时，

最大转矩减小很快。

③ 频率不同时，最大转矩点对应的转差Δn变化不是很大，所以稳定工作区的机械特性基本是平行的。

3．基频以上恒功率（恒电压）变频调速

当定子绕组的交流电源频率f_1由基频f_{1N}向上调节时，若按照U_1/f_1＝常数的规律控制，电压也必须由额定值U_{1N}向上增大。由于电动机不能超过额定电压运行，所以频率f_1由额定值向上升高时，由式（1-4）可知，定子电压不可能随之升高，只能保持$U_1=U_{1N}$不变。这样必然会使Φ_m随着f_1的升高而下降，类似于直流电动机的弱磁调速。由电动机学原理知，Φ_m的下降将引起电磁转矩T的下降。频率越高，主磁通Φ_m下降得越多，由于Φ_m与电流或转矩成正比，因此电磁转矩T也变小。需要注意的是，这时的电磁转矩T仍应比负载转矩大，否则会出现电动机的堵转。在这种控制方式下，转速越高，转矩越低，但是转速与转矩的乘积（输出功率）基本不变，所以基频以上调速属于弱磁恒功率调速。其机械特性曲线如图1-8中f_{1N}曲线以上2条曲线所示。其特征如下。

① 额定频率以上调频时，理想空载转速增大，最大转矩大幅减小。

② 最大转矩点对应的转差Δn几乎不变，但由于最大转矩减小很多，所以机械特性斜度加大，曲线特性变软。

4．变频调速特性的特点

把基频以下和基频以上两种情况结合起来，可得图1-9所示的异步电动机变频调速的控制特性。按照电力拖动原理，在基频以下，属于恒转矩调速的性质，而在基频以上，属于恒功率调速性质。

（1）恒转矩的调速特性。这里的恒转矩是指在转速的变化过程中，电动机具有输出恒定转矩的能力。在$f_1<f_{1N}$的范围内变频调速时，经过补偿后，各条机械特性的临界转矩基本为一定值，因此该区域基本为恒转矩调速区域，适合带恒转矩负载。从另一方面来看，经补偿以后的$f_1<f_{1N}$调速，可基本认为E/f＝常数，即Φ_m不变，根据电动机的转矩公式知，在负载不变的情况下，电动机输出的电磁转矩基本为一定值。

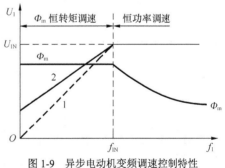

图1-9　异步电动机变频调速控制特性

（2）恒功率的调速特性。这里的恒功率是指在转速的变化过程中，电动机具有输出恒定功率的能力，在$f_1>f_{1N}$下，频率越高，主磁通Φ_m必然相应下降，电磁转矩T也越小，而电动机的功率$P=T(\downarrow)\omega(\uparrow)$＝常数，因此$f_1>f_{1N}$时，电动机具有恒功率的调速特性，适合带恒功率负载。

三、通用变频器的基本结构

变频器是把电压、频率固定的交流电变成电压、频率可调的交流电的变换器。它与外界的联系基本上分为主电路、控制电路2个部分，如图1-10所示。

1．主电路

交—直—交变频器的主电路如图1-11所示，由整流电路、能耗电路和逆变电路组成。

扩展视频：通用变频器的基本结构

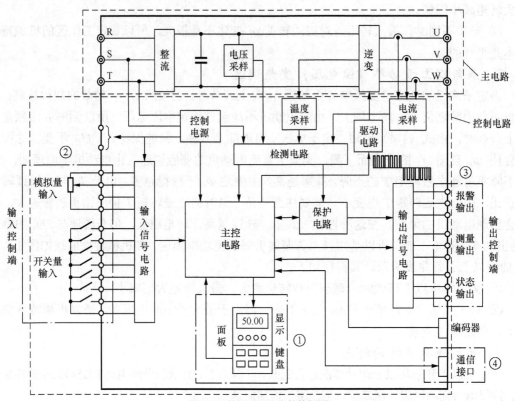

图1-10 变频器的基本结构框图

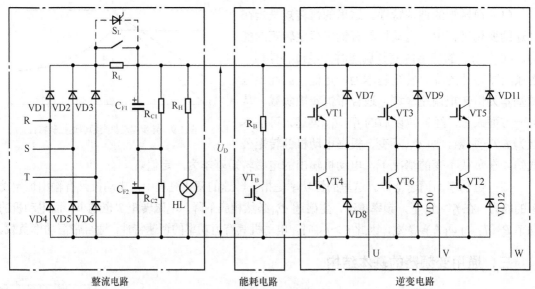

图1-11 交—直—交变频器的主电路

（1）整流电路。

① 整流管 VD1～VD6。在图1-11中，二极管 VD1～VD6 组成三相整流桥，将电源的三相交流电全波整流成直流电。如电源的线电压为 U_L，则三相全波整流后平均直流电压 U_D 的大小是

$$U_D = 1.35U_L \qquad (1\text{-}6)$$

我国三相电源的线电压为380V，故全波整流后的平均电压是

$$U_D = 1.35 \times 380 = 513 (V)$$

变频器的三相桥式整流电路常采用集成电路模块，其整流桥集成电路模块如图1-12所示。

② 滤波电容器 C_F。图1-11中的滤波电容器 C_F 有两个功能：一是滤平全波整流后的电压纹波；二是当负载变化时，使直流电压保持平稳。

③ 电源指示 HL。HL 除了表示电源是否接通以外，还有一个十分重要的功能，即在变频器切断电源后，表示滤波电容器 C_F 上的电荷是否已经释放完毕。

图1-12 三相整流桥模块

（2）能耗电路。电动机在工作频率下降过程中，将处于再生制动状态，拖动系统的动能将转变成电能反馈到直流电路中，使直流电压 U_D 不断上升，甚至可能达到危险的地步。因此必须将再生到直流电路的能量消耗掉，使 U_D 保持在允许范围内。图1-11所示的制动电阻 R_B 就是用来消耗这部分能量的。

知识链接

泵 生 电 压

当电动机处于再生发电制动状态时，会导致电压源型变频器直流侧电压 U_D 升高而产生过电压，这种过电压称为泵升电压。为了限制泵升电压，如图1-11所示，可给直流侧电容并联一个由电力晶体管 VT_B 和能耗电阻 R_B 组成的泵升电压限制电路。当泵升电压超过一定数值时，使 VT_B 导通，再生回馈制动能量消耗在 R_B 上，所以又将该电路称为制动电路。

（3）逆变电路。逆变管 VT1～VT6 组成逆变桥，把 VD1～VD6 整流所得的直流电再"逆变"成频率、电压都可调的交流电，这是变频器实现变频的核心部分，当前常用的逆变管有绝缘栅双极型晶体管（IGBT）、门极关断（GTO）晶闸管及电力场效应晶体管（MOSFET）等。在中、小型变频器中最常采用的是 IGBT 管。

逆变电路每个逆变管两端都并联一个二极管，并联二极管为再生电流及能量返回直流电路提供通路，所以把这样的二极管称为续流二极管。

变频器的逆变电路常采用模块化结构，以 IGBT 模块为例，就是将多个 IGBT 管和续流二极管集成封装在一起，一般模块化结构有 2 单元（又称为单桥）、4 单元（又称为 H 桥）、6 单元（又称为三相全桥）。目前市场上 15kW 以上变频器使用的是 150A/200A/300A/400A/450A 的单桥 IGBT 模块或 100A/150A 的全桥 IGBT 模块。

IGBT 模块的外形及接线图如图1-13所示。

图1-13（c）的接线说明：单桥封装的 IGBT 模块是双管的 IGBT 模块，一般用在全桥或者半桥电路中作为一个桥臂。假定是用在全桥上，等效电路图中的3接母线电压 V_C，2接 GND，1引出线接负载，6、7接驱动板出来的下桥臂门极驱动信号；4、5接驱动板出来的上桥臂门极驱动信号。

(a) IGBT 单管封装

(b) IGBT 单桥封装

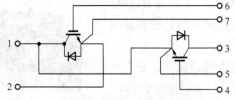

(c) IGBT 单桥等效电路及接线方法

(d) IGBT 全桥封装

图 1-13　IGBT 模块外形及接线方法

📖 **知识链接**

功率集成模块（PIM）

　　中小功率变频器多采用 25A、50A、75A、100A、150A 的 PIM 模块。PIM 结构包括三相全波整流和 6～7 个 IGBT 单元，即变频器的主电路全部封装在一个模块内，在中小功率变频器上均使用 PIM 模块以降低成本，减少变频器的尺寸。

　　PIM 功率集成模块的外形如图 1-14 所示。

图 1-14　PIM 功率集成模块的外形

📖 **知识链接**

智能功率模块（IPM）

　　智能功率模块（IPM）是将大功率开关器件和驱动电路、保护电路、检测电路等集成在同一个模块内，而且还具有过电流、过电压和过热等故障检测电路。目前，IPM 一般以 IGBT 为基本功率开关元件，构成单相或三相逆变器的专用功率模块。IPM 模块有 4 种封装形式：单管封装、双管封装、六管封装和七管封装。由于 IPM 通态损耗和开关损耗都比较低，可使散热器减小，因而整机尺寸亦可减小，又有自保护能力，国内外 55kW 以下的变频器多数采用 IPM 模块。

　　IPM 功率集成模块的内部结构图如图 1-15 所示。

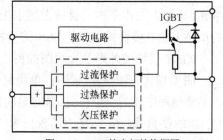

图 1-15　IPM 的内部结构框图

2．控制电路

变频器的控制电路主要以 16 位、32 位单片机或 DSP 为控制核心，从而实现全数字化控制。它具有设定和显示运行参数、信号检测、系统保护、计算与控制、驱动逆变管等作用。

3．外部端子

外部端子包括主电路端子（R、S、T，U、V、W）和控制电路端子。其中控制电路端子又分为输入控制端（见图 1-10②）及输出控制端（见图 1-10③）。输入控制端既可以接收模拟量输入信号，又可以接收开关量输入信号。输出端子有用于报警输出的端子、指示变频器运行状态的端子及用于指示各种输出数据的测量端子。

通信接口（见图 1-10④）用于变频器和其他控制设备的通信。变频器通常采用 RS485 接口。

四、变频器的分类

扩展视频：变频器的分类

1．按变换环节分类

从交流变频调速的变换环节来分可以分为交—交直接变频器和交—直—交间接变频器。

（1）交—交变频器。它是一种把频率固定的交流电源直接变换成频率连续可调的交流电源的装置。常用的交—交变频器的结构如图 1-16 所示。改变正反组切换频率可以调节输出交流电的频率，而改变 α 的大小即可调节矩形波的幅值。

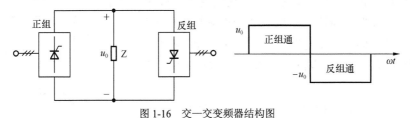

图 1-16　交—交变频器结构图

优点：没有中间环节，变换效率高。

缺点：交—交变频器连续可调的频率范围较窄，其最大输出频率为额定频率的 1/2 以下，因此主要用于低速大容量的拖动系统中。

（2）交—直—交变频器。目前已被广泛地应用在交流电动机变频调速中的变频器是交—直—交变频器，它是先将恒压恒频（Constant Voltage Constant Frequecy，CVCF）的交流电通过整流器变成直流电，再经过逆变器将直流电变换成频率连续可调的三相交流电。

交—直—交变频器最常采用不可控整流器整流，脉宽调制（PWM）逆变器同时调压调频的控制方式，如图 1-17 所示。在这种控制方法中，由于采用不可控整流器整流，故输入功率因数高；采用 PWM 型逆变器则输出谐波可以减少。PWM 逆变器采用绝缘栅双极型晶体管 IGBT 时，开关频率可达 10kHz 以上，输出波形已经非常逼近正弦波，因而又称为 SPWM 逆变器，成为当前最有发展前途的一种调压调频控制方法。

图 1-17　交—直—交变流器的结构

2．按直流电路的滤波方式分类

交—直—交变频器中间直流环节的储能元件可以是电容或是电感，据此，变频器分成电流型变频器和电压型变频器两大类。

（1）电流型。当交—直—交变频器的中间直流环节采用大电感滤波时，直流电流波形比较平直，因而电源内阻抗很大，对负载来说基本上是一个电流源，输出交流电流是矩形波或阶梯波，电压波形接近于正弦波，这类变频器叫作电流源型变频器，如图 1-18 所示。

（2）电压型。当交—直—交变频器的中间直流环节采用大电容滤波时，直流电压波形比较平直，在理想情况下是一个内阻抗为零的恒压源，输出交流电压是矩形波或阶梯波，电流波形为近似正弦波，这类变频器叫作电压源型变频器，如图 1-19 所示。现在变频器大多都属于电压型变频器。

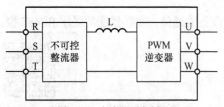

图 1-18　电流源型变频器

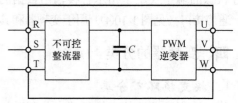

图 1-19　电压源型变频器

3．按输出电压的调制方式分类

按输出电压的调制方式分为脉幅调制（PAM）方式和脉宽调制（PWM）方式。

（1）脉幅调制。脉幅调制（Pulse Amplitude Modulation，PAM）方式是调频时通过改变整流后直流电压的幅值，达到改变变频器输出电压的目的。一般通过可控整流器来调压，通过逆变器来调频，变压与变频分别在两个不同环节上进行，控制复杂，现已很少采用。采用 PAM 调压时，变频器的输出电压波形如图 1-20 所示。

（2）脉宽调节。脉宽调节（Pulse Width Modulation，PWM）方式指变频器输出电压的大小是通过改变输出脉冲的占空比来实现的。调节过程中，逆变器负责调频调压。目前使用最多的是占空比按正弦规律变化的正弦波脉宽调制方式，即 SPWM 方式。中、小容量的通用变频器几乎全部采用此类型的变频器。

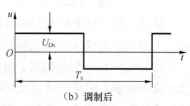

（a）调制前

（b）调制后

图 1-20　PAM 调制的输出电压

4．按变频控制方式分类

根据变频控制方式的不同，变频器大致可以分 4 类：U/f 控制变频器、转差频率控制变频器、矢量控制变频器和直接转矩控制变频器。

5．按用途分类

根据用途的不同，变频器可以有以下分类。

（1）通用变频器。通用变频器的特点就是其通用性，它适用于对调速性能没有严格要求的场合，随着变频技术的进一步发展，通用变频器发展为以节能运行为主要目的的风机、泵类等平方转矩负载使用的平方转矩变频器和以普通恒转矩机械为主要控制对象的恒转矩变频器。

（2）专用变频器。专用变频器是指应用于某些特殊场合的具有某种特殊性能的变频器，其特点是某个方面的性能指标极高，因而可以实现高控制要求，但相对价格较高。

此外，变频器按电压等级可分低压变频器和高压变频器，低压变频器分为单相 220V、三相 380V、三相 660V、三相 1 140V。高压（国际上称作中压）变频器分为 3kV、6kV 和 10kV 3 种。如果采用公共直流母线逆变器，则要选择直流电压，其等级有 24V、48V、110V、200V、500V、1 000V 等。

五、变频器的控制方式

1．U/f 控制方式

U/f 控制即恒压频比控制。它的基本特点是对变频器输出的电压和频率同时进行控制，通过保持 U/f 恒定使电动机获得所需的转矩特性。它是变频调速系统最经典的控制方式，广泛应用于以节能为目的的风机、泵类等负载的调速系统中。

U/f 控制是转速开环控制，无需速度传感器，控制电路简单，通用性强，经济性好；但由于控制是基于电动机稳态数学模型基础上的，因此动态调速性能不佳，电动机低速运行时，由于定子电阻压降的影响，使得电动机的带载能力下降，需要实行转矩补偿。

2．转差频率控制方式

转差频率控制方式是对 U/f 控制的一种改进。其实现思想是通过检测电动机的实际转速，根据设定频率与实际频率的差对输出频率进行连续的调节，从而达到在进行调速控制的同时，控制电动机输出转矩的目的。

转差频率控制是利用了速度传感器的速度闭环控制，并可以在一定程度上对输出转矩进行控制，所以和 U/f 控制方式相比，在负载发生较大变化时，仍能达到较高的速度精度和具有较好的转矩特性。但是由于采用这种控制方式时，需要在电动机上安装速度传感器，并需要根据电动机的特性调节转差，通常多用于厂家指定的专用电动机，通用性较差。

3．矢量控制方式

上述的 U/f 控制方式和转差频率控制方式的控制思想都是建立在异步电动机的静态数学模型上，因此动态性能指标不高。20 世纪 70 年代初西德 F.Blasschke 等人首先提出了矢量控制，它是一种高性能异步电动机控制方式，其基于交流电动机的动态数学模型，利用坐标变换的手段，将交流电动机的定子电流分解成励磁电流分量和转矩电流分量，并加以控制，具有直流电动机相类似的控制性能。采用矢量控制方式的目的，主要是为了提高变频器调速方式的动态性能。各种高端变频器普遍采用矢量控制方式。

4．直接转矩控制方式

1985 年，德国鲁尔大学的 M.Depenbrock 教授首次提出了直接转矩控制理论。直接转矩控制是利用空间矢量坐标的概念，在定子坐标系下分析交流电动机的数学模型，控制电动机的磁链和转矩，通过检测定子电阻来达到观测定子磁链的目的，因此省去了矢量控制等复杂的变换计算，系统直观、简洁，计算速度和精度都比矢量控制方式有所提高。即使在开环的状态下，也能输出 100% 的额定转矩，对于多拖动具有负荷平衡功能。

任 务 实 施

【训练工具、材料和设备】

西门子 MM440 变频器 1 台、《西门子 MM440 通用变频器使用手册》、通用电工工具

1套。

一、西门子MM440变频器认识

西门子变频器MM440系列变频器主要型号为：MICROMASTER420/430/440系列，简称MM4X系列。MM420属于基本通用型变频器，MM430属于风机水泵专用型变频器，MM440属于矢量型变频器。

视频1. MM4变频器介绍

MICROMASTER 440变频器用于三相电动机速度控制和转矩控制的变频器系列。MM440变频器具有高级的矢量控制功能（带有或不带编码器反馈），可用于多种部门的各种用途，尤其适合用于吊车和起重系统、立体仓储系统、食品、饮料和烟草工业以及包装工业的定位系统。此系列有多种型号供用户选择，额定功率范围从0.12kW至200kW（恒转矩即CT方式）或250kW（变转矩即VT方式）。

（1）MM440变频器主要特性如下。

- 易于安装，参数设置和调试。
- 可由IT（中性点不接地）电源供电。
- 具有3个继电器输出。
- 具有2个模拟量输出（0～20mA）。
- 6个带隔离的数字输入，并可切换为NPN/PNP接线。
- 2个模拟输入：

AIN1：0～10 V，0～20mA和−10～+10 V；

AIN2：0～10 V，0～20mA。

- 2个模拟输入可以作为第7和第8个数字输入。
- BiCo（二进制互联连接）技术。
- 有多种可选件供用户选用：用于与PC通信的通信模块，基本操作面板（BOP），高级操作面板（AOP），用于进行现场总线通信的PROFIBUS通信模块。

（2）MM440变频器性能特征如下 。

- 矢量控制：

无传感器矢量控制（SLVC）；

带编码器的矢量控制（VC）。

- *U/f*控制：

磁通电流控制（FCC），改善了动态响应和电动机的控制特性；

多点*U/f*特性。

- 快速电流限制（FCL）功能，避免运行中不应有的跳闸。
- 内置的直流注入制动。
- 复合制动功能改善了制动特性。
- 内置的制动单元（仅限外形尺寸为A至F的MM440变频器）。
- 加速/减速斜坡特性具有可编程的平滑功能：

起始和结束段带平滑圆弧；

起始和结束段不带平滑圆弧。

- 具有比例、积分和微分（PID）控制功能的闭环控制。
- 各组参数的设定值可以相互切换：

电动机数据组（DDS）；

命令数据组和设定值信号源（CDS）。

- 自由功能块。
- 动力制动的缓冲功能。
- 定位控制的斜坡下降曲线。

MM440 变频器按功率及其外形尺寸分，可分为 A 型、B 型、C 型、D 型、E 型、F 型 6 种类型，A 型、B 型、C 型，外形如图 1-21 所示。

图 1-21　西门子 MM440 系列变频器外形

所有 MM440 变频器在标准供货方式时只装有状态显示板（SDP），如图 1-22（a）所示。对于很多用户来说，利用 SDP 和制造厂的默认设置值，就可以使变频器成功地投入运行。如果工厂的默认设置值不适合用户的设备情况，用户可以购买独立的可选件基本操作板（BOP），如图 1-22（b）所示，或高级操作板（AOP）修改参数，如图 1-22（c）所示，使之匹配起来。

（a）SDP 状态显示板　　　（b）BOP 基本操作板　　　（c）AOP 高级操作板

图 1-22　适应于 MM440 变频器的操作面板

西门子变频器订货号的说明如图 1-23 所示。

二、西门子 MM440 变频器的拆装训练

以 A 型尺寸的 MM440 变频器为例讲解拆装步骤，其他尺寸请参考变频器使用手册。

视频 2. 西门子变频器的拆装

1. 拆卸及更换变频器操作面板

拆卸及更换变频器操作面板的方法及步骤如图 1-24 所示，按下变频器顶部的锁扣按钮，向外拔出操作面板就可以将操作面板卸下，然后将要更换的操作面板下部的卡子放在机壳上的槽内，再将面板上部的卡子对准锁扣，轻轻推进去，听到咔的一声轻响，新的面板就被固

定在变频器上了。

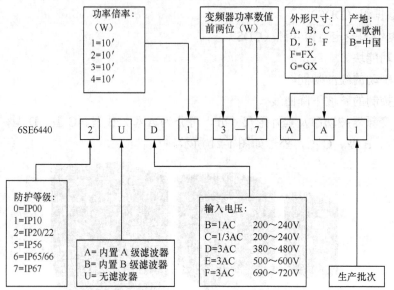

图 1-23　西门子变频器订货号说明

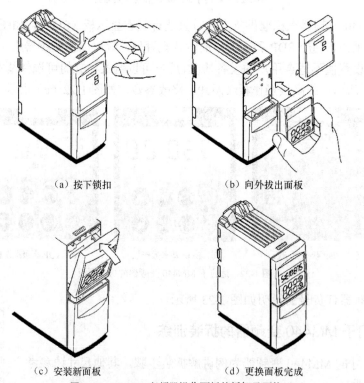

（a）按下锁扣　　　　　　　　　（b）向外拔出面板

（c）安装新面板　　　　　　　　（d）更换面板完成

图 1-24　MM440 变频器操作面板的拆卸及更换

2．拆卸及更换变频器的机壳前盖板

如果想要拆卸 A 型变频器的机壳前盖板，可以在卸下操作面板后，将机壳前盖板向下方推动，再拔起，就可以将其从固定槽中卸下，如图 1-25 所示。卸下机壳前盖板后，其下就会露出变频器的外部 I/O 接线端子，如图 1-26（b）所示。

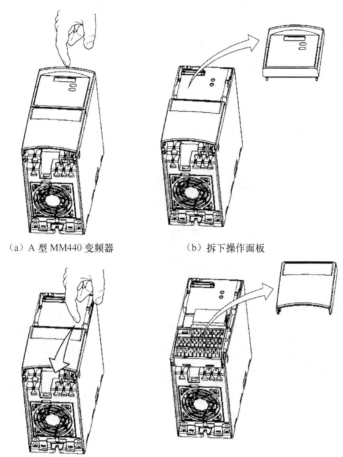

（a）A 型 MM440 变频器　　　　　　（b）拆下操作面板

（c）向下推动机壳盖板　　　　　　（d）向外拔起机壳盖板

图 1-25　A 型 MM440 变频器机壳前盖板的拆卸

拆掉了操作面板和机壳前盖板的变频器如图 1-26（b）所示。这时，变频器的主体上还有 I/O 板，这个 I/O 板也可以拆卸掉。

（a）没有拆卸的变频器　　　　　　（b）已经拆卸的变频器

图 1-26　拆卸前后变频器对比

3. 拆卸I/O板

如图 1-27（a）所示，使用"一字"螺丝刀，撬开 I/O 板右上角的卡子，即可拆下 I/O 板。变频器的 I/O 板拆卸后，在变频器的主体上就可以看到变频器主电路的接线端子。

4. 用标准安装导轨安装变频器的方法

A 型尺寸 MM440 变频器的底座结构如图 1-28 所示。其安装步骤如下。

（1）把标准 35mm 导轨用螺钉安装到底板上，如图 1-29（a）所示。

（2）用变频器的上闩销把 MM440 变频器挂到导轨上。

（3）向导轨上按压变频器，直到导轨的下闩销嵌入到位，

（a）拆卸 I/O 板的方法　　（b）拆卸下来的 I/O 板

图 1-27　A 型变频器 I/O 板的拆卸

图 1-28　A 型尺寸变频器的底座结构

释放机构

导轨的上闩销

导轨的下闩销

5. 拆卸变频器的方法

（1）为了松开变频器的释放机构，将螺丝刀插入释放机构中，如图 1-29（b）所示。

（2）向下施加压力，导轨的下闩销就会松开。

（3）向上提起变频器，将变频器从导轨上取下。

（a）安装　　　　　　　　　　　　　　　（b）拆卸

图 1-29　A 型尺寸的变频器的安装与拆卸

知 识 拓 展

一、变频器的安装方式

1. 变频器对安装环境的要求

（1）环境温度：温度是影响变频器寿命及可靠性的重要因素。变频器的工作环境温度范围一般为-10℃～＋40℃。当环境温度大于变频器规定的温度时，变频器要降额使用或采取相应的通风冷却措施。

（2）环境湿度：变频器工作环境的相对湿度为20%～90%（无结露现象）。湿度太高且湿度变化较大时，变频器内部易出现结露现象，其绝缘性能就会大大降低，甚至可能引发短路事故。必要时，必须在箱中增加干燥剂和加热器。

（3）海拔高度：变频器应用的海拔高度应低于1 000 m。海拔高度大于1 000 m的场合，变频器要降额使用。

（4）周围空气：变频器的安装要求无水滴、蒸汽、酸、碱、腐蚀性气体及导电粉尘；对导电性粉尘场所，采用封闭结构。对可能产生腐蚀性气体的场所，使用环境如果腐蚀性气体浓度大，不仅会腐蚀元器件的引线、印制电路板等，而且还会加速塑料器件的老化，降低绝缘性能，因此要对控制板进行防腐处理。

（5）电磁辐射：变频器在工作中由于整流和变频，产生了很多的干扰电磁波，这些高频电磁波对附近的仪表、仪器有一定的干扰。因此，变频器柜内的仪表和电子系统，应该选用金属外壳，屏蔽变频器对仪表的干扰。所有的元器件均应可靠接地，除此之外，各电器元件、仪器及仪表之间的连线应选用屏蔽控制电缆，且屏蔽层应接地。如果处理不好电磁干扰，往往会使整个系统无法工作，导致控制单元失灵或损坏。

（6）振动：变频器在运行的过程中，要注意避免受到振动和冲击。当装有变频器的控制柜受到机械振动和冲击时，会引起电气接触不良甚至造成短路等严重故障。这时除了提高控制柜的机械强度、远离振动源和冲击源外，还应使用抗振橡皮垫固定控制柜外和内电磁开关之类易产生振动的元器件。设备运行一段时间后，应对其进行检查和维护。

2. 变频器的安装方式

（1）墙挂式安装：由于变频器本身具有较好的外壳，故一般情况下，允许直接靠墙安装，称为墙挂式，如图1-30所示。正面是变频器文字键盘，请勿上下颠倒或平放安装。周围要留有一定空间，上下间距150mm以上，左右间距100mm以上。因变频器在运行过程中会产生热量，必需保持冷风畅通。

（2）柜式安装：当周围的尘埃较多时，或和变频器配用的其他控制电器较多而需要和变频器安装在一起时，采用柜式安装。在配电柜内安装变频器时，要注意它和排风扇的位置。控制柜中安装多台要横向安装。若两个以上的变频器安放位置不正确时，会使通风效果变差，从而导致周围温度升高。图1-31给出了配电柜中安装两个变频器时注意要点的例

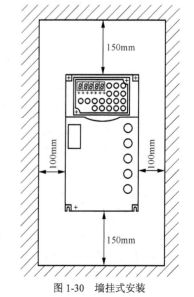

图1-30　墙挂式安装

子；图 1-32 给出了排风扇的正确安装位置。

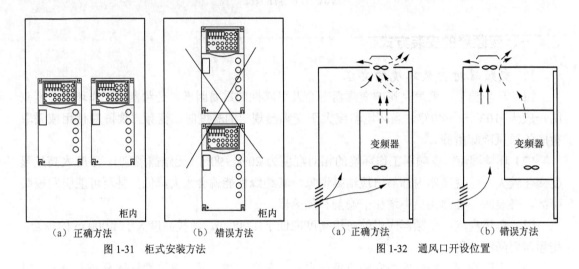

（a）正确方法　　　　（b）错误方法　　　　　　（a）正确方法　　　　（b）错误方法

图 1-31　柜式安装方法　　　　　　　　　　　图 1-32　通风口开设位置

二、变频器的应用及主流变频器

1. 变频器的应用

随着工业自动化程度不断提高，变频器的应用领域越来越广泛，目前产品已被广泛应用于冶金、矿山、造纸、化工、建材、机械、电力及建筑等所有工业传动领域之中，可以有效达到调速节能、过流、过压、过载保护等多种功能。

（1）变频器在节能方面的应用：变频器的产生主要是实现对交流电动机的无级调速，但由于全球能源供求矛盾日益突出，其节能效果越来越受到重视。变频器在风机和水泵的应用中，节能效果尤其明显，有关资料显示，风机、泵类负载使用变频调速后节能率可达 20%～60%。这类负载的应用场合是恒压供水，风机、中央空调、液压泵变频调速等。

（2）变频器在精确自动控制中的应用：算术运算和智能控制是变频器的另一特色，输出精度可达 0.1%～0.01%。这类负载的应用场合是印刷、电梯、纺织、机床、生产流水线等行业的速度控制。

（3）变频器在提高工艺方面的应用：可以改善工艺和提高产品质量，减少设备冲击和噪声，延长设备使用寿命，使操作和控制更具人性化，从而提高整个设备的功能。

2. 主流变频器介绍

（1）日本品牌：在我国变频器发展初期，日资企业凭借地域优势最早进入中国，对我国的变频器市场也较为熟悉，曾一度针对性地推出了适合我国国情的变频产品，把变频器定位于节能、小功率、专业化方向，所以其产品在节能领域或 OEM 市场表现较为突出。在发展初期，中国中、低压变频器市场也出现过日本品牌一统天下局面。随着近几年欧美等品牌的冲击，其市场占有率正趋于下降趋势。目前其在我国较为知名的几大品牌有：富士（Fuji）、三菱（Mitsubishi）、安川（Yaskawa）、三肯等。

（2）欧美品牌：欧美品牌进入我国的脚步虽没日本等企业那么快，但凭借其自身的先进控制技术及过硬的产品稳定性，很快就打入中国市场，目前欧美知名品牌基本都已入住中国，市场占有率也曾一度攀升，目前都占有举足轻重的地位。代表性的品牌有：德国 SIEMENS

（西门子）、瑞士 ABB（阿西亚布朗勃法瑞）、法国 Schneider（施耐德）、美国艾默生、丹麦 Danfoss（丹佛斯）、美国罗克韦尔等，其中 ABB 和西门子两大外资顶级品牌，市场份额远超其他品牌，具有大部分外资品牌难以企及的综合实力。

（3）中国品牌：我国的变频器市场从上世纪 80 年代的起始阶段开始就被外资品牌所占据，在欧美、日本等诸多强势品牌林立的市场环境中，内资品牌不断学习、吸收和积累经验，逐步发展壮大。从整体看，虽然目前在综合实力方面尚与知名国际品牌存在差距，但个别生产企业已开始在竞争中发展壮大、脱颖而出，表现出突出的竞争实力。代表性的品牌有：汇川、英威腾、普传、安邦信、欧瑞和台湾的台达等。

思考与练习

一、填空题

1．三相异步电动机的转速除了与电源频率、转差率有关，还与_____有关系。

2．目前，在中、小型变频器中普遍采用的电力电子器件是_____。

3．变频器是把电压、频率固定的工频交流电变为_____和_____都可以变化的交流电的变换器。

4．变频器具有多种不同的类型：按变换环节可分为交—交变频器和_____变频器；按改变变频器输出电压的调制方法可分为_____型和_____型；按用途可分为专用型变频器和_____型变频器。

5．变频调速时，基频以下的调速属于_____调速，基频以上的调速属于_____调速。

6．在 U/f 控制方式下，当输出频率比较低时，会出现输出转矩不足的情况，要求变频器具有_____功能。

7．变频器通信接口是_____。

二、简答题

1．交流异步电动机有哪些调速方式？并比较其优缺点。

2．从交流电动机调速的各种方法及效果，说明变频调速的优点。

3．目前变频器应用于哪类负载节能效果最明显？

4．交—直—交变频器的主电路由哪 3 大部分组成？试述各部分的作用。

5．变频器是怎样分类的？

6．变频器的控制方式有哪些？

7．如何拆装西门子 MM440 变频器的操作面板和机壳前盖板？

8．变频器的安装方式有哪些？

三、分析题

1．为什么对异步电动机进行变频调速时，希望电动机的主磁通保持不变？

2．什么叫作 U/f 控制方式？为什么变频时需要相应的改变电压？

3．在何种情况下变频也需变压，在何种情况下变频不能变压？为什么？在上述两种情况下电动机的调速特性有何特征？三相异步电动机的机械特性曲线有何特点？

4．为什么在基本 U/f 控制基础上还要进行转矩补偿？

任务 1.2　西门子变频器的面板运行操作

任 务 导 入

利用变频器操作面板上的按键控制变频器启动、停止及正反转。按下变频器操作面板上的"⬛"键，变频器正转启动，经过 10s，变频器稳定运行在 40Hz。变频器进入稳定运行状态后，如果按下"⬛"键，经过 10s，电动机将从 40Hz 运行到停止，通过变频器操作面板上的⬆键和⬇键可以在 0～60Hz 之间调速。按"⬛"键，电动机还可以按照正转的相同启动时间、相同稳定运行频率，以及相同停止时间进行反转。按"⬛"键，电动机可以 10Hz 的频率点动运行。

相 关 知 识

一、MM440 变频器的端子接线图

西门子 MM440 变频器的端子接线图如图 1-33 所示，分为主电路端子和控制电路端子两部分。

扩展视频：MM440
变频器的端子接线图

1．主电路

图 1-33 所示的主电路端子 L1、L2、L3 通过断路器或者漏电保护断路器连接至三相交流 380V 电源，也可以接单相交流 220V 电源。端子 U、V、W 连接至电动机。其余 4 个端子 DC/R+、B+/DC+、B−、DC−，其中 DC/R+ 与 B+/DC+ 出厂时短接，均接三相桥整流电路输出的直流母线的正端，B−经一个开关管接到直流母线的负端，DC−直接接到直流母线的负端。

75kW 以内的变频器无需接制动单元，直接在 B+/DC+ 与 B−端子之间连接制动电阻，当直流母线过电压时，开关管导通，通过电阻将电能转化为热能消耗掉。75kW 以上需接制动单元，再接制动电阻，其中制动单元接在 B+/DC+ 与 DC−，制动电阻接在制动单元的端子上，当接在直流母线两端的制动单元检测到过电压时，制动单元内部开关管导通，同样通过电阻将电能转化为热能消耗掉。PE 是电动机电缆屏蔽层的接线端子。

2．控制电路

图 1-33 所示 MM440 变频器的控制电路端子包括 2 个模拟量输入、6 个数字量输入、1 个 PTC 电阻输入、2 个模拟量输出、3 组数字量输出、1 个 RS-485 通信口。控制电路端子的接线图如图 1-34 所示。

（1）模拟量输入（ADC）端子

控制电路端子 1、2 是变频器为用户提供的 1 个高精度的 10V 直流稳压电源。模拟输入端子 3、4 和 10、11 为用户提供了 2 对模拟给定（电压或电流）输入端作为变频器的频率给定信号。使用时将 2 与 4 端子短接，1、3、4 分别接到外接电位器的 3 个端子上。通过调节外接电位器，可以改变加到 3、4 端子上的电压的大小，从而实现模拟信号控制电机运行速度

的目的。

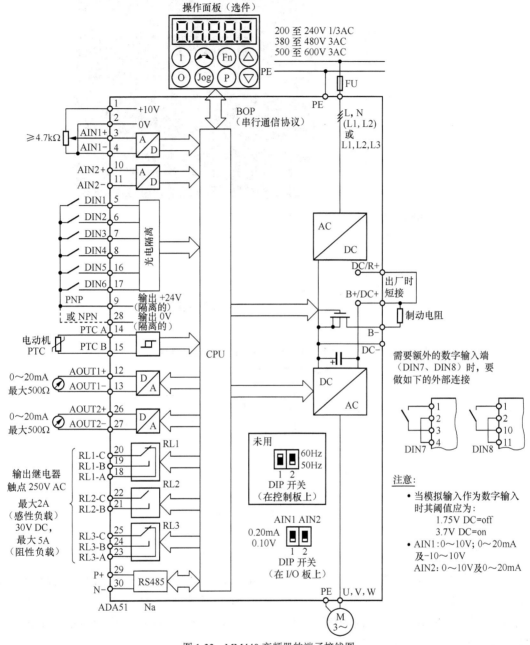

图 1-33 MM440 变频器的端子接线图

模拟量输入 1（即 AIN1）可以接受 0～10V、0～20mA 和-10～10V 模拟量信号；模拟量输入 2（即 AIN2）可以接受 0～10V 和 0～20mA 模拟量信号。利用 I/O 板上的 2 个开关 DIP1（1，2）和利用参数 P0756 可将 2 对模拟量输入端子设定为电压输入或电流输入，如图 1-34 所示。

2 个模拟量输入端子可以另行配置，用于提供两个附加的数字量输入端子 DIN7 和 DIN8，如图 1-35 所示。

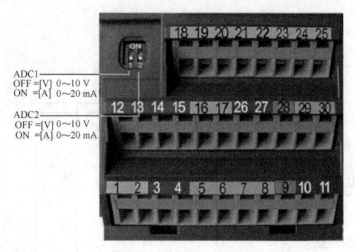

P0756 可能的设定：
0 单极电压输入（0~10 V）
1 单极电压输入带监控（0~10 V）
2 单极电流输入（0~20 mA）
3 单极电流输入带监控（0~20 mA）
4 双极电压输入（−10~10 V），仅ADC1

图 1-34 西门子 MM440 变频器控制端子接线图

⚠ * P0756 的设定（模拟量输入类型）必须与在I/O板上的开关DIP1（1,2）相匹配。
*双极电压输入仅能用于模拟量输入1（ADC1）。

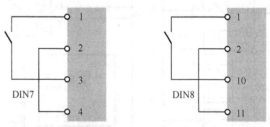

图 1-35 模拟量输入作为数字量输入时外部线路的连接

（2）数字量输入端子

能够独立运行的变频器需要有外部控制信号，这些信号通过 5、6、7、8、16、17 等 6 个数字量输入端子送入变频器，这些端子采用光电隔离输入 CPU，对电动机进行正转、反转、正向点动、反向点动、固定频率设定值控制等。6 个端子是可编程控制端，可以通过其对应的参数 P0701~P0706 设置不同的值进行功能变更，6 个数字量输入端子可切换为 NPN/PNP 接线，其接线方式如图 1-33 所示。

输入端子 9、28 是 24V 直流电源端，为变频器的控制电路提供 24V 直流电源。

数字量输入端子除了上述端子外，输入端子 14、15 为电动机的过热保护输入端，它用来接收电机热敏电阻发出的温度信号，监视电动机工作时的工作温度；输入端子 29、30 为 RS-485（USS 协议）通信端。

（3）模拟量输出（DAC）端子

输出端子 12、13 和 26、27 为 2 对模拟输出端，可以输出 0~20mA 的电流信号，如果在这两对端子上并接一个 500Ω 的电阻，就可以输出 0~10V 的直流电压。利用这些模拟量输出，通过 D/A 变换器可以读出变频器中的给定值、实际值和控制信号。

（4）数字量输出端子

输出端子 18、19、20、21、22、23、24、25 为输出继电器的触点。继电器 1 为变频器故障触点，继电器 2 为变频器报警触点，变频器 3 为变频器准备就绪触点。

二、MM440 变频器的运行操作模式

变频器运行需要两个信号：启动信号和给定频率，这两个信号可以通过变频器的操作面板给定，也可以通过变频器的外部端子控制，还可以通过通信给定，不同的给定方式，决定了变频器的不同运行操作模式。所谓运行操作模式是指输入变频器的启动/停止命令及设定给定频率的场所。变频器的常见运行操作模式有面板运行操作模式、外部运行操作模式、组合运行操作模式和通信运行操作模式等。模式的选择应根据生产过程的控制要求和生产作业的现场条件等因素来确定，达到既满足控制要求，又能够以人为本的目的。

西门子变频器操作模式的选择用"选择命令源"参数 P0700（设置变频器启停信号的给定源）和"选择频率给定值"参数 P1000（设置变频器给定频率源）两个参数进行设置，其常用的运行操作模式如表 1-1 所示。

表 1-1　　　　　　　　　　　　　　变频器运行操作模式

运行模式	给定频率	启动信号
面板操作	操作面板 MOP 电动电位计设定 P1000=1	操作面板（启动和停止键） P0700=1
外部运行模式	外部模拟量输入端子 3、4 或 10、11 P1000=2（AIN1 通过给定频率） 或 P1000=7（AIN2 通道给定频率）	外部数字量输入端子 5、6、7、8、16、17 P0700=2
外部/面板组合操作模式 1	操作面板 MOP 电动电位计设定 P1000=1	外部开关量输入端子 5、6、7、8、16、17 P0700=2
外部/面板组合操作模式 2	外部模拟量输入端子 3、4 或 10、11 P1000=2 或 P1000=7	操作面板（启动和停止键） P0700=1
通信模式	通信端子 29、30 P1000=5	通信端子 29、30 P0700=5

三、MM440 变频器的参数类型

MM440 变频器的所有参数分成命令参数组（CDS）以及与电机、负载相关的驱动参数组（DDS）两大类。其中每个 CDS 和 DDS 参数又分为 3 组，默认状态下使用的当前参数组是第 0 组参数，即 CDS0 和 DDS0。参数号是参数的编号，用 0000～9999 四位数表示，以字母 r 开头的参数表示本参数为只读参数，以字母 P 开头的参数为用户可以改动的参数。

视频 4. MM4 变频器
参数说明

3 组参数用来存储不同的参数值，这些不同的参数值可以通过数字量输入端子进行选择，从而使得用户可以根据不同的需要在一个变频器中设置多种驱动和控制的配置，并在适当的时候根据需要进行切换。由于大部分参数又分为 3 组，所以在 BOP 面板上分别用 in000、in001、in002 下标区别，缺省设定时，in000 的参数有效。例如 P0756（ADC 的类型）的第 0 组参数，在 BOP 上显示为 in000，手册中常写作 P0756[0]或 P0756.0，如果将 P0756 的第 0 组参数设置为 0（电压输入），第 1 组参数设置为 1（电流输入），需要在变频器上设置 P0756[0]=0，P0756[1]=1。

CDS（Command Data Set）：命令数据设置。所谓命令数据组是指与命令源相关的参数，它代表不同的命令数据组，命令数据组里有多组参数值可以供用户选择。CDS 数据在变频器运行过程中是可以切换的，起选择切换作用的参数是 P0810 和 P0811，这两个参数共同作用，可以实现多组命令数据组的选择、切换。例如：一台变频器想实现端子远程控制和本地控制，本地使用面板控制，远程使用端子控制，那么将 P0700[0] 设置为 1（面板控制），P0700[1] 设置为 2（端子控制），通过一个数字输入端就可以很方便地在本地控制和远程控制之间进行切换，免去了频繁设置参数的繁琐。

DDS（Drive Data Set）：驱动数据设置。代表不同的驱动数据组，驱动数据组里有多组参数值可以供用户选择。起选择切换作用的参数有 P0820 参数和 P0821 两个参数，这两个参数共同作用，可以实现多组驱动数据组的选择、切换。比如一台变频器拖动二台功率不同的电机时，一台电机用 KM1 控制接通，功率为 0.12kW，另一台电机用 KM2 控制接通，功率为 0.5kW。二台电机的驱动参数分别存储在 DDS1、DDS2 里，使用第一台电机时，接通 KM1，同时将接通信号给切换源，变频器使用 DDS1 的参数。同理第二台电机工作时，变频器使用 DDS2 的参数。这样就实现了一台变频器分别拖动二台不同功率的电机。此时需要在参数 P0307（电动机额定功率）设置如下两个参数：P0307[0]=0.12，P0307[1]=0.5。

视频 7. 快速调试

四、MM440 变频器的快速调试及参数解析

变频器的快速调试指通过设置电机参数和变频器的命令源及频率给定源，从而达到简单快速运转电机的一种操作模式。一般在复位操作后，或者更换电机后需要进行此操作。

变频器进行快速调试时，需要设置变频器的相关参数。调试参数过滤器 P0010 和选择用户访问级别 P0003 在调试时是十分重要的。快速调试包括电动机的参数设定和斜坡函数的参数设定。必须完全按照表 1-2 进行参数设置，才能确保高效和优化变频器的操作。请注意 P0010 必须设置为"1——快速调试"，才能允许按此步骤执行。

表 1-2　　　变频器快速调试的流程和相关参数解析

步骤	参数号	参数描述	推荐设置
1	P0003	设置 P0003 用户访问级［本参数用于定义用户访问参数组的等级。对于大多数简单的应用对象，采用默认设定值（标准模式）就可以满足要求了］ =1，标准级（基本应用） =2，扩展级（标准应用） =3，专家级（复杂应用）	3
2	P0004	设置 P0004 参数过滤器［按功能的要求筛选（过滤）出与该功能有关的参数，这样，可以更方便地进行调试］ =0，全部参数（默认设置） =2，变频器参数 =3，电动机参数 =4，速度传感器 =7，命令，二进制 I/O =8，ADC（模—数转换）和 DAC（数—模转换） =10，设定值通道/RFG（斜坡函数发生器）	0

续表

步骤	参数号	参数描述	推荐设置
3	P0010	设置 P0010 调试参数过滤器，开始快速调试（本设定值对与调试相关的参数进行过滤，只筛选出那些与特定功能组有关的参数） =0，准备运行 =1，快速调试 =30，出厂设置（在复位变频器的参数时，参数 P0010 必须设定为 30。从设定 P0970 = 1 起，便开始参数的复位。变频器将自动地把它的所有参数都复位为它们各自的默认设置值） 注意： 1. 只有在 P0010=1 的情况下，电机的主要参数才能被修改，如：P0304，P0305 等 2. 只有在 P0010=0 的情况下，变频器才能运行	1
4	P0100	选择 P0100 使用地区：欧洲/北美（此参数与 I/O 板下的 DIP 开关一起用来选择电机的基准频率） = 0，功率单位为 kW，频率默认为 50Hz = 1，功率单位为 hp，频率默认为 60Hz = 2，功率单位为 kW，频率默认为 60Hz 注意：I/O 板下 DIP 开关 2 的设定值要与 P0100 的设定值一致，即根据下图来确定 P0100 设定的使用地区是否要重写 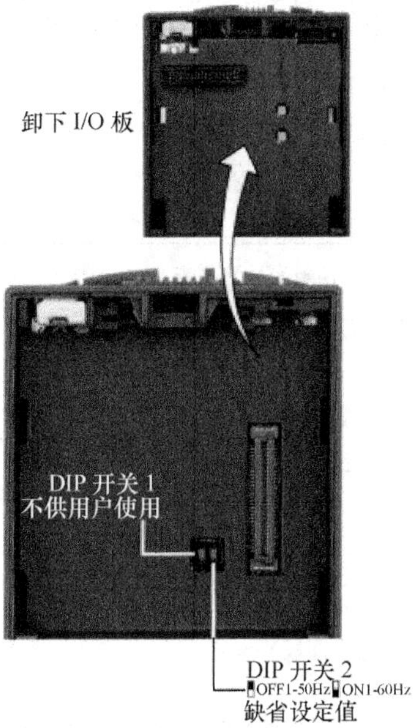 卸下 I/O 板 DIP 开关 1 不供用户使用 DIP 开关 2 OFF1-50Hz ON1-60Hz 缺省设定值	根据电机选择
5	P0205	设置 P0205 变频器的应用对象 =0，恒转矩（CT）（皮带运输机、空气压缩机等） =1，变转矩（VT）（风机、泵类等）	0
6	P0300	P0300 选择电动机的类型 =1，异步电机 =2，同步电机 注意：如果 P0300=2，仅仅 U/f 控制方式能被选择，即 P1300<20，不能用矢量控制方式，同时，一些功能被禁止，如直流制动等	1
7	P0304	P0304 电机额定电压 设定值范围：10～2 000V。下图表明，如何从电动机的铭牌上找到电动机的有关数据	根据电机铭牌

续表

步骤	参数号	参数描述	推荐设置
7	P0304	 注意： 输入变频器的电动机铭牌数据必须与电动机的接线（星形或三角形）相一致。这就是说，如果电动机采取三角形接线，就必须输入三角形接线的铭牌数据	根据电机铭牌
8	P0305	P0305 电动机额定电流	根据电机铭牌
9	P0307	P0307 电动机额定功率 如果 P0100 = 0 或 2，单位为 kW 如果 P0100 = 1，单位为 hp	根据电机铭牌
10	P0308	P0308 电动机的额定功率因数	根据电机铭牌
11	P0310	P0310 电动机的额定频率 通常为 50/60Hz 非标准电机，可以根据电机铭牌修改	根据电机铭牌
12	P0311	P0311 电动机的额定速度 设定值的范围为 0～40 000 r/min，根据电动机的铭牌数据键入电动机的额定速度（r/min）。矢量控制方式下，必须准确设置此参数	根据电机铭牌
13	P0700	P0700 选择命令给定源（该参数选择变频器的启动/停止信号的给定场所） =0，工厂的缺省设置 =1，BOP（基本操作面板）设置 =2，由端子排输入 =4，BOP 链路（RS232）的 USS 设置（AOP 面板） =5，COM 链路的 USS 设置（29 和 30 端子） =6，COM 链路的通信板设置（Profibus DP） 注意：如果选择 P0700=2，数字输入端的功能决定于 P0701～P0708	2
14	P1000	P1000 设定频率给定源 =1，BOP 内部电动电位计设定 =2，模拟量输入 1（3、4 端子） =3，固定频率设定值 =4，BOP 链路的 USS 控制 =5，COM 链路的 USS 控制（29 和 30 端子） =6，通过 COM 链路的 CB 控制（CB = Profibus 通信模块） =7，模拟量输入 2（10、11 端子） =23，模拟通道 1+固定频率	2

续表

步骤	参数号	参数描述	推荐设置
15	P1080	P1080 最小频率（输入电机最低频率，单位为 Hz） 输入电机最低频率，电机用此频率运行时同频率给定值无关。在此设定的值用于顺时针和逆时针两个旋转方向	0
16	P1082	P1082 最大频率（输入电机最高频率，单位为 Hz） 输入电机最大频率，例如，电机受限于该频率而同频率给定值无关。在此设定的值用于顺时针和逆时针两个旋转方向	50
17	P1120	P1120 斜坡上升时间（输入斜坡上升时间，单位为 s） 输入电机从静止加速到最大频率 P1082 的时间，如果斜坡上升时间参数设置太小，则将引起报警 A0501（电流极限值）或传动变频器用故障 F0001（过电流）停车	10
18	P1121	P1121 斜坡下降时间（输入减速时间，单位为 s） 输入电机从最大频率 P1082 制动到停车的时间。如果斜坡下降时间参数设置太小，则将引起报警 A0501（电流极限值），A0502（过电压限值）或传动变频器用故障 F0001（过电流）或 F0002（过电压）停车	10
19	P1300	P1300 控制方式选择 =0，线性 U/f 控制，可用于可变转矩和恒定转矩的负载，如带式运输机和正排量泵类 =1，带磁通电流控制（FCC）的 U/f 控制，用于提高电动机的效率和改善其动态响应特性 =2，平方曲线的 U/f 控制，可用于二次方率负载，如风机、水泵等 =3，特性曲线可编程的 U/f 控制，由用户定义控制特性 =20，无传感器的矢量控制，在低频时可以提高电动机的转矩 =21，U/f 带传感器的矢量控制	0
20	P3900	P3900 快速调试结束（启动电机计算） =0，结束快速调试，不进行电机计算或复位到工厂默认设定值 =1，结束快速调试，进行电机计算和复位到工厂默认设定值（推荐方式） =2，计算快速调试，进行电机计算并将 I/O 设定恢复到工厂默认设定值 =3，结束快速调试，进行电机计算，但不进行 I/O 工厂复位	3

任 务 实 施

【训练工具、材料和设备】

西门子 MM440 变频器 1 台、三相异步电动机 1 台、《西门子 MM440 通用变频器使用手册》、通用电工工具 1 套。

视频 8. 操作面板认识

一、MM440 变频器的操作面板认识

西门子 MM440 的基本操作面板（BOP）如图 1-36 所示。用 BOP 可以修改和设定系统参数，使变频器具有期望的特性，例如，斜坡时间、最小和最大频率等。为了用 BOP 设置参数，首先必须将 SDP 从变频器上拆卸下来，然后装上 BOP。BOP 具有 5 位数字的 7 段显示，用于显示参数序号 r××××、P××××、参数值、参数单位（如 A、V、Hz、s）、报警信息 A××××和故障信息 F××××以及该参数的设定值和实际值。基本操作面板上的按键及其功能说明如表 1-3 所示。

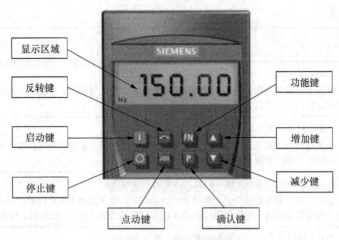

图 1-36　BOP 操作面板

表 1-3　　　　　　　　　　　　操作面板（BOP）上的按键及其功能

显示/按钮	功　能	功　能　说　明
r 0000	状态显示	LCD 显示变频器当前的设定值
I	启动变频器	按此键启动变频器。默认值运行时此键是被封锁的。为了使此键的操作有效，应设定 P0700=1
O	停止变频器	OFF1：按此键，变频器将按选定的斜坡下降速率减速停车。默认值运行时此键被封锁；为了允许此键操作，应设定 P0700=1 OFF2：按此键 2 次（或 1 次，但时间较长）电动机将在惯性作用下自由停车。此功能总是"使能"的
⌢	改变电动机的转动方向	按此键可以改变电动机的转动方向。电动机的反向用负号（—）表示或用闪烁的小数点表示。默认值运行时此键是被封锁的，为了使此键的操作有效，应设定 P0700=1
jog	电动机点动	在变频器无输出的情况下按此键，将使电动机启动，并按预设定的点动频率运行。释放此键时，变频器停车。如果电动机正在运行，按此键将不起作用
Fn	功能	此键用于浏览辅助信息 变频器运行过程中，在显示任何一个参数时按下此键并保持不动 2s，将显示以下参数值（在变频器运行中，从任何一个参数开始） ① 直流回路电压（用 U_d 表示，单位：V） ② 输出电流（单位：A） ③ 输出频率（单位：Hz） ④ 输出电压（用 U_o 表示，单位：V） ⑤ 由 P0005 选定的数值（如果 P0005 选择显示上述参数中的任何一个（3，4 或 5），这里将不再显示） 连续多次按下此键，将轮流显示以上参数 跳转功能： 在显示任何一个参数（r××××或 P××××）时短时间按下此键，将立即跳转到 r0000，如果需要的话，用户可以接着修改其他的参数。跳转到 r0000 后，按此键将返回原来的显示点 故障确认： 在出现故障或报警的情况下，按下此键可以对故障或报警进行确认
P	访问参数	按此键即可访问参数
▲	增加数值	按此键即可增加面板上显示的参数数值
▼	减少数值	按此键即可减少面板上显示的参数数值

注　意

　　在默认设置时，用 BOP 控制电动机的功能是被禁止的。如果要用 BOP 进行控制，参数 P0700（使能 BOP 的启动/停止按钮）应设置为 1，参数 P1000（使能电位器的设定值）也应设置为 1。

二、MM440 变频器的面板操作训练

1．用基本操作面板更改参数的数值

（1）修改"参数过滤器"P0004，其操作步骤如表 1-4 所示。

视频 9．西门子变频器的参数修改

表 1-4　　　　　　　　　　　　修改参数过滤器 P0004 的操作步骤

	操 作 步 骤	显示的结果
1	按◉键访问参数	r0000
2	按◉键直到显示 P0004	P0004
3	按◉键进入参数值	0
4	按◉键或◉键达到所需要的值	7
5	按◉键确认并存储参数值	P0004
6	用户只能看到命令的参数	

　　（2）修改带索引号（又叫下标）的"选择命令/设定值源"P0719，其操作步骤如表 1-5 所示。

表 1-5　　　　　　　　　　　　修改参数 P0719 的操作步骤

	操 作 步 骤	显示的结果
1	按◉键访问参数	r0000
2	按◉键直到显示 P0719	P0719
3	按◉键显示 in000，即 P0719 的第 0 组值 注意：此时显示 in000 是指第 0 组参数，如果需要设置第 1 组参数 in001 和第 2 组参数 in002 时，按◉键或◉键即可	in000
4	按◉键显示当前设定值 0	0
5	按◉键或◉键达到所需要的数值	12
6	按◉键确认并存储当前设置	P0719
7	按◉键直到显示 r0000 或按◉键显示 r0000	r0000
8	按◉键返回运行显示（由用户定义）	

　　说明：忙碌信息。修改参数的数值时，BOP 有时会显示 busy，表明变频器正忙于处理优先级更高的任务。

2．基本面板操作控制电动机的运行

　　（1）变频器复位为工厂的默认设定值。参数复位是将变频器的参数恢复到出厂时的参数默认值。在变频器初次调试或者参数设置混乱时，需要执行该操作，以便于将变频器的参数值恢复到一个确定的默认状态。其操作步骤如图 1-37 所示，完成复位过程约需 3min。

视频 10．恢复出厂设置

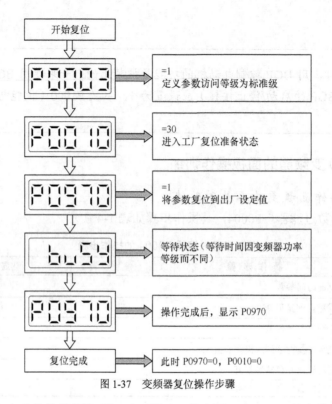

图 1-37　变频器复位操作步骤

（2）变频器主电路的接线图如图 1-38 所示，其中图 1-38（b）是实物接线图，将三相交流电源接到 L1、L2、L3 端子上，U、V、W 端子接电机。注意千万不要将三相电源接到 U、V、W 端子上。

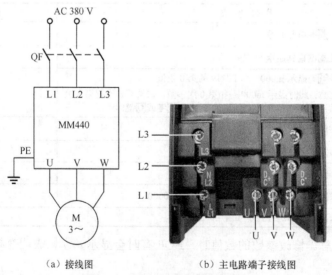

（a）接线图　　　　　　　　（b）主电路端子接线图

图 1-38　面板操作的变频器接线图

（3）设置电动机的参数。为了使电动机与变频器相匹配，需设置电动机的参数。例如，选用型号为 JW7114 的三相笼形电动机 P_N= 0.37kW，U_N = 380V，I_N = 1.1A，n_N = 1 400r/min，f_N = 50Hz，其参数设置如表 1-6 所示。

除非 P0010 = 1 和 P0004 = 3，否则是不能更改电动机参数的。

表 1-6   设置电动机参数表

参 数 号	参 数 名 称	出厂值	设定值	说　　明
P0003	用户访问级	1	1	用户访问级为标准级
P0004	参数过滤器	0	3	电动机参数
P0010	调试参数过滤器	0	1	开始快速调试 注意，①只有在 P0010=1 的情况下，电动机的主要参数才能被修改。② 只有在 P0010=0 的情况下，变频器才能运行
P0100	使用地区	0	0	使用地区：欧洲 50Hz
P0304	电动机额定电压	230	380	电动机额定电压（V）
P0305	电动机额定电流	3.25	1.1	电动机额定电流（A）
P0307	电动机额定功率	0.75	0.37	电动机额定功率（kW）
P0310	电动机额定频率	50	50	电动机额定频率（Hz）
P0311	电动机额定转速	0	1 400	电动机额定转速（r/min）

电动机参数设置完成后，设 P0010=0，变频器可正常运行

（4）设置电动机正转、反转和正向点动、反向点动参数，具体参数如表 1-7 所示。

表 1-7   面板基本操作控制参数表

参 数 号	参 数 名 称	出厂值	设定值	说　　明
P0003=1，设用户访问级为标准级				
P0004=7，命令和数字 I/O				
P0700	选择命令给定源（启动/停止）	2	1	由 BOP（键盘）输入设定值
P0003=1，设用户访问级为标准级				
P0004=10，设定值通道和斜坡函数发生器				
P1000	设置频率给定源	2	1	由键盘给定频率
*P1080	下限频率	0	0	电动机的最小运行频率（0Hz）
*P1082	上限频率	50	60	电动机的最大运行频率（60Hz）
*P1120	加速时间	10	10	斜坡上升时间（10s）
*P1121	减速时间	10	10	斜坡下降时间（10s）
P0003=2，设用户访问级为扩展级				
P0004=10，设定值通道和斜坡函数发生器				
*P1040	设定给定频率	5	40	设定键盘控制的频率值（Hz）
*P1058	正向点动频率	5	10	设定正向点动频率（Hz）
*P1059	反向点动频率	5	10	设定反向点动频率（Hz）
*P1060	点动斜坡上升时间	10	5	设定点动斜坡上升时间
*P1061	点动斜坡下降时间	10	5	设定点动斜坡下降时间

注：标"*"的参数可根据用户实际要求进行设置。

P1032=0，允许反向，可以用键入的设定值改变电动机的旋转方向（既可以用数字输入，也可以用键盘上的升/降键增加/降低运行频率）。P1032=1，禁止反向。

P3900=1，结束快速调试。

P0010=0，运行准备。

（5）面板控制电动机运行。

① 按变频器操作面板上的◙键，这时变频器就将按由 P1120 所设定的上升时间驱动电动机升速，并运行在由 P1040 所设定的频率值上。

扩展视频：西门子变频器的面板运行操作

② 如果需要，则电动机的转速（运行频率）及旋转方向可直接通过按操作面板上的◙键或◙键来改变（当设置 P1031=1 时，则由◙键或◙键改变了的频率设定值被保存在内存中）。

③ 所设置的最大运行频率 P1082 的设定值可以根据需要修改。

④ 按变频器操作面板上的⓪键，则变频器将由 P1121 所设置的斜坡下降时间驱动电动机降速至零。

⑤ 点动运行。按变频器操作面板上的⑩键，则变频器将驱动电动机按由 P1058 所设置的正向点动频率运行；当松开该键时，点动结束。如果按变频器操作面板上的⓪换向键，再重复上述的点动运行操作，电动机可在变频器的驱动下反向点动运行。

> **⚡ 注 意**
>
> 在变频器运行过程中，按功能键⑩并持续 2 秒，可依次显示直流回路电压、输出电流和输出频率的数值，当显示屏上显示频率"Hz"时，可按⓪或⓪实现电机加速或减速转动。

知 识 拓 展

一、与工作频率有关的功能

1．给定频率

给定频率是用户根据生产工艺的需要所设定的变频器输出频率。给定频率是与给定信号相对应的频率。例如，给定频率 30Hz，其设置方法有两种：一种是通过变频器的面板来输入给定频率的数字量 P1040=30；另一种是从外接控制接线端 3、4 端子或 10、11 端子以外部给定信号（电压或电流）进行调节，最常见的形式就是通过外接电位器来完成。

西门子 MM440 变频器通过设定参数 P1000 设定给定频率的信号源。

2．输出频率

输出频率即变频器实际输出的频率。当电动机所带的负载变化时，为使拖动系统稳定，此时变频器的输出频率会根据系统情况不断地被调整。因此输出频率经常在给定频率附近变化。变频器的输出频率就是整个拖动系统的运行频率。

3．最大频率 f_{max}

在数字量给定（包括面板给定、外接升速/降速给定、外接多段速给定等）时，最大频率（f_{max}）是变频器允许输出的最高频率，一般为变频器的额定频率；在模拟量给定时，是与最大给定信号对应的频率。在西门子 MM440 变频器中，在上限频率参数 P1082 中设定，如 P1082=50Hz，在我国工频为 50Hz，因此很多场合最高频率设为 50Hz。但有的电动机自身转速超过 50Hz 的除外（如变频电机）。

4．基本频率 f_b

当变频器的输出电压等于额定电压时的最小输出频率，称为基本频率（f_b），又称基准频率或基底频率，用来作为调节频率的基准。

f_{max}、f_b 与电压 U 的关系如图 1-39 所示。MM440 变频器通过参数 P2000 设定基本频率。

5．上限频率 f_H 和下限频率 f_L

上限频率 f_H：允许变频器输出的最高频率。

下限频率 f_L：允许变频器输出的最低频率。

扩展视频：上限频率
和下限频率

设置 f_H、f_L 的目的：限制变频器的输出频率范围，从而限制电动机的转速范围，防止由于误操作造成事故。

设置 f_H、f_L 后变频器的输入信号与输出频率之间的关系如图 1-40 所示。X 指输入模拟量信号，电压或电流。

变频器在运行前必须设定其上限频率和下限频率，用 P1082 设定输出频率的上限，如果频率设定值高于此设定值，则输出频率被钳位在上限频率；用 P1080 设定输出频率的下限频率，若频率设定值低于此设定值，则输出频率被钳位在下限频率，如图 1-40 所示。

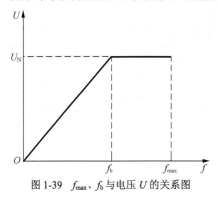

图 1-39 f_{max}、f_b 与电压 U 的关系图

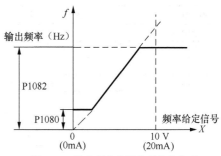

图 1-40 输出频率和设定频率的关系

6．跳转频率

跳转频率也称回避频率，是指不允许变频器连续输出的频率。跳转频率功能是为了防止与机械系统的固有频率产生谐振，可以使其跳过谐振发生的频率点。变频器在预置跳转频率时通常预置一个跳转区间，为方便用户使用，大部分的变频器都提供了 2～4 个跳转区间。MM440 变频器最多可设置 4 个跳转区间，分别由 P1091、P1092、P1093、P1094 设置跳转区间的中心频率，由 P1101 设置跳转频率的频带宽度，如图 1-41 所示。如 P1091=40Hz，P1101=2Hz，则跳转频率的范围是 38～42Hz。

扩展视频：跳转频率

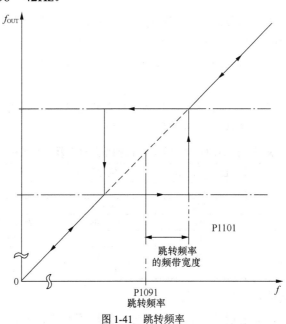

图 1-41 跳转频率

7．点动频率

生产机械在调试时常常需要点动，以便观察各部位的运转状况。所谓点动是指以很低的速度驱动电动机转动。点动频率可以事先预置，运行前只要选择点动运行模式即可，这样就不需要修改给定频率了。

点动频率和点动的斜坡上升/下降时间参数意义及设定范围如表 1-8 所示，其输出频率如图 1-42 所示。西门子变频器的外部运行模式（由接在输入数字量端子上的按钮控制）和面板运行模式（由 BOP 的 JOG（点动）按键控制）都可以进行点动操作。

表 1-8　　　　　　　　　　　　点动频率设定范围

参 数 号	出 厂 设 定	设 定 范 围	功 能
P1058	5Hz	0～650Hz	正向点动频率
P1059	5Hz	0～650Hz	反向点动频率
P1060	10s	0～650s	点动的斜坡上升时间
P1061	10s	0～650s	点动的斜坡下降时间

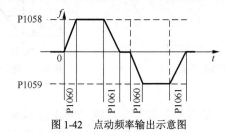

图 1-42　点动频率输出示意图

二、变频器的启动和制动功能

扩展视频：变频器的
启动和制动功能

变频器启动和制动时，斜坡上升时间与斜坡下降时间都可以设置，有效地解决了启动电流大与机械冲击问题。

1．斜坡上升时间及加速方式

（1）定义

斜坡函数曲线，如图 1-43（a）所示。不带平滑园弧时电动机从静止状态加速到最高频率（P1082）所用的时间称为斜坡上升时间，又叫加速时间，如图 1-43（a）所示。加速时间越长，启动电流就越小，启动也越平缓。加速时间过短则容易导致变频器过电流跳闸。

各种变频器都为用户提供了可在一定范围内任意设定斜坡上升时间的功能。斜坡上升时间和斜坡下降时间的参数意义及设定范围如表 1-9 所示。

表 1-9　　　　　　　　　斜坡上升时间和斜坡下降时间的参数意义及设定范围

参 数 号	出 厂 设 定	设 定 范 围	功 能
P1120	10s	0～650s	斜坡上升时间
P1121	10s	0～650s	斜坡下降时间
P1130	0s	0～40s	斜坡上升曲线的起始段圆弧时间
P1131	0s	0～40s	斜坡上升曲线的结束段圆弧时间
P1132	0s	0～40s	斜坡下降曲线的起始段圆弧时间
P1133	0s	0～40s	斜坡下降曲线的结束始段圆弧时间

（2）设定加速时间的基本原则和方法

设定原则就是在不过流的前提下，越短越好。兼顾启动电流和启动时间，一般情况下负载重时加速时间长，负载轻时加速时间短。

设置方法：用试验的方法，使加速时间由长而短，一般使启动过程中的电流不超过额定电流的 1.1 倍为宜。有些变频器还有自动选择最佳加速时间的功能。

（3）加速方式

不同的生产机械对加速过程的要求是不同的。根据各种负载的不同要求，变频器提供了不同的加速方式（曲线）供用户选择，常见的加速方式有以下 2 种。

① 线性方式。在启动或加速过程中，频率随时间呈正比的上升，如图 1-43（a）所示，适用于一般要求的场合。

② S 形方式。此方式初始阶段加速较缓慢，中间阶段为线性加速，尾段加速逐渐减为零，如图 1-43（b）所示。这种曲线适应于带式传送带、电梯等有特殊要求的负载。这类负载往往满载启动，传送带上的物体静摩擦力较小，刚启动时加速较慢，以防止传送带上的物体滑倒，到尾段加速减慢也是这个原因。

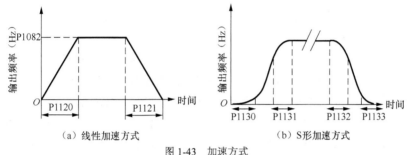

图 1-43　加速方式

西门子变频器的 S 形加速方式主要通过设定带圆弧的加速曲线［见图 1-43（b）］来实现。变频器通过 P1120 设定斜坡上升时间，由参数 P1130（斜坡上升曲线的起始段圆弧时间）和 P1131（斜坡上升曲线的结束段圆弧时间）直接设置 S 形加速方式。

2．斜坡下降时间及减速方式

斜坡函数曲线不带平滑圆弧时电动机从最高频率（P1082）减速到静止停车所用的时间称为斜坡下降时间，又叫减速时间，如图 1-43（a）所示，其参数的意义及设定范围见表 1-9。

电动机从较高转速降至较低转速的过程称为减速过程。变频调速系统是通过降低变频器的输出频率来实现减速的。电动机通过变频器实行减速时，电动机易处于再生发电制动状态，若减速时间设置不当，不但容易导致过电流，还容易导致过电压，因此应根据运行情况合理地设置减速时间。设定减速时间的主要考虑因素是拖动系统的惯性。惯性越大，设定的减速时间也越长。

减速方式与加速方式一样，也有线性和 S 形两种方式，如图 1-43 所示。西门子变频器通过 P1121 设定斜坡下降时间，由参数 P1132（斜坡下降曲线的起始段圆弧时间）和 P1133（斜坡下降曲线的结束段圆弧时间）直接设置 S 形减速方式。

西门子变频器的停车方式有 3 种。

（1）ON/OFF1 停车方式

OFF1 停车方式由外接数字端子控制。将 P0700=2，P0701=1，即可由外接数字端子 5 控制电动机制动，制动时间可由 P1121 设置斜坡下降时间，如图 1-43（a）所示。OFF1 作为常规停车方式可能实现可控软停车。在要求平稳、准确停车时，例如电梯在平层时可选用此模式；在变频恒压供水控制中，为防止出现"水锤效应"，系统停车时也采用此方式，可使管网水平平稳下降。

（2）OFF2 停车方式

当有 OFF2 停车命令输入时，变频器封锁输出的 PWM 脉冲，输出频率立刻降为零，电动机处于惯性滑行状态，自由停车至速度为零。将 P0700=1，P0701=3，为 OFF2 方式，即按惯性自由停车。用 BOP 上的 OFF（停车）键控制时，按下 OFF 键（持续 2s）或按两次 OFF（停车）键即可。

OFF2 可用于紧急停车控制（配合机械制动或电气制动），还可用于变频器输出端有接触器的场合。变频器运行过程中不要对其输出端接触器进行操作。如需切换时，必须先以 OFF2 方式停止变频器输出，再经过 100ms 延时，方可断开接触器，切换到另一个接触器，待主触点闭合后，方可重新启动变频器。

OFF2 命令为电平触发方式且低电平有效，接线时应注意接点形式。

（3）OFF3 停车方式

OFF3 停车方式时，变频器输出频率按 P1135 所设定的斜坡下降时间迅速降到零。OFF3 为电平触发方式且低电平有效。可将 OFF1 与 OFF3 联合运用，用 OFF1 作为常规停车方式，OFF3 作为快速停车方式，以满足需要有不同的停车时间的场合应用。

OFF2 和 OFF3 是变频器的两种停车方式，如要求用此功能，必须将变频器的数字量输入端子 5、6、7、8、16、17 对应的参数 P0701～P0706 设定为 3 或 4，同时对应的端子必须接通。当对应的端子断开时，则变频器按响应功能停车（缺省信号要接通）。

OFF1、OFF3 停车方式可同时具有直流注入制动和动力制动。

西门子变频器 3 种停车方式的优先级别是 OFF2 最高，OFF3 次之，ON/OFF1 最低。

【自我训练】变频器采用面板控制方式，通过表 1-10 的两组不同参数值，修改变频器的斜坡上升时间和斜坡下降时间，观察电机运行情况有什么不同？

表 1-10　　　　斜坡上升/斜坡下降时间和加减速方式对电机的影响

加减速方式选择	线性加速方式	S 形加速方式
基本参数	P0700=1，P1000=1，P1040=30Hz，P1082=50Hz，P1080=0Hz，P1120=5s，P1121=5s，P1130=P1131=P1132=P1133=0s	P0700=1，P1000=1，P1040=30Hz，P1082=50Hz，P1080=0Hz，P1120=5s，P1121=5s，P1130=P1131=P1132=P1133=5s
实际加速时间（s）		
实际减速时间（s）		
加速过程描述		
减速过程描述		

3. 制动方式

（1）变频器的再生发电制动状态

图 1-44 所示为电动机四象限运行示意图。由图可见，电动机在第一象限运行时，转速 $n>0$，输出转矩 $T>0$，电动机处于正向电动状态，能量从变频器传递至电动机，即 $P>0$。在第二象限运行时，$n>0$，但 $T<0$，电动机处于正向制动状态，因此能量从电动机传递到变频器，即 $P<0$。第三、第四象限运行与第一、第二象限运行相似，只是电动机的转速方向相反，分

别为反向电动和反向制动状态。

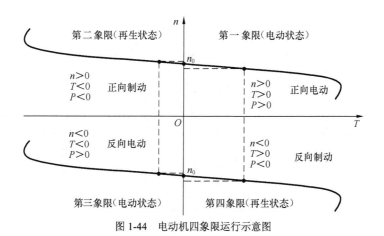

图 1-44 电动机四象限运行示意图

电梯属于位能性负载,其传动电动机的运行就是典型的四象限运行,如图 1-45 所示。假设轿厢向上运行时电动机正转,轿厢向下运行时电动机反转。电梯向上或向下启动和正常运行时,电动机运行在第一象限或第三象限,属于电动状态。电梯向上或向下停止过程中电动机运行在第二象限或第四象限,属于制动状态,这时电能从电动机传递到变频器。在电动机第二象限、第四象限运行时变频器处于制动状态,称为再生发电制动状态,又称回馈制动。

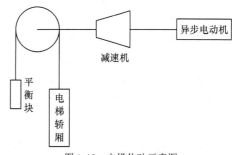

图 1-45 电梯传动示意图

在变频调速系统中,减速及停车(非自由停车)是通过降低变频器的输出频率来实现的。在变频器频率降低的瞬间,电动机的同步转速 n_0 小于电动机的转子速度,此时电动机的电流反向,电动机从电动状态变为发电状态。与此同时,电磁转矩反向,电磁转矩变为制动转矩,使电动机的转速迅速下降,电动机处于再生发电制动状态。对于变频器来说,电动机的再生电能通过逆变器的反并联二极管全波整流后反馈到直流回路。由于通用变频器整流单元采用不可控整流电路,这部分电能无法经过整流回路回馈到交流电网,因此会使直流电路电压升高,形成泵升电压,损坏变频器的整流和逆变模块。所以当制动过快或机械负载为位能性负载时,必须对这部分再生能量进行处理,以保护变频装置的安全。

(2)能耗制动

利用设置在直流回路中的制动电阻吸收电动机的再生电能的方式称为能耗制动,又称动力制动或动态制动,如图 1-46 所示。这种方法就是通过与直流回路滤波电容 C 并联的制动电阻 R_B,将这部分电能消耗掉。图 1-46 所示虚线框内为制动单元(PW),它包括制动用的晶体管 VT_B(也可以是 IGBT)管、二极管 VD_B 和内部制动电阻 R_B。当电动机制动,能量经逆变器回馈到直流侧时,直流回路中的电容器的电压将升高,当该电压值超过设定值时,给 VT_B 施加基极信号使之导通,存储在电容中的回馈能量经 R_B(或 R_{EB})消耗掉。此单元实际上只起消耗电能防止直流侧过电压的作用。它并不起制动作用,但人们习惯称此单元为制动单元。制动单元中如果回馈能量较大或要求强制动,还可以选用接于 B+、B- 两点上外接制动电阻

R_{EB}，R_{EB} 的阻值与功率应符合产品样本要求。

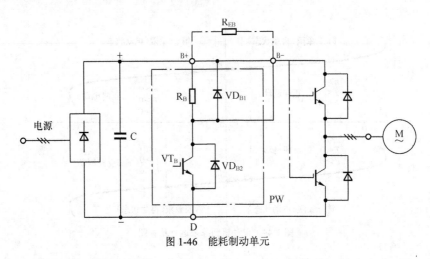

图 1-46　能耗制动单元

对于大多数的通用变频器，图 1-46 所示的 VT_B、VD_B 都设置在变频装置的内部。甚至 IPM 组件中，也将制动 IGBT 集成在其中。制动电阻器 R_B 绝大多数放在变频器的外部，只有功率较小的变频器才将 R_B 置于装置的内部。

西门子变频器与能耗制动相关的参数是选择制动周期 P1237（动力制动的工作/停止周期），需禁止直流电压控制器 P1240=0（使能/禁止直流电压控制器），从而禁止直流注入/复合制动。P1237 用于定义动力制动电阻（斩波器电阻）额定的工作/停止时间的比率（占空系数）。

（3）直流制动

有的负载在停机后，常常因为惯性较大而停不住，有"爬行"现象。这对于某些机械来说，是不允许的。为此，变频器设置了直流制动功能，主要用于准确停车与防止启动前电动机由于外因引起的不规则自由旋转（如风机类负载）。

所谓直流制动就是使变频器停止向电动机的定子绕组提供变频交流电（封锁输出的 PWM 脉冲），经历祛磁时间（祛磁时间 P0347 是根据电动机的数据自动计算出来的，其间变频器封锁输出脉冲），在电动机充分祛磁后再向电动机定子绕组注入直流制动电流，使电动机定子绕组产生静止的固定磁场，转动着的转子切割静止磁场而产生制动转矩，使拖动系统快速停住。

当直流制动用于准确停车时，一般应先按 OFF1、OFF3 降速，在电动机速度较低时（P1234 直流制动起始频率），再进行直流制动。这是因为在高速时进行直流制动，电动机转子电流的频率与幅值都很高，转子铁损很大，导致电动机发热严重，而且所得到的制动转矩却并不太大，准确停车难以保证。

通用变频器中对直流制动功能的控制，主要通过设定直流起始制动频率 f_{DB}、直流制动电流 I_{DB} 和直流制动持续时间 t_{DB} 来实现。f_{DB}、U_{DB} 和 t_{DB} 的意义如图 1-47 所示。

① 直流制动的起始频率 f_{DB}：在大多数情况下，直流制动都是和再生制动配合使用的，即首先用再生制动方式将电动机的转速降至较低转速，然后再转换成直流制动，使电动机迅速停住。其转换时对应的频率即为直流制动的起始频率 f_{DB}。

预置起始频率 f_{DB} 的主要依据是负载对制动时间的要求，要求制动时间越短，则起始频率 f_{DB} 应越高。西门子变频器的 f_{DB} 由参数 P1234 设定。

② 直流制动时间 t_{DB}：即施加直流制动的时间长短。预置直流制动时间 t_{DB} 的主要依据

是负载是否有"爬行"现象，以及对克服"爬行"的要求，要求越高者，t_{DB} 应适当长一些。西门子变频器的 t_{DB} 由参数 P1233 设定。

③ 直流制动强度：即在定子绕组上施加直流电流的大小，它决定了直流制动的强度。预置直流制动电流 I_{DB} 的主要依据是负载惯性的大小，惯性越大者，I_{DB} 也应越大。西门子变频器的 I_{DB} 由参数 P1232 设定，确定直流制动电流的大小，以电动机额定电流 P0305 的%值表示。

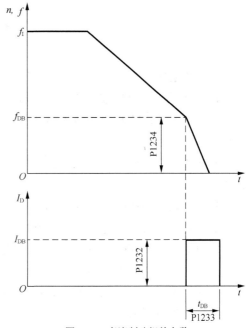

西门子变频器进行直流制动时，除了设置上述三个参数，还需要设置 P1230，启用直流制动功能，设置参数 P0701～P0708 为 25，对应的数字量输入端子闭合，才能"使能"直流制动功能。只有启用了直流制动功能，变频器接收到 OFF1 或 OFF3 命令以后，输出频率才

图 1-47　直流制动相关参数

会沿斜坡函数曲线开始向 0Hz 下降，当输出频率下降到直流制动起始频率 P1234 的设定值时，变频器向电动机注入直流制动电流 P1232，注入的持续时间在 P1233 中设定。

直流制动特别适用于离心式机械、电锯、研磨机械、皮带运输机等。直流制动不适用于同步电机（即 P0300 = 2）。

（4）回馈制动

回馈制动是将再生制动时产生的多余电能反馈到电网的制动方式。由于通用变频器整流单元由不可控整流电路组成，因此无法组成完全意义上的回馈制动。真正意义上的回馈制动必须通过与整流器反并联的回馈单元（SCR 有源逆变器，桥Ⅱ），将电动机再生制动时回馈到直流侧的有功能量回馈到交流电网，如图 1-48 所示。这种情况整流单元也必须采用晶闸管整流元件。回馈单元与电网之间应串接一台自耦变压器，此种制动方法虽然可以把旋转系统存储的能量回馈给电网，但对供电电网的要求比较高。电网电压波动要小，且必须可靠。该方法适用于大容量系统。

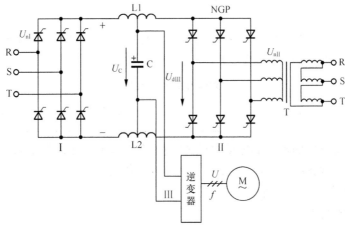

图 1-48　带变压器的 SCR 有源逆变回馈电路

思考与练习

一、填空题

1. 西门子 MM440 变频器输入控制端子中，有_____个数字量可编程端子。

2. 西门子 MM440 变频器的模拟量输入端子可以接受的电压信号是_____V，电流信号是_____mA。

3. 西门子 MM440 变频器的操作面板中，⬤键表示_____，⬤键表示_____，⬤键表示_____。

4. 西门子 MM440 变频器选择命令给定源是_____参数，设置用户访问级是_____参数，设置频率给定源是_____参数。

5. 西门子 MM440 变频器设置加速时间的参数是_____；设置上限频率的参数是_____；设置下限频率的参数是_____。

6. 某变频器需要跳转的频率范围为 18～22Hz，可设置跳变频率值 P1091 为_____Hz，跳转频率的频带宽度 P1011 为_____Hz。

7. 西门子 MM440 变频器需要设置电动机的参数时，应设置参数 P0010=_____，需要变频器运行时，需要将 P0010 设置为_____。

二、简答题

1. 西门子 MM440 变频器如何将变频器的参数复位为工厂的默认值？

2. 简述西门子 MM440 变频器的运行操作模式。

3. 西门子变频器的加减速方式有几种？需要设置哪些相关参数？

4. 什么叫跳转频率？为什么设置跳转频率？

5. 什么是直流制动？在变频器中起什么作用？

6. 西门子变频器的停车方式有哪些？如何设置？

三、分析题

1. 变频器工作在面板操作模式，试分析在下列参数设置的情况下，变频器的实际运行频率。

① 预置上限频率 P1082= 60Hz，下限频率 P1080=10Hz，面板给定频率分别为 5Hz、40Hz、70Hz。

② 预置 P1082= 60Hz，P1080=10Hz，P1091=30Hz，P1101=2Hz，面板给定频率如表 1-11 所示，将变频器的实际输出频率填入表 1-11。

表 1-11　　　　　　　　　　　　变频器的实际运行频率

给定频率（Hz）	5	20	29	30	32	35	50	70
输出频率（Hz）								

2. 利用变频器操作面板控制电动机以 30Hz 正转、反转，电动机加减速时间为 4s，点动频率为 15Hz，上下限频率为 60Hz 和 5Hz。频率由面板给定。

（1）写出将参数复位出厂值的步骤。

（2）画出变频器的接线图。

（3）写出变频器的参数设置。

| 任务1.3 西门子变频器的外部运行操作 |

变频器在实际使用中经常用于控制各类机械点动、正反转。例如：机床的前进后退、上升下降、进刀回刀等，所有这些都需要电动机的正反转运行。现有一台三相异步电动机功率为1.1kW，额定电流为2.5A，额定电压为380V，需要用外部端子进行15Hz的正反向点动控制；用外部端子控制变频器启停，通过外部电位器给定0~10V的电压，让变频器在0~50Hz之间进行正、反转调速运行，加减速时间为5s，变频器如何接线和设置参数才能使变频器按照此任务要求运行？

一、变频器输入控制端子的功能

端子控制是变频器的运转指令通过其外接输入端子从外部输入开关信号（或电平信号）来进行控制的方式。这时这些按钮、选择开关、传感器、PLC的输出就替代了变频器面板上的运行键、停止键、点动键和复位键，可以在远距离控制变频器的运转。

1．外接输入控制端子的分类

变频器常见的输入控制端子都采用光电耦合隔离方式，接收的都是数字量信号，所有端子大体上可以分为两大类。

（1）基本控制输入端。如有些变频器的正转、复位等。这些端子的功能是变频器在出厂时已经标定的，一般不能再更改。

视频11. 西门子变频器输入端子及接线

（2）可编程控制输入端。由于变频器可能接收的控制信号多达数10种，但每个拖动系统同时使用的输入控制端子并不多。为了节省接线端子和减小体积，变频器只提供一定数量的"可编程控制输入端"，也称为"多功能输入端子"。其具体功能虽然在出厂时也进行了设置，但并不固定，用户可以根据需要通过参数进行预置。常见的可编程功能端子如启停控制、多段转速控制、升速/降速控制等。

2．外接输入开关与数字量输入端子的接口方式

外接输入开关与数字量输入端子的接口方式非常灵活，主要有以下几种。

（1）干接点方式。它可以使用变频器内部电源，也可以使用外部电源DC9~30V。这种方式能接收如继电器、按钮、行程开关等无源输入数字量信号，如图1-49（a）所示。

（2）NPN方式。当外部输入信号为NPN型的有源信号时，变频器输入端子必须采用NPN输入方式接线，此时电流从输入控制端子流出，这种输入方式又叫源型逻辑输入方式，如图1-49（b）所示。这种方式能接收传感器、PLC或旋转脉冲编码器等输出电路提供的信号。

（3）PNP 输入方式。当外部输入信号为 PNP 型的有源信号时，变频器输入端子必须采用 PNP 输入方式，此时电流从输入控制端子流入，这种方式又叫漏型逻辑输入方式，如图 1-49（c）所示。这种方式能接收传感器、PLC 或旋转脉冲编码器等输出电路提供的信号。

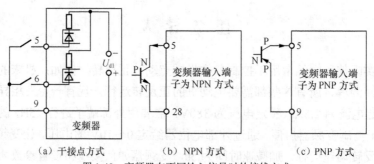

（a）干接点方式　　　　　　（b）NPN 方式　　　　　　（c）PNP 方式

图 1-49　变频器在不同输入信号时的接线方式

变频器的 NPN 输入方式和 PNP 输入方式可以通过参数 P0725 进行转换。但是不同的变频器在出厂时默认的输入逻辑是不同的，西门子变频器默认的是 PNP 输入。在它们和传感器及晶体管输出的 PLC 进行连接时，特别要注意其逻辑是否相同，否则输入信号采集不到变频器中。

 注　意

三菱变频器的漏型输入和源型输入的定义和西门子刚好相反。

3．外接输入端的配置和工作特点

各种变频器对外接输入端子的安排是各不相同的，名称也各异。西门子 MM440 变频器的控制端子配置情况如图 1-50 所示。

变频器的基本运行控制端子包括正转端子、反转端子、复位端子和点动控制端子（JOG）等。控制方式有以下两种。

（1）开关信号控制方式。当 5 端子（P0701=1）或 6（P0702=2）端子处于闭合状态时，电动机正转或反转运行；当它们处于断开状态时，电动机即停止，如图 1-50（b）所示。

（2）脉冲信号控制方式。在 5 端子或 6 端子只需输入一个脉冲信号，电动机即可维持正转或反转状态，犹如具有自锁功能一样。西门子 MM440 变频器可以通过自由功能块（例如 RS 触发器）和 BICO 功能实现脉冲信号控制方式。

4．数字量输入端子功能的设定

西门子 MM440 变频器的输入信号中 5、6、7、8、16、17 等 6 个数字输入端子，两个模拟量输入也可以用作数字输入，如图 1-50（a）所示，这样一共有 8 个数字量可供使用，这 8 个端子都是多功能端子，这些端子功能可以通过参数 P0701～P0708 的设定值来选择，以节省变频器控制端子的数量。5、6、7、8、16、17 等 6 个数字量输入端子可切换为 NPN/PNP 接线，其接线方式如图 1-50（a）所示。注意，选择不同信号的接线方式时，必须设定 P0725 的值，当 P0725=0 时，选择 NPN 方式，如图 1-50（a）所示，端子 5、6、7、8、16、17 必须通过端子 28（0V）连接，当 P0725=1 时，选择 PNP 方式，如图 1-50（a）所示，端子 5、6、7、8、16、17 必须通过端子 9（24V）连接。

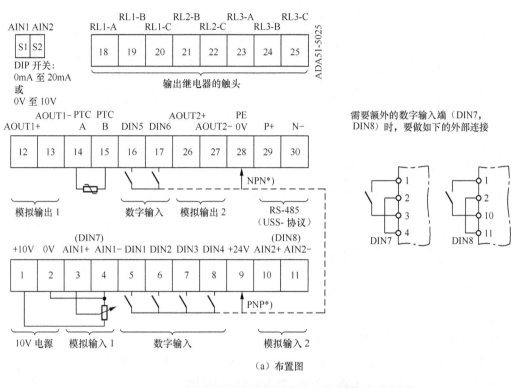

（a）布置图

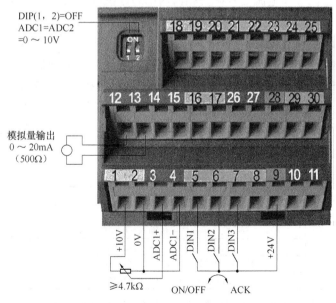

（b）实物图

图 1-50　MM440 变频器控制端子布置图

数字量输入端子功能如表 1-12 所示。

表 1-12　　　　　　　　　　　　　　　数字开关量输入端子的参数设置

数字输入	端子号	参数号	出厂值	功能说明
DIN1	5	P0701	1	
DIN2	6	P0702	12	=0，禁止数字输入
DIN3	7	P0703	9	=1，ON/OFF1，接通正转/断开停车
DIN4	8	P0704	15	=2，ON+反向/OFF1，接通反转/断开停车
DIN5	16	P0705	15	=3，OFF2，断开按惯性自由停车
DIN6	17	P0706	15	=4，OFF3，断开按第二降速时间快速停车
DIN7	1、3	P0707	0	=9，故障复位
DIN8	1、10	P0708	0	=10，正向点动
	9	公共端		=11，反向点动

注意：
1. 数字量的输入逻辑可以通过 P0725 改变；
2. 数字量输入状态由参数 r0722 监控，开关闭合时相应笔画点亮。通过此参数来判断变频器是否已经接收到相应的数字输入信号。

=12，反转（与正转命令配合使用）
=13，电动电位计升速
=14，电动电位计降速
=15，固定频率直接选择
=16，固定频率选择 + ON 命令
=17，固定频率编码选择+ ON 命令
=25，使能直流制动
=29，外部故障信号触发跳闸
=33，禁止附加频率设定值
=99，使能 BICO 参数化

AIN2　AIN1　DIN6　DIN5　DIN4　DIN3　DIN2　DIN1

3. DIN7 和 DIN8 端子没有 15、16、17 等设定值，因此不能用作多段速端子

5. 模拟量输入（ADC）功能的设定

MM440 变频器可以通过外部给定电压信号或电流信号调节变频器的输出频率，这些电压信号和电流信号在变频器内部通过模数转换器转换成数字信号作为频率给定信号，控制变频器的速度。

视频 12. 模拟量输入功能

（1）模拟量通道属性的设定

MM440 变频器有两路模拟量输入即 AIN1（3、4 端子）和 AIN2（10、11 端子），如图 1-50（a）所示，这两个模拟量通道既可以接受电压信号，还可以接受电流信号，并允许模拟输入的监控功能投入。两路模拟量以 in000 和 in001 区分，可以分别通过 P0756[0]（ADC1）和 P0756[1]（ADC2）设置两路模拟通道的信号属性，如表 1-13 所示。

表 1-13　　　　　　　　　　　　　　　P0756 参数解析

参数号	设定值	参数功能	说明
P0756	0	单极性电压输入（0～10V）	带监控是指模拟通道带有监控功能，当断线或信号超限，报故障 F0080
	1	带监控的单极性电压输入（0～10V）	
	2	单极性电流输入（0～20mA）	
	3	带监控的单极性电流输入（0～20mA）	
	4	双极性电压输入（−10～10V）	

为了从电压模拟输入切换到电流模拟输入，仅仅设置参数 P0756 是不够的。更确切地说，要求 I/O 板上的 2 个 DIP 开关也必须设定为正确的位置，如图 1-51 所示。

DIP 开关的设定值如下。

OFF = 电压输入（0～10V）

ON = 电流输入（0～20mA）

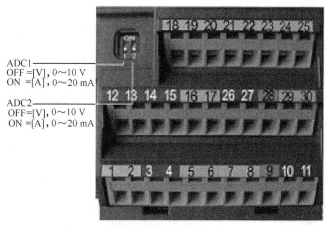

图 1-51　用于 ADC 电压/电流输入的 DIP 开关

DIP 开关的安装位置与模拟输入的对应关系如下。

左面的 DIP 开关（DIP 1）= 模拟输入 1

右面的 DIP 开关（DIP 2）= 模拟输入 2

 注　意

① P0756 的设定（模拟量输入类型）必须与 I/O 板上的开关 DIP（1，2）的设定相匹配；

② 双极性电压输入仅能用于模拟量输入 1（ADC1）。

（2）模拟量输入（ADC）的标定

模拟给定电压、模拟给定电流与给定频率之间存在线性关系，可用参数 P0757～P0760 配置模拟输入的标定，如图 1-52（a）所示，横轴表示模拟给定电压或电流值，纵轴是与模拟给定电压或给定电流对应的给定频率与基准频率 P2000 的百分比，只要确定 A（x_1，y_1）和 B（x_2，y_2）两点的坐标，就可以确定直线 AB 的线性关系。ADC 的 x_1、y_1、x_2、y_2 可以通过参数 P0757、P0758、P0759、P0760 来标定，这 4 个参数的含义见表 1-14 所示。通过以上 4 个参数的标定，把模拟输入信号按线性关系转换为百分比。西门子 MM440 变频器默认的是 AIN1 通道输入 0～10V 的电压，对应的给定频率是 0～50Hz，如图 1-52（b）所示，此时应设置 P0757=0，P0758=0%（0V 电压对应的给定频率是 0Hz，与 P2000=50Hz 的百分比是 0%），P0759=10，P0760=100%（10V 电压对应的给定频率是 50Hz，与 P2000=50Hz 的百分比是 100%），P0761=0。

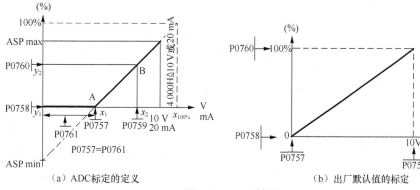

（a）ADC 标定的定义　　　　　　　　　　（b）出厂默认值的标定

图 1-52　ADC 的标定

表 1-14　　　　　　　　　　　　　　模拟量输入参数设置及监控参数表

参数号	参 数 功 能	出厂值	说　　明
P0757	标定 ADC 的 x_1 值	0	0～10V 电压对应的起始电压是 0V
P0758	标定 ADC 的 y_1 值	0.00	给定频率的最小值 0Hz 对应的百分比（以 P2000=50Hz 为基准频率）
P0759	标定 ADC 的 x_2 值	10.00	0～10V 电压对应的最大电压
P0760	标定 ADC 的 y_2 值	100.00	给定频率的最大值 50Hz 对应的百分比（以 P2000=50Hz 为基准频率）
P0761	ADC 死区宽度	0.00	死区宽度为 0
P0752	ADC 的实际输入电压（V）或电流（mA）	—	显示特征方框前以伏特（或 mA）为单位的经过平滑的模拟输入电压（或电流）值
r0754	标定后的 ADC 实际值（%）	—	显示标定方框后以%值表示的经过平滑的模拟输入

二、变频器输出控制端子的功能

变频器除了用输入控制端接收各种输入控制信号外，还可以用输出控制端输出与自己的工作状态相关的信号。外接输出信号的电路结构有两种：一种是数字量输出端子，如图 1-50（a）中的 3 组继电器输出触点，其规格为 30 V DC/5 A（电阻负载）或 250 V AC/2 A（电感负载）；另一种是模拟量输出端子，如图 1-50（a）中的 12、13 及 26、27 端子，其规格为输出 0～20mA 电流。

1. 数字量输出端子功能

可以将变频器当前的状态以数字量的形式用继电器输出，方便用户通过输出继电器的状态来监控变频器的内部状态量。而且每个输出逻辑是可以进行取反操作，即通过操作 P0748 的每一位更改。三组继电器输出端子对应的参数意义及设定范围如表 1-15 所示。

表 1-15　　　　　　　　　　　　　继电器输出端子的参数意义及部分设定值

继电器编号	参数号	默认值	参数功能	输出状态
继电器 1	P0731	52.3	变频器故障（上电后继电器会动作）	继电器失电
继电器 2	P0732	52.7	变频器报警	继电器得电
继电器 3	P0733	52.2	变频器运行	继电器得电

P0731～P0733 还可以设置以下值：

52.0：变频器准备；52.1：变频器准备运行就绪；52.4：OFF2 停车命令有效；52.5：OFF3 停车命令有效；52.A：已达到最大频率；52.D：电动机过载；52.E：电动机正向运行；52.F：变频器过载

数字量输出信号的缺省状态（即默认状态）如与外部电气线路不一致时，可以用 P0748 数字反相功能实现。P0748 参数的设定值在变频器中是通过 7 段数码管显示，7 段显示的结构如图 1-53（a）所示，对应的位号点亮为"1"，对应的位号熄灭为"0"。P0748 定义 3 个输出继电器的数字反相功能，其在变频器缺省状态的设定值为 P0748=0，即 7 段数码显示的 0 位、1 位、2 位为"0"，相应的位号熄灭，其显示方式如图 1-53（b）所示。如果设定 P0748=1，即 7 段数码显示的 0 位、1 位、2 位为"1"，相应的位号点亮，其显示方式如图 1-53（c）所示。

西门子变频器默认值 P0748=0，在变频器上其值显示为⌐----，P0731=52.3 时，变频器上电后如变频器无故障时，对应的继电器 1 接通，其常开触点 19、20 闭合，常闭触点 18、20 断开，变频器有故障时，继电器 1 失电，其常开触点 19、20 复位为断开，常闭触点 18、20 复位为闭合；如果用户不需要这种逻辑，可以通过将 P0748=1，在变频器上其值显示为⌐---⌐，改为变频器上电后如变频器无故障时，对应的继电器 1 断开，变频器一旦故障，对应的继电器 1 接通，其常开触点 19、20 闭合，常闭触点 18、20 断开。

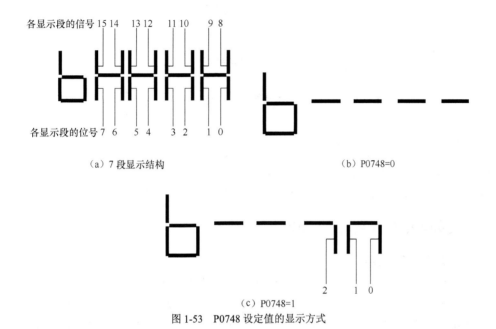

（a）7 段显示结构   （b）P0748=0

（c）P0748=1

图 1-53　P0748 设定值的显示方式

2．模拟量输出端子功能

MM440 变频器有两路模拟量输出，图 1-50（a）中的 12、13 端子和 26、27 端子，相关参数以 in000 和 in001 区分，出厂值为 0~20mA 输出，可以标定为 4~20mA 输出（P0778=4），如果需要电压信号可以在相应端子并联一支 500Ω电阻得到 0～10V 的电压。

视频 13.模拟量输出功能

需要输出的物理量可以通过 P0771 设置，如表 1-16 所示。

表 1-16　　　　　　　　　　　　　P0771 参数的意义

参数号	设定值	参数功能	说明
P0771	21.0	实际频率	模拟输出信号与所设置的物理量呈线性关系
	25.0	实际输出电压	
	26.0	实际直流回路电压	
	27.0	实际输出电流	

3．输出信号的应用

如图 1-54 所示，变频器故障信号端 18、19、20（P0731=52.3，P0748=0）外接指示灯 HL_R 和 HL_G 及蜂鸣器 HA，变频器正常运行时，19、20 闭合，绿色指示灯点亮。一旦变频器发生故障时，18、20 闭合，将把 HA 和 HL_R 接通，进行声光报警。

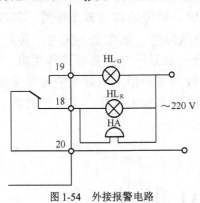

图 1-54　外接报警电路

任 务 实 施

【训练工具、材料和设备】

西门子 MM440 变频器 1 台、三相异步电动机 1 台、开关、按钮若干、5kΩ 3 脚电位器 1 个、《西门子 MM440 通用变频器使用手册》、通用电工工具 1 套。

一、变频器的外部点动操作训练

1．变频器硬件电路

按图 1-55（a）连接主电路和控制电路。注意西门子变频器的控制端子的接线方法如图 1-55（b）所示，以 11 号端子为例，使用"一字"螺丝刀，插入接线端子上方的小口，撬动压簧，然后把线缆插入下方的接线端口中，再抽出"一字"螺丝刀即可（自紧固的）。

视频 14．西门子变频器外部点动运行

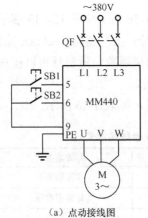

（a）点动接线图　　　　　　　　　　（b）变频器控制端子接线方法

图 1-55　变频器外部点动电路

2．设置变频器的参数

变频器通电，设定 P0010=30、P970=1，按下"P"键，将变频器参数清零，然后按照表 1-6 设置电动机的参数。最后再设置点动操作的相关功能参数，如表 1-17 所示。

表 1-17　　　　　　　　　　　　　　点动外部操作参数设置

参 数 号	参 数 名 称	出 厂 值	设 定 值	说 明
P0003=1，设用户访问级为标准级；P0004=7，命令和数字 I/O				
P0700	选择命令给定源（启动/停止）	2	2	命令源选择由端子排输入
P0003=2，设用户访问级为扩展级；P0004=7，命令和数字 I/O				
P0701	设置端子 5	1	10	正向点动
P0702	设置端子 6	12	11	反向点动
P0003=1，用户访问级为标准级；P0004=10，设定值通道和斜坡函数发生器				
P1000	设置频率给定源	2	1	由 BOP 给定频率
*P1080	下限频率	0.00	0.00	电动机的最小运行频率（0Hz）
*P1082	上限频率	50.00	50.00	电动机的最大运行频率（50Hz）
P0003=2，用户访问级为标准级；P0004=10，设定值通道和斜坡函数发生器				
P1058	正向点动频率	5.00	15.00	设置正向点动频率
P1059	反向点动频率	5.00	15.00	设置反向点动频率
*P1060	点动斜坡上升时间	5.00	10.00	设定点动斜坡上升时间
*P1061	点动斜坡下降时间	5.00	10.00	设定点动斜坡下降时间

3．操作运行

（1）正向点动运行：当按下按钮 SB1 时，变频器数字端口"5"为 ON，电动机按 P1060 所设置的 10s 点动斜坡上升时间正向启动运行，经 10s 后稳定运行在 15Hz 的转速上，此转速与 P1058 所设置的 15Hz 对应。松开按钮 SB1，变频器数字端口"5"为 OFF，电动机按 P1061 所设置的 10s 点动斜坡下降时间停止运行。

（2）反向点动运行：当按下按钮 SB2 时，变频器数字端口"6"为 ON，电动机按 P1060 所设置的 10s 点动斜坡上升时间正向启动运行，经 10s 后稳定运行在 15Hz 的转速上，此转速与 P1059 所设置的 15Hz 对应。松开按钮 SB2，变频器数字端口"6"为 OFF，电动机按 P1061 所设置的 10s 点动斜坡下降时间停止运行。

二、变频器的外部正反转连续运行操作训练

1．变频器硬件电路

按图 1-56 连接变频器的电路，注意，三脚电位器（阻值 ≥4.7kΩ）要把中间接线柱接到变频器的 3 端子上，其他两个管脚分别接变频器的 1、4 端子，变频器的 2、4 端子短接。如果 3、4 端子接受的是 0～10V 的电压信号，建议将 2、4 端子短接，否则可能出现以下情况：变频器不运行时，面板显示频率信号与 3、4 间电压一致，当运行时则不一致。

视频 15. 西门子变频器的外部操作

2．设置变频器参数

电动机参数设置请参考表 1-6。变频器通过 3、4 端子给定 0～10V 的电压信号，其对应的变频器的运行频率为 0～50Hz，因此需选择变频器的模拟输入 1 作为电压给定信号，必须设置 P0756[0]=1（选择电压输入），还需要设置 P0757[0]、P0758[0]、P0759[0]、P0760[0]及 P0761[0]（下标 0 表示模拟输入 1 对应的参数）等参数来标定 ADC，具体的参数设置如表 1-18 所示。

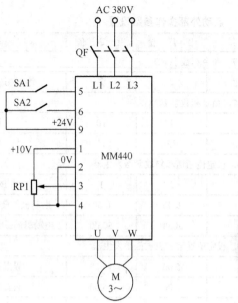

图 1-56　变频器外部操作电路图

表 1-18　　　　　　　　　变频器外部操作的参数设置

参数号	参数名称	出厂值	设定值	说明
P0003=1，设用户访问级为标准级 P0004=7，命令和数字 I/O				
P0700[0]	选择命令给定源（启动/停止）	2	2	命令源选择由端子排输入
P0003=2，设用户访问级为扩展级 P0004=7，命令和数字 I/O				
P0701[0]	设置端子 5	1	1	ON 接通正转，OFF 停止
P0702[0]	设置端子 6	12	2	ON 接通反转，OFF 停止
P0003=1，用户访问级为标准级 P0004=10，设定值通道和斜坡函数发生器				
P1000[0]	设置频率给定源	2	2	选择 AIN1 给定频率
*P1080[0]	下限频率	0.00	0.00	电动机的最小运行频率（0Hz）
*P1082[0]	上限频率	50.00	50.00	电动机的最大运行频率（50Hz）
*P1120[0]	加速时间	10.00	5.00	斜坡上升时间（5s）
*P1121[0]	减速时间	10.00	5.00	斜坡下降时间（5s）
P0003=2，用户访问级为标准级 P0004=8，模拟 I/O				
P0756[0]	设置 ADC1 的类型	0	0	AIN1 通道选择 0～10V 电压输入，同时将 I/O 板上的 DIP1 开关置于 OFF 位置
P0757[0]	标定 ADC1 的 x_1 值	0.00	0.00	设定 AIN1 通道给定电压的最小值 0V
P0758[0]	标定 ADC1 的 y_1 值	0.00	0.00	设定 AIN1 通道给定频率的最小值 0Hz 对应的百分比 0%
P0759[0]	标定 ADC1 的 x_2 值	10.00	10.00	设定 AIN1 通道给定电压的最大值 10V
P0760[0]	标定 ADC1 的 y_2 值	100.00	100.00	设定 AIN1 通道给定频率的最大值 50Hz 对应的百分比 100%
P0761[0]	死区宽度	0.00	0.00	标定 ADC 死区宽度
P0003=2，用户访问级为标准级 P0004=20，通信				
P2000[0]	基准频率	50.00	50.00	基准频率设为 50Hz

3．操作运行

（1）开始。按图 1-56 所示的电路接好线。将启动开关 SA1 或 SA2（5 或 6 端子）处于 ON。变频器开始按照 P1120 设定的时间加速，最后稳定在某个频率上。

（2）加速。顺时针缓慢旋转电位器（频率设定电位器）到满刻度。显示的频率数值逐渐增大，电动机加速，当显示 40Hz 时，停止旋转电位器。此时变频器运行在 40Hz 上。根据变频器的模拟量给定电压与给定频率之间的线性关系，40Hz 对应的给定电压应该为 8V，此时，找到监控参数 r0752（显示模拟输入电压值），观察其值是否等于 8，再找到监控参数 r0020（显示实际的频率设定值），观察其值是否为 40Hz。

（3）减速。逆时针缓慢旋转电位器（频率设定电位器）。此时找到监控参数 r0752，旋转电位器，让其输入电压为 2V，再找到 r0020，看其实际的频率设定值是否为 10Hz。最后将电位器旋转到底，观察电动机是否停止运行。

（4）停止。断开启动开关 SA1 或 SA2（5 或 6 端子），电动机将停止运行。

知识拓展——MM440 变频器模拟量输入 2 调节速度的案例

　　假设用模拟量 AIN2 给定 0～20mA 电流信号，让变频器运行在 0～50Hz 的输出频率范围。外部端子控制变频器正反转。此时，变频器的接线图如图 1-57 所示。

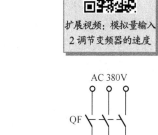

扩展视频：模拟量输入 2 调节变频器的速度

设定主要参数如下：

P0700[0]=2（选择外部端子控制变频器启停）；

P0701[0]=1（将 5 端子设为正转端子）；

P0702[0]=2（将 6 端子设为反转端子）；

P0756[1]=2（AIN2 通道选择模拟电流输入），此时还应该把 I/O 板上的 DIP 开关 2 置于 ON 位置；

P0757[1]=0.00（标定 ADC2 的 x_1 值）；

P0758[1]=0.00（标定 ADC2 的 y_1 值）；

P0759[1]=20.00（标定 ADC2 的 x_2 值）；

P0760[1]=100.00（标定 ADC2 的 y_2 值）；

P0761[1]=0.00（标定死区）；

P1000[0]=7（选择 AIN2 通道给定模拟量信号）。

【自我训练】按照图 1-57 接线，将上述参数设置到变频器中，闭合开关 SA1，变频器开始运行，此时调节 10、11 端子上加的模拟量电流给定值的大小，就可以调节变频器的速度。断开 SA1，变频器停止。闭合 SA2，变频器会反转运行。

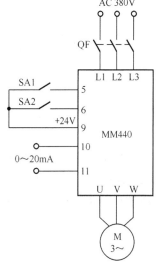

图 1-57　模拟通道 2 调节变频器的速度

思考与练习

一、填空题

1．变频器的外接输入开关与数字量输入端子的接口方式有＿＿＿＿＿＿、＿＿＿＿＿＿、

_____ 3 种。

2．西门子变频器数字量输入端的逻辑有_____输入和_____输入 2 种，可以通过_____参数设定。

3．西门子的模拟量输入端可以接受的_____ V 或_____ V 的电压信号、_____ mA 的电流信号。

4．设定命令源的参数是_____，设定频率给定源的参数是_____，设定模拟量通道属性的参数是_____。

二、简答题

1．MM440 变频器的模拟量输入端口有几个？电压输入和电流输入的量程标准是多少？如何通过 DIP 开关设置电压输入和电流输入？

2．MM440 变频器的数字量输入端口有几个？数字量输入能否外加电源？

3．MM440 变频器的输出继电器有几个？分别占用哪几个端口？其中常开触点、常闭触点是哪几个端口？

4．如何标定 ADC 的 4 个参数？

三、分析题

1．在图 1-56 中，如果选择用 AIN1 的模拟量电流 0～20mA 作为频率给定信号，变频器怎样接线？参数如何设置？

2．利用变频器外部端子实现电动机正转、反转和点动的功能，电动机加减速时间为 4s，点动频率为 10Hz。5 端子为点动正转端子，6 端子为点动反转端子，7 端子为正转端子，8 端子为反转端子，由 10、11 端子给定 0～10V 的模拟量电压信号，试画出变频器的接线图并进行参数设置。

| 任务 1.4 西门子变频器的组合运行操作 |

任 务 导 入

利用变频器面板上的按键控制变频器启停，通过变频器 10、11 端子给定 2～10V 的电压信号，其对应 0～50Hz 的输出频率，变频器的上下限频率为 0Hz 和 50Hz，加减速时间为 15s，变频器如何接线和设置参数才能使变频器按照此任务要求运行？

相 关 知 识

一、工作频率给定方式

要调节变频器的输出频率，必须首先向变频器提供改变频率的信号。这个信号称为频率给定信号。所谓给定方法就是调节变频器输出频率的具体方法，也就是提供给定信号的方式。

1．频率给定方式

（1）面板给定。利用面板上键盘的数字增加键（⬤）和数字减小键（⬤）来直接改变变频器的设定频率，它属于数字量给定精度较高。

变频器的面板通常可以取下，通过延长线安置在用户操作方便的地方，同时变频器的操作面板可直接实时显示变频器运行时的电流、电压、实际转速、母线电压等参数及故障代码。

（2）外接数字量给定。通过外接数字量端子输入开关信号进行给定。通常有两种方法：一是通过变频器的多功能输入端子的升速端子和降速端子［西门子变频器需设定 P0701～P0706=13（升速）或 14（降速）］来改变变频器的设定频率值，该端子可以外接按钮或其他类似于按钮的开关信号（如 PLC），开关闭合时给定频率不断增加或减少，开关断开时给定频率保持；二是用开关的组合选择已经设定好的固有频率，即多段速控制（西门子变频器需设定 P0701～P0706=15、16 或 17）。

（3）外接模拟量给定。外接模拟量给定方式即通过变频器的模拟量端子从外部输入模拟量信号（电压或电流）进行给定，并通过调节模拟量的大小来改变变频器的输出频率。

模拟量给定中通常采用电流或电压信号，常见于电位器、仪表、PLC 等控制回路。所有的变频器都为用户提供了可以进行模拟量给定的 1 个及以上的模拟量输入端子。以西门子变频器为例，其接线情况如图 1-58 所示。

扩展视频：频率给定方式

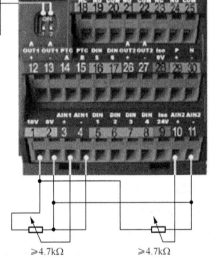

图 1-58　西门子变频器的电压给定信号

① 外接电压给定信号端。当模拟量给定信号是电压信号时，将外接信号线接到 1、2、3、4 或 10、11 接线端上。

在图 1-58 所示电路中，1、2 端子由变频器内部为频率给定电位器提供一个 +10V 电源。将频率设定电位器中间的管脚连接在 3 端子上，另外两端连接在 1、4 端子上，短接 2、4 端子，这样加在端子 3 上的输入电压就会随着电阻的改变而发生变化。选择电压输入需要设定 P0756[0]（模拟输入 1）=0、1 或 4、P0756[1]（模拟输入 2）=0 或 1。注意：模拟输入 2 受硬件的限制，P0756[1]≠4，即不能选择双极性电压输入。

不同的变频器对电压给定信号的规定也各不相同，主要有以下几种：0～10V、−10～10V。

其中，带"±"号者，变频器可根据给定信号的极性来决定电动机的旋转方向。

② 外接电流给定信号端。当模拟量给定信号为 0～20mA 或 4～20mA 电流信号时，将外接信号线接到 3、4 或 10、11 接线端，如图 1-59 所示，并设定 P0756[0]=2 或 3、P0756[1]=2 或 3。

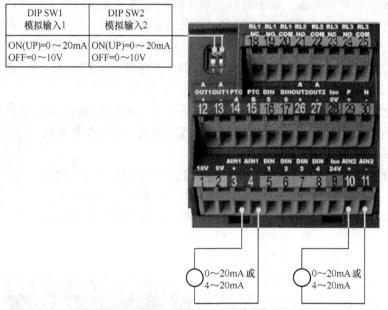

图 1-59　西门子变频器的电流给定信号

（4）通信给定。通信给定方式是指上位机通过通信口按照特定的通信协议、特定的通信介质将数据传输到变频器以改变变频器设定频率的方式。

上位机一般指计算机（或工控机）、PLC、DCS、人机界面等主控制设备。该给定属于数字量给定。

（5）辅助给定。当变频器有两个或多个模拟量给定信号同时从不同的输入端输入时，其中必有一个为主给定信号，其他为辅助给定信号。大多数的辅助给定信号都是叠加到主给定信号（相加或相减）上去的。

2．选择给定方式的原则

① 面板给定和模拟量给定中，优先选择面板给定。因为变频器的操作面板包括键盘和显示屏，而显示屏的显示功能十分齐全。例如，可显示运行过程中的各种参数及故障代码等。

② 数字量给定和模拟量给定中，优先选择数字量给定。因为数字量给定时频率精度较高，且抗干扰能力强。

③ 在电压信号和电流信号中，优先选择电流信号。因为电流信号在传输过程中，不受线路电压降、接触电阻及其压降、杂散的热电效应和感应噪声等的影响，抗干扰能力较强。

二、西门子变频器给定方式的设置

变频器采用哪一种给定方式，须通过功能预置事先决定。各种变频器的预置方法各不相同，西门子 MM440 变频器是通过参数 P1000（频率设定值的选择）、P0700（选择命令源）

和 P0701~P0708（数字输入 DIN1~DIN8 功能，具体设定值参见表 1-12）来设置的。P1000 的部分参数值如下：

P1000=0　　　无主设定值；

P1000=1　　　MOP 设定值（给定频率从面板给定）；

P1000=2　　　模拟设定值 1（频率给定值从模拟输入 1 给定）；

P1000=3　　　固定频率；

P1000=7　　　模拟设定值 2（频率给定值从模拟输入 2 给定）；

P1000=12　　模拟设定值 1+MOP 设定值（即主设定值从 AIN1 给定，辅助设定值从面板给定）。

注　意

在上面给出的可供选择的设定值中，主设定值由最低一位数字（个位数）来选择（即 0~7），而附加设定值由最高一位数字（十位数）来选择（即 x0 到 x7，其中，x=1~7）。

三、频率给定线的设置及调整

扩展视频：频率给定线的设置与调整

由模拟量进行外接频率给定时，变频器的给定信号 X 与对应的给定频率 f_X 之间的关系曲线 $f_X = f(X)$，称为频率给定线。这里的给定信号 X，既可以是电压信号 U_G，也可以是电流信号 I_G。

1．基本频率给定线

在给定信号 X 从 0 增大至最大值 X_{max} 的过程中，给定频率 f_X 线性地从 0 增大到 f_{max} 的频率给定线称为基本频率给定线。其起点为（$X = 0$，$f_X = 0$），终点为（$X = X_{max}$，$f_X = f_{max}$），如图 1-60 所示。

2．频率给定线的调整

（1）调整的必要性。在生产实践中，常常遇到这样的情况：生产机械所要求的最低频率及最高频率常常不是 0Hz 和额定频率，或者说，实际要求的频率给定线与基本频率给定线并不一致。所以需要对频率给定线进行适当的调整，使之符合生产实际的需要。

（2）调整的要点。因为频率给定线是直线，所以可以根据频率给定线的起点和终点对其进行预置。

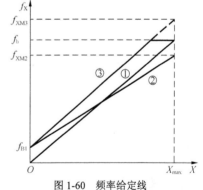

图 1-60　频率给定线

西门子变频器默认的是给定 0~10V 的电压或 0~20mA 的电流时，对应的给定频率是 0~50Hz，其频率给定线的横轴是电压或电流信号，纵轴是给定频率与基准频率（P2000）的百分比，即"频率增益" $G\%$ 来设定的。

$G\%$ 的定义是最大给定频率 f_{XM} 与基准频率 f_b 之比的百分数，即

$$G\% = (f_{XM}/f_{max}) \times 100\%$$

在这里，f_{XM} 是虚拟的最大给定频率，其值不一定与基准频率 f_b 相等。

若 $f_{XM} > f_b$，则 $G\% > 100\%$，这时的 f_{XM} 为假想值，其频率给定线如图 1-60 所示曲线③；若 $f_{XM} < f_b$，则 $G\% < 100\%$，其频率给定线如图 1-60 所示曲线②；若 $f_{XM} = f_b$，则 $G\% = 100\%$，

其频率给定线如图 1-60 所示曲线①。

3．西门子变频器频率给定线的预置

在任务 3 中可知，西门子变频器是通过两点坐标调整频率给定线，由参数 P0757、P0758、P0759、P0760 对频率给定线进行预置。

【例 1-1】 某用户要求，通过模拟量通道 1 给定信号 2～10V 时，变频器输出的频率是 0～50Hz。试确定频率给定线。

解： 由题意知，与 2V（x_1）对应的频率为 0Hz，其纵轴对应的坐标 y_1 就是 0Hz/50Hz=0%（纵坐标是以 P2000=50Hz 为基准的百分比），与 10V（x_2）对应的点是 50Hz，其纵轴对应的坐标 y_2 就是 50Hz/50Hz（P2000=50Hz）=100%，做出图 1-61 所示的频率给定线。此时应设置的参数为：

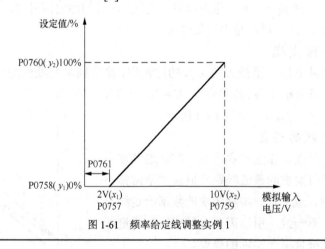

视频 16．电压给定频率参数设置

P1000[0]=2，选择 AIN1 通道；

PO756[0]=0，选择单极性电压输入，同时把 DIP1 开关置于 OFF 位置；

起点坐标：P0757[0]=2V，P0758[0]=0%；

终点坐标：P0759[0]=10V，P0760[0]=100%。

在图 1-61 中，如果给定电压低于 2V，则变频器的频率可能出现负值，为了防止这种情况的发生，需要设置死区，即 P0761[0]=2V。

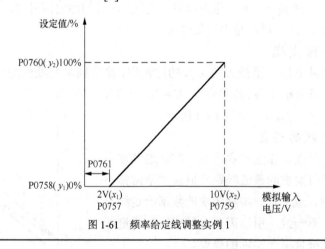

图 1-61　频率给定线调整实例 1

注　意

如果 P0758 和 P0760（ADC 标定的 y_1 和 y_2 坐标）的值都是正的或都是负的，那么，从 0V 开始到 P0761 的值为死区。

注　意

频率给定线设置好后，在变频器运行时，可以通过参数 r0752（ADC 的实际输入）及 r0020（显示实际的频率设定值）之间的对应数值关系来观察频率给定线设置的是否正确。

【例1-2】　某用户要求,当模拟给定信号是2～10V时,变频器输出的频率是-50～+50Hz,带有中心为"0"且宽度为0.2V的死区。试确定频率给定线。

解:由题意可知:与2V对应的频率为-50Hz,与10V对应的频率为+50Hz,做出频率给定线如图1-62所示。

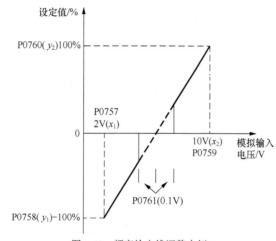

图1-62　频率给定线调整实例2

可直接得出:

起点坐标　　P0757=2V,P0758=-100%;

终点坐标　　P0759=10V,P0760=100%;

死区电压　　P0761=0.1V。

如果调节电位器让r0752=4V,根据频率给定线计算出其对应的频率为-25Hz,这时观察r0020的值应该为-25Hz。

 注　意

如果P0758和P0760的符号相反,那么,死区在交点(x轴与ADC标定曲线的交点)的两侧。

任 务 实 施

【训练工具、材料和设备】

西门子MM440变频器1台、三相异步电动机1台、开关、按钮若干、3脚电位器5kΩ1个、《西门子MM440通用变频器使用手册》、通用电工工具一套。

视频17. 西门子变频器组合运行

1. 变频器硬件电路

按图1-63连接变频器电路。

2. 设置变频器参数

因为变频器输入2～10V的电压信号,对应0～50Hz的输出频率,因此需要标定ADC的值,其标定方法参考【例1-1】,具体参数设置如表1-19所示。

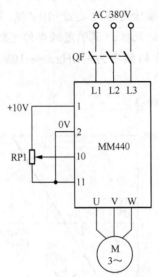

图 1-63　变频器组合操作模式接线图

表 1-19　　　　　　　　　　变频器组合操作的参数设置

参数号	参数名称	出厂值	设定值	说明
P0003=1，设用户访问级为标准级				
P0004=7，命令和数字 I/O				
P0700[0]	选择命令给定源（启动/停止）	2	1	命令源选择由面板给定
P0003=1，用户访问级为标准级				
P0004=10，设定值通道和斜坡函数发生器				
P1000[0]	设置频率给定源	2	7	选择 AIN2 给定频率
*P1080[0]	下限频率	0.00	0.00	电动机的最小运行频率（0Hz）
*P1082[0]	上限频率	50.00	50.00	电动机的最大运行频率（50Hz）
*P1120[0]	加速时间	10.00	15.00	斜坡上升时间（15s）
*P1121[0]	减速时间	10.00	15.00	斜坡下降时间（15s）
P0003=2，用户访问级为标准级				
P0004=8，模拟 I/O				
P0756[1]	设置 ADC2 的类型	0	0	AIN2 通道选择 0～10V 电压输入，同时将 I/O 板上的 DIP2 开关置于 OFF 位置
P0757[1]	标定 ADC2 的 x_1 值	0.00	2.00	设定 AIN2 通道给定电压的最小值 2V
P0758[1]	标定 ADC2 的 y_1 值	0.00	0.00	设定 AIN2 通道给定频率的最小值 0Hz 对应的百分比 0%
P0759[1]	标定 ADC2 的 x_2 值	10.00	10.00	设定 AIN2 通道给定电压的最大值 10V
P0760[1]	标定 ADC2 的 y_2 值	100.00	100.00	设定 AIN2 通道给定频率的最大值 50Hz 对应的百分比 100%
P0761[1]	标定死区宽度	0.00	2.00	因为 P0758 和 P0760 的值都是正的，所以死区宽度为 2V
P0003=2，用户访问级为标准级				
P0004=20，通信				
P2000[0]	基准频率	50.00	50.00	基准频率设为 50Hz

注 意

此例中变频器采用的是 10、11 端子给定电压信号，因此与 ADC 标定相关的参数 P0756～P0761 的下标都为 1，在 BOP 面板上设置这些参数时，要选择对应的 in001 值。

3．操作运行

（1）启动。按图 1-63 所示的电路接好线。按下变频器操作面板上的启动◍键，变频器按照 P1120 设定的加速时间启动，最后稳定在某个频率上。

（2）调速。按◍键进入参数访问模式，按◍键或◍键找到参数 r0752，慢慢旋转电位器 RP1，让 r0752 的值等于 6V。根据设定的 ADC 参数值可知，2～10V 的给定电压信号对应 0～50Hz 的输出频率，通过它们之间的线性关系可以计算出 6V 电压对应的频率应该是 25Hz，此时，找到参数 r0020，观察其值是否为 25Hz。继续旋转电位器，可以得到不同的频率，请将调试结果填入表 1-20 中。

表 1-20　　　　　　　　　　　　　给定电压及对应频率的关系

给定电压（V）（r0752）	2	3	4	5	6	7	8	9	10
对应频率（Hz）（r0020）									

如果需要改变电动机的旋转方向，可以按◍键，此时，BOP 面板上显示的频率是负值。

（3）停止。按变频器上的停止◍键，电动机将按照 P1121 设定的减速时间停止运行。

知识拓展——MM440 变频器电流给定调节速度的案例

假设用模拟量 AIN2 给定 4～20mA 电流信号，让变频器运行在 0～50Hz 的输出频率范围。外部端子控制变频器正反转。此时，变频器的接线图如图 1-64 所示。设定主要参数如下：

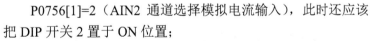
视频 18. 电流给定频率参数设置

P0700[0]=2（选择外部端子控制变频器启停）；

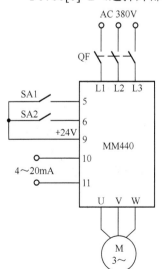

图 1-64　模拟通道 2 的电流给定调节变频器的速度

P0701[0]=1（将 5 端子设为正转端子）；

P0702[0]=2（将 6 端子设为反转端子）；

P0756[1]=2（AIN2 通道选择模拟电流输入），此时还应该把 DIP 开关 2 置于 ON 位置；

P0757[1]=4.00（标定 ADC1 的 x_1 值）；

P0758[1]=0.00（标定 ADC1 的 y_1 值，0/50=0%）；

P0759[1]=20.00（标定 ADC1 的 x_2 值）；

P0760[1]=100.00（标定 ADC1 的 y_2 值，50/50=100%）；

P0761[1]=4（设定死区为 4mA）；

P1000[0]=7（选择 AIN2 通道给定模拟量信号）；

P1080[0]=0.00Hz（设定最小频率）；

P1082[0]=50.00Hz（设定最大频率）。

【自我训练】按照图 1-64 接线，将上述参数设置到变频器中，闭合开关 SA1，变频器开始运行，此时调节 10、11 端子上加的模拟量电流给定值的大小，就可以调节变频器的速度。断开 SA1，变频器停止。闭合 SA2，变频器会反转运行。

一、简答题

1. 变频器的频率给定方式有几种？哪种给定方式最好？

2. 西门子变频器的频率给定线如何调整？

3. 变频器可以由外接电位器用模拟电压信号控制输出频率，也可以由升（UP）、降（DOWN）速端子来控制输出频率。哪种控制方法容易引入干扰信号？

二、分析题

1. 某变频器频率给定采用外部模拟给定，信号为 4～20mA 的电流信号，对应输出频率为 0～60Hz，已知系统的基准频率 f_b = 50Hz，受生产工艺的限值，已设置上限频率 f_H=40Hz，试解决下列问题。

（1）根据已知条件做出频率给定线。

（2）写出预置该频率给定线的操作步骤。

（3）若给定信号为 10mA，系统输出频率为多少？若给定信号为 18mA 呢？

（4）若传动机构固有的机械谐振频率 25Hz 落在频率给定线上，该如何处理？

2. 利用外部端子 5、6 控制变频器的正反转，利用变频器面板上的 MOP 电位计给定频率，控制电动机以 40Hz 正、反转运行，上下限频率为 0Hz 和 50Hz，加减速时间为 15s。试画出变频器的接线图并设置正确参数。

任务 1.5　西门子变频器的多段速运行操作

任 务 导 入

在工业生产中，由于工艺的要求，很多生产机械需要在不同的转速下运行。例如：车床主轴变频，龙门刨床主运动，高炉加料料斗的提升等。针对这种情况，一般的变频器都有多段速控制功能，以满足工业生产的要求。某变频器控制系统，要求用 3 个外端子实现七段速控制，运行频率分别为 10Hz、20Hz、50Hz、30Hz、−10Hz、−20Hz、−50Hz。变频器的上下限频率分别为 60Hz、0Hz，加减速时间为 5s，变频器如何接线和设置参数才能使变频器按照此任务要求运行？

相 关 知 识

多段速功能也称作固定频率，就是设置参数 P1000=3 的条件下，用数字量端子选择固定频率的组合，实现电动机多段速度运行。MM440 变频器的 6 个数字输入端子 5、6、7、8、

16、17 可通过 P0701～P0706 设置实现多段速控制。每一段的频率可分别由 P1001～P1015 参数设置，最多可实现 15 段速控制，电动机的方向可以由 P1001～P1015 参数设置的频率正负决定。6 个数字输入端子，哪一个作为电动机运行、停止控制，哪些作为多段速频率控制，是可以由用户任意确定的。一旦确定了某一数字输入端子的控制功能，其内部参数设置值必须与端子的控制功能相对应。

西门子 MM440 变频器的多段速控制可通过以下 3 种方法实现。

1．直接选择（P0701～P0706=15）

在这种操作方式下，一个数字输入选择一个固定频率，端子与参数设置对应如表 1-21 所示，变频器的启动信号由面板给定或通过设置数字量输入端的正反转功能给定。

表 1-21　　　　　　　　　　直接选择方式端子与参数设置对应表

端 子 编 号	对 应 参 数	对应频率设置值	说　　　明
5	P0701	P1001	（1）频率给定源 P1000 必须设置为 3。
6	P0702	P1002	
7	P0703	P1003	
8	P0704	P1004	（2）当多个选择同时激活时，选择的频率是它们的总和
16	P0705	P1005	
17	P0706	P1006	

2．直接选择+ON 命令（P0701～P0706=16）

在这种操作方式下，数字量输入既选择固定频率（见表 1-21），又具备启动功能。

3．二进制编码选择+ON 命令（P0701～P0704=17）

二进制编码选择+ON 命令只能使用数字量输入端子 5、6、7、8 进行控制，这 4 个端子的二进制组合最多可以选择 15 个固定频率，由 P1001～P1015 指定多段速中的某个固定频率运行，这种控制方法必须把变频器的参数 P0701～P0704 同时设置为 17，其对应的全部 4 个固定频率方式位参数 P1016～P1019 才能自动设定为 "3"，ON/OFF1 命令选择开关才能为 "1"，这时闭合相应的端子变频器才可能运行。

 注　意

5、6、7、8 四个端子的参数 P0701～P0704 有一个参数不设置为 17，则 P1016～P1019 就自动恢复到出厂值 1，变频器就不会启动，必须重新手动设置以保证 P1016～P1019=3。

要实现 15 段速频率控制，需要 4 个数字输入端子，图 1-65 所示为 15 段速控制接线图。其中，数字输入端子 5、6、7、8 为固定频率选择控制端子，其对应的参数 P0701～P0704=17，P1000=3，由开关 SA1～SA4 按不同通断状态组合，实现 15 段固定频率控制，其 15 段速固定频率控制状态如表 1-22 所示。

表 1-22　　　　　　　　　　15 段速固定频率控制状态表

固 定 频 率	开 关 状 态				对应频率参数	参数功能
	端子 8	端子 7	端子 6	端子 5		
1	0	0	0	1	P1001	设置段速 1 频率
2	0	0	1	0	P1002	设置段速 2 频率

续表

固 定 频 率	开 关 状 态				对应频率参数	参数功能
	端子 8	端子 7	端子 6	端子 5		
3	0	0	1	1	P1003	设置段速 3 频率
4	0	1	0	0	P1004	设置段速 4 频率
5	0	1	0	1	P1005	设置段速 5 频率
6	0	1	1	0	P1006	设置段速 6 频率
7	0	1	1	1	P1007	设置段速 7 频率
8	1	0	0	0	P1008	设置段速 8 频率
9	1	0	0	1	P1009	设置段速 9 频率
10	1	0	1	0	P1010	设置段速 10 频率
11	1	0	1	1	P1011	设置段速 11 频率
12	1	1	0	0	P1012	设置段速 12 频率
13	1	1	0	1	P1013	设置段速 13 频率
14	1	1	1	0	P1014	设置段速 14 频率
15	1	1	1	1	P1015	设置段速 15 频率

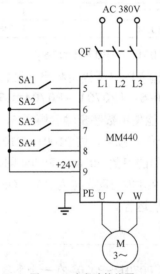

图 1-65　多段速接线图

任 务 实 施

【训练工具、材料和设备】

西门子 MM440 变频器 1 台、三相异步电动机 1 台、开关、按钮若干、《西门子 MM440 通用变频器使用手册》、通用电工工具 1 套。

视频 20. 西门子变频器 7 段速运行

1. 硬件接线

根据任务要求，变频器需要 7 段速运行，因此，用 5、6、7 三个端子就可以实现 7 段速组合运行，按照图 1-65 接线，注意不接 8 端子。

2. 参数设置

变频器首先清零。然后设置功能参数，如表 1-23 所示。

表 1-23   7 段速控制参数表

参数号	参数名称	出厂值	设定值	说明
P0003=1，设用户访问级为标准级				
P0004=7，命令和数字 I/O				
P0700	选择命令给定源（启动/停止）	2	2	命令源选择由端子排输入，这时变频器只能从端子控制
P0003=2，设用户访问级为扩展级				
P0004=7，命令和数字 I/O				
P0701	设置端子 5	1	17	二进制编码+ON 命令
P0702	设置端子 6	12	17	二进制编码+ON 命令
P0703	设置端子 7	9	17	二进制编码+ON 命令
P0704	设置端子 8	15	17	二进制面板+ON 命令
P0003=1，用户访问级为标准级				
P0004=10，设定值通道和斜坡函数发生器				
P1000	设置频率给定源	2	3	选择固定频率设定值
*P1080	下限频率	0.00	0.00	电动机的最小运行频率（0Hz）
*P1082	上限频率	50.00	60.00	电动机的最大运行频率（60Hz）
*P1120	加速时间	10.00	5.00	斜坡上升时间（5s）
*P1121	减速时间	10.00	5.00	斜坡下降时间（5s）
P0003=2，设用户访问级为扩展级				
P0004=10，设定值通道和斜坡函数发生器				
设置 P1001～P1007 分别等于 10Hz、20Hz、50Hz、30Hz、−10Hz、−20Hz、−50Hz				
P0003=3，用户访问级为专家级				
P0004=10，设定值通道和斜坡函数发生器				
P1016	固定频率方式一位 0	1	3	P1016～P1018=1，直接选择
P1017	固定频率方式一位 1	1	3	P1016～P1018=2，直接选择+ON 命令
P1018	固定频率方式一位 2	1	3	P1016～P1018=3，二进制编码+ON 命令
P1019	固定频率方式一位 3	1	3	P1016～P1018 在 P0701～P0704 均设置为 17 时，自动变为 3

3．运行操作

闭合 SB1 时，变频器运行在 P1001 设定的频率上，闭合 SB2 时，变频器运行在 P1002 设定的频率上；同时闭合 SB1 和 SB2，变频器运行在 P1003 的设定频率上，闭合 SB3 时，变频器运行在 P1004 设定的频率上。

请把实训操作结果填写到表 1-24 所示的表格中。

表 1-24   7 段速固定频率控制状态表

固定频率	端子 7（SB3）	端子 6（SB2）	端子 5（SB1）	对应频率所设置的参数	频率/Hz
1	0	0	1		
2	0	1	0		
3	0	1	1		
4	1	0	0		
5	1	0	1		
6	1	1	0		
7	1	1	1		

知识拓展——直接选择方式的多段速运行功能

某一变频器由外端子控制启停，由变频器外端子（3个）实现三段速控制，运行速度分别为10Hz、20Hz、35Hz，上下限频率分别为60Hz、0Hz，加减速时间为5s。

1．硬件接线

根据控制要求，采用 5 端子作为变频器的启动控制端，6、7、8 端子作为变频器的速度选择端，接线方式如图 1-66 所示。

2．参数设置

根据表 1-21，需要设置如下参数：

视频 21. 西门子
变频器直接选择运

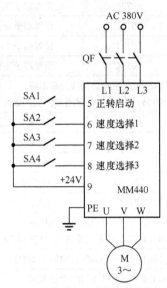

图 1-66　直接选择方式的多段速接线图

P0700=2，外部端子控制变频器启停；

P0701=1，正转；

P0702=15，选择直接方式；

P0703=15，选择直接方式；

P0704=15，选择直接方式；

P1000=3，选择固定频率；

P1002=10Hz，6 端子对应的运行速度；

P1003=20Hz，7 端子对应的运行速度；

P1004=35Hz，8 端子对应的运行速度；

P1080=0Hz，下限频率；

P1082=60Hz，上限频率；

P1120=5s，加速时间；

P1121=5s，减速时间。

【自我训练】按照图 1-66 接线，将上述参数写入变频器，一直闭合 SA1，闭合 SA2 时，变频器运行在 P1002 设定的频率上；闭合 SA3 时，变频器运行在 P1003 设定的频率上，闭合 SA4 时，变频器运行在 P1004 设定的频率上。如果同时闭合 SA2 和 SA3，变频器运行在 P1002+P1003 的设定频率之和上。如果同时闭合其他任意两个或三个开关，观察变频器的运行频率有什么规律？

思考与练习

1．简述西门子 MM440 变频器的 3 种多段速实现方式的不同点？

2．在图 1-66 中，如果不采用 5 端子给定启动信号，改用变频器的 BOP 面板给定启动信号，将如何修改接线图和参数设置？如果图 1-65 中，将 6、7、8 端子对应的参数功能修改为 16，变频器将如何运行？

3．用 4 个开关控制变频器实现电动机 12 段速频率运转。12 段速设置分别为：5Hz、10Hz、15Hz、−15Hz、−5Hz、−20Hz、25Hz、40Hz、50Hz、30Hz、−30Hz、60Hz。变频器的启动和停止信号可以由外部端子给定。试画出变频器外部接线图，写出参数设置。

项目 2
三菱变频器的运行与操作

学习目标

1. 认识三菱变频器的端子接线图。
2. 认识三菱变频器的操作面板。
3. 学会三菱变频器参数的设置方法。
4. 掌握三菱变频器的运行操作方式。

| 任务 2.1　三菱变频器的面板运行操作 |

任 务 导 入

　　利用变频器操作面板上的按键控制变频器启停,利用变频器面板上的 M 旋钮控制电动机以 30Hz 正、反转运行,10Hz 点动运行,并能通过变频器操作面板上的 M 旋钮在 0～60Hz 之间调速。如何确定变频器的接线方式及参数设置?

相 关 知 识

一、三菱 FR-D700 系列变频器的接线图

　　三菱公司 FR-D700 系列变频器是多功能、紧凑型变频器,采用通用磁通矢量控制方式,功率范围为 0.4～7.5kW,具有 15 段速、PID 和漏一源型转换等功能。三菱 FR-D700 变频器的端子接线图如图 2-1 所示。

视频 22. 三菱变频器
的端子介绍

1. 主电路端子

　　主电路端子的功能如表 2-1 所示。

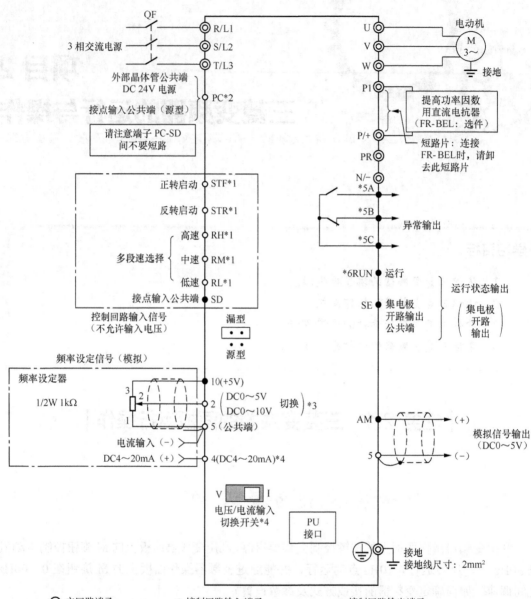

注: *1 可通过输入端子功能分配（Pr178～Pr182）变更端子的功能。

*2 端子 PC-SD 间作为 DC 24V 电源端子使用时，请注意两端子间不要短路。

*3 可通过模拟量输入选择 Pr73 进行变更。

*4 可通过模拟量输入规格切换 Pr267 进行变更。设为电压输入（0～5V/0～10V）时，请将电压/电流输入切换开关置为 V，电流输入（4～20mA）时，请置为 I（初始值）。

*5 可通过 Pr192A、B、C 端子功能选择变更端子的功能。

*6 可通过 Pr190RUN 端子功能选择变更端子功能。

图 2-1　三菱 FR-D700 变频器的端子接线图

表 2-1　　　　　　　　　　　　三菱变频器主电路端子功能

端子符号	端子名称	说　明
R/L1、S/L2、T/L3	交流电源输入端子	连接工频电源，当使用功率因数变流器及公共直流母线变流器时不要连接任何东西
U、V、W	变频器输出端子	接三相笼型异步电动机

续表

端子符号	端子名称	说　　明
P/+、PR	连接制动电阻	拆开端子 PR、PX 之间的短路片（7.5kW 以下），在 P/+、PR 之间连接选件制动电阻器
P/+、N−	连接制动单元	连接制动单元或电源再生转换器单元及高功率因数变流器
P/+、P1	连接改善功率因数 DC 电抗器	对 55kW 以下产品请拆开端子 P/+、P1 间的短路片，连接直流电抗器
⏚	接地	变频器外壳接地用，必须接大地

主电路接线说明。

（1）电源必须接 R、S、T，绝对不能接 U、V、W，否则会损坏变频器。

（2）变频器和电动机间的布线距离最长为 500m。

（3）变频器运行后，若需要改变接线的操作，必须在电源切断 10min 以上，用万用表检查电压后进行。断电后一段时间内，电容上仍然有危险的高压电。

（4）由于变频器内有漏电流，为了防止触电，变频器和电动机必须分别接地。

2．控制电路接线端子

控制电路接线端子功能如表 2-2 所示。

表 2-2　　　　　　　　　变频器控制电路接线端子的符号及功能说明

类　型		端子记号	端子名称	说　　明	
输入信号	启动及功能设定	STF	正转启动	STF 信号处于 ON 为正转，处于 OFF 为停止	当 STF 和 STR 信号同时处于 ON 时，相当于给出停止指令
		STR	反转启动	STR 信号处于 ON 为反转，处于 OFF 为停止	
		RH、RM、RL	多段速度选择	用 RH、RM 和 RL 信号的组合可以选择多段速度	
		SD	公共输入端（漏型）	接点输入端子的公共端，AC24V，0.1A（PC）端子电源的输出公共端	
		PC	AC24V 电源和外部晶体管公共端接点输入公共端（源型）	当连接晶体管输出（集电极开路输出），例如，可编程控制器时，将晶体管输出用的外部电源公共端接到这个端子，可以防止因漏电引起的误动作，该端子可用于 24V，0.1A 电源输出，当选择源型时，该端子作为接点输入的公共端	
模拟信号	频率设定	10	频率设定用电源	作为外接频率设定（速度设定）用电位器时的电源使用。	DC5V，容许负荷电流 10mA
		2	频率设定（电压）	输入 DC0～5V（DC0～10V）时，5V（10V）对应为最大输出频率，输出输入成正比，DC0～5V（出厂设定）和 DC0～10V 的切换由 Pr73 进行控制	
		4	频率设定（电流）	DC4～20mA，20mA 对应为最大输出频率，输入-输出成正比。只在端子 AU 信号处于 ON 时该输入的信号有效。输入阻抗为 250Ω 时，容许最大电流为 30mA	
		5	频率设定公共端	频率信号设定端（2，1 和 4）和模拟输出端 CA、AM 的公共端子，请不要接大地	
输出信号	继电器接点	A、B、C	继电器输出（异常输出）	指示变频器因保护功能动作而输出停止的转换接点。AC230V，0.3A，DC30V，0.3A，异常时：B、C 间不导通（A、C 间导通）；正常时：B、C 间导通（A、C 间不导通）	

类　　型		端子记号	端子名称	说　　明
输出信号	集电极开路	RUN	变频器正在运行	变频器输出频率为启动频率（出厂时为 0.5Hz，可变更）以上时为低电平，正在停止或正在直流制动时为高电平*1。容许负荷为 DC24V，0.1A
		SE	集电极开路输出公共端	端子 RUN 的公共端子
	模拟电压输出	AM	可以从多种监视项目中选一种作为输出。变频器复位中不被输出 输出信号与监视项目的大小成比例	输出项目： 输出频率（初始设定）
通信	RS485	PU 端口		通过 PU 端口，进行 RS-485 通信

注：*1　低电平表示集电极开路输出用的晶体管处于 ON（导通状态），高电平为 OFF（不导通状态）。

控制电路端子接线说明如下。

控制电路输入信号出厂设定为漏型逻辑。在这种逻辑中，信号端子接通时，电流是从相应的输入端子流出，其结构如图 2-2 所示。

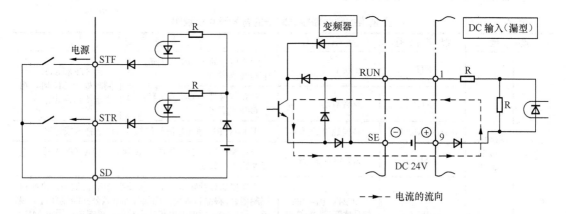

图 2-2　漏型逻辑控制电路结构图

在控制电路端子板的背面，把跳线从漏型逻辑位置移到源型逻辑位置，可以改变变频器的控制逻辑。在源型逻辑中，信号接通时，电流是流入相应的输入端子，其结构如图 2-3 所示。

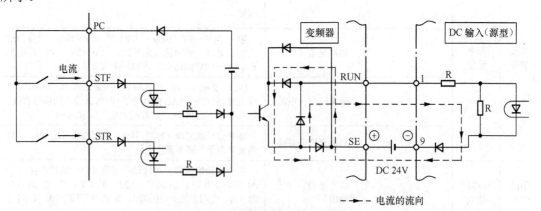

图 2-3　源型逻辑控制电路结构图

二、三菱 FR-D700 系列变频器的操作面板

变频器的操作可用面板（PU）的键盘进行，可以设定变频器的运行频率。设定各种参数，监视操作命令和显示错误等。变频器的型号不同，其操作面板也不相同。这里选用三菱 FR-D700 变频器所配操作面板 FR-PU07，其外形如图 2-4 所示。各显示和按键的功能如表 2-3 所示。

视频 23. 三菱变频器的操作面板

图 2-4　FR-PU07 操作面板

表 2-3　　　　　　　　　　　　　　　　　　　显示和按键功能

显示/按键	功　能	说　明
RUN 指示灯	变频器动作中亮灯/闪烁	亮灯：正转运行中；慢闪烁（1.4s/次）：反转运行中；快闪烁（0.2s/次）； ● 按 RUN 键或输入启动指令都无法运行时 ● 有启动指令，频率指令在启动频率以下时 ● 输入了 MRS 信号时
MON 指示灯	监视显示	监视模式时亮灯
PRM 指示灯	参数设定模式显示	参数设定模式时亮灯
PU 指示灯	PU 运行模式显示	PU 运行模式时亮灯
EXT 指示灯	外部运行模式显示	外部运行模式时亮灯
NET 指示灯	网络运行模式显示	网络运行模式时亮灯
监视用 4 位 LED	监视器	显示频率、参数序号、故障代码等
Hz 指示灯	单位显示	显示频率时亮灯
A 指示灯	单位显示	显示电流时亮灯（显示电压时熄灯，显示设定频率监视时闪烁）
M 旋钮	变更频率设定、参数的设定值	按该旋钮可显示以下内容： ● 监视模式时的设定频率 ● 校正时的当前设定值 ● 报警历史模式时的顺序
PU/EXT 键	切换 PU/外部操作模式	PU：PU 运行模式 EXT：外部运行模式 使用外部运行模式（用另外连接的频率设定旋钮和启动信号运行）时，请按下此键，使 EXT 显示为点亮状态
RUN 键	启动指令	通过 Pr40 的设定，可以选择旋转方向
STOP/RESET 键	停止、复位	STOP：用于停止运行 RESET：用于保护功能动作输出停止时复位变频器（用于主要故障）
SET 键	确定各设定	用于确定频率和参数的设定。运行中按此键则监视器出现以下显示：运行频率→输出电流→输出电压
MODE 键	模式切换	用于切换各设定模式。和 PU/EXT 同时按下也可以用来切换运行模式。长按此键（2s）可以锁定操作

三、三菱变频器的运行操作模式

三菱变频器操作模式的选择用"运行操作模式选择"参数 Pr79 进行设定，其运行操作模式通常有 7 种，选取常用的 5 种加以介绍，如表 2-4 所示。

表 2-4 变频器运行操作模式

Pr79	功　　能			LED 显示
0	外部/PU 切换模式，电源接通时，为外部运行操作模式，EXT 指示灯点亮；通过 $\binom{PU}{EXT}$ 键可切换 PU 或外部运行操作模式			参考设定值 1 或 2
1	运行模式	运行频率	启动信号	PU 点亮
	PU 运行模式	用操作面板进行设定	RUN 键或正、反转键	
2	外部运行模式	外部输入信号（端子 2（4）、5 之间、点动）	外部输入信号（STF、STR 端子）	EXT 点亮
3	外部/PU 组合操作模式 1	用操作面板设定或外部输入信号（多段速度设定、端子 4、5 间（AU 信号 ON 时有效））	外部输入信号（STF、STR 端子）	PU 和 EXT 同时点亮
4	外部/PU 组合操作模式 2	外部输入信号（端子 2、4、点动、多段速度选择）	RUN 键或正、反转键	PU 和 EXT 同时点亮

任 务 实 施

【训练工具、材料和设备】

三菱 FR-D740 变频器 1 台、三相异步电动机 1 台、《三菱 FR-D700 系列通用变频器使用手册》、通用电工工具一套。

1. 接线

PU 运行模式（也叫面板运行操作）主要通过变频器的面板设定变频器的运行频率、启动指令、监视操作命令、显示参数等。这种模式不需要外接其他的操作控制信号，可直接在变频器的面板上进行操作。操作面板也可以从变频器上取下来进行远距离操作。

按照图 2-1 将变频器的 R/L1、S/L2、T/L3 端子接三相交流电压，U、V、W 端子接三相电动机，然后合上电源开关，给变频器通电。

2. 变频器基本操作

（1）参数清除。在对变频器进行操作之前，必须对变频器进行参数清除，使其恢复出厂设置。设定 Pr.CL 参数清除、ALLC 参数全部清除＝"1"，可使参数恢复为初始值。参数清除 Pr.CL、参数全部清除 ALLC 是扩展参数，把 Pr160 设为 0，拨动旋钮则显示出来。参数清除的操作步骤如表 2-5 所示。

视频 24. 三菱变频器的参数清除

表 2-5 参数清除的步骤

	操 作 步 骤	显 示 结 果
1	按 $\binom{PU}{EXT}$ 键，选择 PU 操作模式	PU 显示灯亮 **0.00** PU
2	按 MODE 键，进入参数设定模式	PRM 显示灯亮 **P. 0** PRM

续表

操作步骤	显示结果
3 拨动 ⚙ 设定用旋钮，将参数编号设定为 Pr.CL（ALLC）	参数清除 **Pr.CL** 参数全部清除 **ALLC**
4 按 (SET) 键，读出当前的设定值	**0**
5 拨动 ⚙ 设定用旋钮，把设定值变为 1	**1**
6 按 (SET) 键，完成设定	参数清除 **Pr.CL** 参数全部清除 **ALLC** 闪烁

注：无法显示 Pr.CL 和 ALLC 时，将 Pr160 设为 0，无法清除时将 Pr79 改为 1。

视频 25. 三菱变频器
的面板运行操作

（2）用操作面板设定频率运行。采用 PU 运行操作模式，使变频器
在 f = 30Hz 下运行，其操作步骤如表 2-6 所示。

表 2-6　　　　　　　　　　用操作面板设定频率运行的步骤

操 作 步 骤	显 示 结 果
1 按 (PU/EXT) 键，选择 PU 操作模式	PU 显示灯亮 **0.00** PU
2 旋转 ⚙ 设定用旋钮，显示想要设定的频率 30Hz，闪烁约 5s	**30.00** 闪烁约 5s
3 在数值闪烁期间，按 (SET) 键，设定频率值	**30.00 F**
4 闪烁约 3s 后显示将回到 0.00，按 (RUN) 键运行	⇩ 3s 后 **0.00** ⇨ **30.00** RUN MON PU
5 按 (STOP/RESET) 键，停止	**30.00** **0.00** Hz MON PU

请将运行频率改为 46Hz，按表 2-6 再操作一次。注意，请将"扩展功能显示选择" Pr160=0
（参数有效），"频率设定/键盘锁定操作选择" Pr161=0（M 旋钮频率设定模式）。若将 Pr161 = 1
则为"M 旋钮电位器模式"，即通过旋转 M 旋钮就可以调节变频器的输出频率大小。

如果需要改变变频器的运行方向，将"RUN 键旋转方向的选择" Pr40=1，变频器就可以
反转运行。

 想一想

为什么不能进行 50Hz 以上的设定？

视频 26. 用操作面板
进行点动控制

（3）用操作面板进行点动操作。用操作面板可以对变频器进行点动操作，其操作步骤如表 2-7 所示。

表 2-7　　　　　　　　　　　变频器面板点动操作步骤

	操 作 步 骤	显 示 结 果
1	确认运行显示和运行模式显示 *应为监视模式 *应为停止中状态	0.00 Hz MON EXT
2	按 PU/EXT 键，进入 PU 点动运行模式	JOG Hz MON PU
3	按 RUN 键 *按下键的期间内电机旋转 *以 5Hz 旋转（Pr15 的初始值）	5.00 Hz MON PU
4	松开 RUN 键	停止
5	【变更 PU 点动运行的频率时】 按 MODE 键，进入参数设定模式	PRM 显示灯亮 P. 0 PRM （显示以前读取的参数编号）
6	旋转⚙，将参数编号设定为 Pr15 点动频率	P. 15
7	按 SET 键，显示当前设定值	5.00 Hz MON PU
8	旋转⚙，将数值设定为 10Hz	10.00 Hz MON PU
9	按 SET 键确定	10.00 P. 15 闪烁…参数设定完成！！
10	执行 1～4 步的操作 电机以 10Hz 旋转。	

（4）参数设定。

① 将上限频率参数 Pr1 的设定值从 120 变为 50，其操作步骤如表 2-8 所示。

视频 27. 三菱变频器
的参数设置

表 2-8　　　　　　　　　　　改变参数值的操作步骤

	操 作 步 骤	显 示 结 果
1	按 PU/EXT 键，选择 PU 操作模式	PU 显示灯亮 0.00 PU
2	按 MODE 键，进入参数设定模式	PRM 显示灯亮 P. 0 PRM
3	拨动⚙设定用旋钮，选择参数号码 P.1（Pr1）	P. 1
4	按 SET 键，读出当前的设定值	120.0
5	拨动⚙设定用旋钮，把设定值变为 50	50.00 Hz
6	按 SET 键，完成设定	50.00 Hz P. 1 闪烁

② 把"扩展功能显示选择"参数 Pr160 的设定值从 9999 变为 0，可以显示变频器所有的参数，其操作步骤参考表 2-8 所示。

（5）监视输出电流和输出电压。在监视模式中按 ⓢⓔⓣ 键可以切换输出频率、输出电流、输出电压的监视器显示，其操作步骤如表 2-9 所示。

表 2-9   监视输出电流、输出电压的步骤

	操 作 步 骤	显 示 结 果
1	运行中按 SET 键，使监视器显示输出频率	**50.00** Hz亮灯
2	无论在哪种运行模式下，若运行、停止中按住 SET 键，监视器上显示输出电流	**1.00** A亮灯
3	按 SET 键，监视器上将显示输出电压	**448.0** Hz、A熄灭

注：显示结果根据设定频率的不同会与上表显示数据不同。

注 意

若电动机不转，请确认启动频率 Pr13。在点动频率设定比启动频率的值低时，电动机不转。变频器切断电源后，在显示屏熄灭前变频器是带电的，不要用身体触及变频器各端子。

知识拓展——启动频率 Pr13、上限频率 Pr1 和下限频率 Pr2 设定及运行

（1）在 PU 运行操作模式下，按 MODE 键进入参数设定模式，分别设定启动频率 Pr13=20Hz，上限频率 Pr1= 60Hz，下限频率 Pr2=10Hz。

（2）通过面板设定运行频率分别为 10Hz、40Hz、70Hz。

（3）按 RUN 键运行变频器，并观察频率和电流值。

（4）当设定频率为 10Hz 时，变频器不启动。说明只有当设定频率大于启动频率 Pr13 时，电动机才启动。

当设定频率为 40Hz 时，变频器正常运行，此时面板显示运行频率为 40Hz，通过按 SET 键，交替显示频率、电流值。

当用 M 旋钮设定频率 70Hz 时，发现变频器只能设定在上限频率 60Hz 上运行。因为当设定频率不在上、下限频率设定值范围之内时，输出频率将被钳位在上限频率或下限频率上。

思考与练习

一、填空题

1. 三菱变频器的主电路中，R、S、T 端子接_____，U、V、W 端子接_____。

2. 三菱变频器输入控制端子中，STF 代表_____，STR 代表_____。

3. 三菱变频器的运行操作模式有_____、_____、_____、_____ 4 种。

4．三菱系列变频器设置启动频率的参数是_____；设置上限频率的参数是_____；设置运行模式选择的参数是_____。

5．若需要将三菱变频器的所有参数都显示出来，需要将_____设置为_____。

6．若需要对参数进行清除，需要将_____设置为_____。

7．若需要在变频器运行过程中显示电流值，需要按_____键。

8．FR-D740 变频器的操作面板上，RUN 指示灯点亮表示_____，PU 指示灯点亮表示_____，EXT 指示灯点亮表示_____。

二、简答题

变频器的运行频率为 30Hz，上限频率为 49Hz，下限频率为 20Hz，请采用面板运行模式，写出变频器功能预置的步骤。

| 任务 2.2　三菱变频器的外部运行操作 |

任 务 导 入

现有一台三相异步电动机功率为 1.1kW，额定电流为 2.5A，额定电压为 380V，用外部端子控制变频器启停，通过外部电位器给定 0～10V 的电压，让变频器在 0～50Hz 进行正、反转调速运行，加减速时间为 5s，如何确定变频器的接线方式及参数设置？

相 关 知 识

一、三菱变频器输入端子功能

1．三菱变频器输入端子功能的设定

三菱 FR-D740 变频器的输入信号中 STF、STR、RL、RM、RH 等端子是多功能端子，这些端子功能可以通过参数 Pr178～Pr182 设定的方法来选择，以节省变频器控制端子的数量。

输入端子功能选择的参数号、端子符号、出厂设定及端子功能如表 2-10 所示。

表 2-10　　　　　　　　　　FR-D740 变频器的多功能端子选择参数

端子	参数	名　称	初始值	初始信号	设定范围
输入端子	Pr178	STF 端子功能选择	60	STF（正转指令）	0～5，7，8，10，12，14，16，18，24，25，37，60，62，65～67，9 999
	Pr179	STR 端子功能选择	61	STR（反转指令）	0～5，7，8，10，12，14，16，18，24，25，37，61，62，65～67，9 999
	Pr180	RL 端子功能选择	0	RL（低速运行指令）	0～5，7，8，10，12，14，16，18，24，25，37，62，65～67，9 999
	Pr181	RM 端子功能选择	1	RM（中速运行指令）	
	Pr182	RH 端子功能选择	2	RH（高速运行指令）	

参数设定与功能选择的部分设定如表 2-11 所示，详细设定参看 FR-D740 变频器手册。

表 2-11　　　　　　　　　　　　　　　　输入端子参数设定与功能选择

设 定 值	端 子 名 称	功　　能	
		Pr59 = 0（初始值）	Pr59 = 1, 2
0	RL	低速运行指令	遥控设定清除
1	RM	中速运行指令	遥控设定减速
2	RH	高速运行指令	遥控设定加速
3	RT	第 2 功能选择	
4	AU	端子 4 输入选择	
5	JOG	点动运行选择	
7	OH	外部热继电器输入	
8	REX	15 段速选择（同 RL、RM、RH 组合使用）	
14	X14	PID 控制有效端子	
24	MRS	输出停止	
25	STOP	启动自保持选择	
60	STF	正转指令（仅 STF 端子，即 Pr178 可分配）	
61	STR	反转指令（仅 STR 端子，即 Pr179 可分配）	
62	RES	变频器复位	
9 999	—	无功能	

 注　意

① 一个功能可以分配到多个端子上，这种情况下，端子输入是"或"的关系；

② 速度指令优先顺序分别为点动、多段速度设定（RH、RM、RL）和 AU；

③ 当没有选择 HC 连接（变频器运行允许信号）时，MRS 端子分担此功能；

④ 当 Pr59 = 0、1 或 2 时，RH、RM、RL 信号的功能变更如表 2-10 所示。

2．变频器控制端子的工作方式

变频器的基本运行控制端子包括正转运行（STF）、反转运行（STR）、启动自保持（STOP）和点动运行（JOG）等。其控制方式有两种。

（1）开关信号控制方式。当 STF 或 STR 处于闭合状态时，电动机正转或反转运行；当它们处于断开状态时，电动机即停止，如图 2-5 所示。

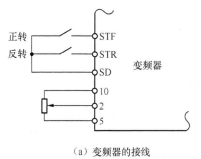
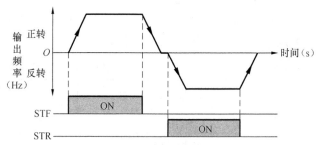

（a）变频器的接线　　　　　　　　　　　（b）控制信号的状态

图 2-5　开关信号控制方式

点动控制与此类似。

（2）脉冲信号控制方式。在 STF 或 STR 端只需输入一个脉冲信号，电动机即可维持正转或反转状态，犹如具有自锁功能一样。此时需要用一个常闭按钮连接变频器的 STOP 端子。如要停机，必须断开停止按钮，如图 2-6 所示。

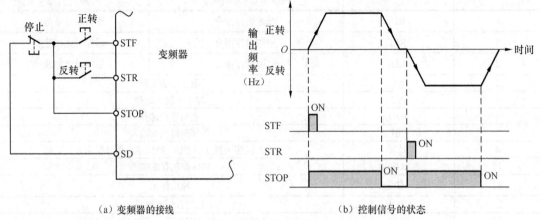

（a）变频器的接线　　　　　　　　　　　（b）控制信号的状态

图 2-6　脉冲信号控制方式

二、三菱变频器输出端子功能

1. 变频器输出端子的分类

三菱 FR-D740 变频器的输出端子分配如图 2-1 所示。输出控制端子可以分为以下几类。

（1）运行状态输出端。用来指示变频器的运行状态，如 RUN 输出端子。

SE 是集电极开路输出信号 RUN 端子的公共端，通常采用正逻辑，容许负载为 DC24V，0.1A。低电平表示集电极开路输出用的晶体管处于 ON（导通状态），高电平为 OFF（不导通状态）。

（2）故障和报警输出端。当变频器发生故障时，变频器将通过输出端子发出报警信号，如 A、B、C 端子，正常时 B、C 间导通，A、C 间不导通；故障时 B、C 间断开，A、C 间导通。

（3）测量信号端。变频器的运行参数（频率、电压、电流等）可以通过外接仪表来进行测量，为此，专门配置了为外接仪表提供测量信号的外接输出端子，例如 AM 为模拟电压测量信号。对于模拟量测量信号的测量内容，用户还可根据自己的需要选定，如电压、转矩、负载率等。

2. 输出端子的功能选择

输出端子的功能选择参数可改变开路集电极和触点输出端子的功能。输出端子功能选择的参数意义及设定范围如表 2-12 所示。

表 2-12　　　　　　　　　　　　　　输出端子功能选择参数

参 数 号		端子符号	出厂设定	出厂设定端子功能	设 定 范 围
输出端子	Pr190	RUN	集电极开路输出端子	0	变频器运行	0, 1, 3, 4, 7, 8, 11～16, 25, 26, 46, 47, 64, 70, 90, 91, 93 *, 95, 96, 98, 99, 100, 101, 103, 104, 107, 108, 111～116, 125, 126, 146, 147, 164, 170, 190, 191, 193 *, 195, 196, 198, 199, 9999
	Pr192	A, B, C	继电器输出端子	99	异常输出	

* Pr192 不可设定为 "93" "193"。

参照表 2-12 即可设定相应参数，其中 0～99 为正逻辑，100～199 为负逻辑。输出端子的部分参数设定值及相应的功能如表 2-13 所示。

表 2-13　　　　　　　　　　　　　　　输出端子参数设定与功能选择

设 定 值		信号名称	功　能	动　作
正逻辑	负逻辑			
0	100	RUN	变频器运行	运行期间当变频器输出频率上升到或超过启动频率时输出
1	101	SU	频率到达	输出频率到达设定频率时输出
3	103	OL	过负荷报警	失速防止功能动作期间输出
4	104	FU	输出频率检测	输出频率达到 Pr42（反转是 Pr43）设定的频率以上时输出
8	108	THP	电子过电流预报警	当电子过电流保护累积值达到设定值的 85% 时输出
14	114	FDN	PID 下限	达到 PID 控制的下限时输出
15	115	FUP	PID 上限	达到 PID 控制的上限时输出
16	116	RL	PID 正-反向输出	PID 控制时，正转时输出
99	199	ALM	异常输出	当变频器的保护功能动作时输出此信号，并停止变频器的输出（严重故障时）
9 999	—		没有功能	—

任 务 实 施

【训练工具、材料和设备】

三菱 FR-D740 变频器 1 台、三相异步电动机 1 台、开关若干、《三菱FR-D700 系列通用变频器使用手册》、通用电工工具 1 套。

视频 28. 三菱变频器外部正反转运行操作

1. 变频器接线

外部运行模式通常为出厂设定。这种模式通过外接的启动开关、频率设定电位器等产生外部操作信号，控制变频器的运行。外部频率设定信号为 0~5V、0~10V 或 4~20mA 的直流信号。启动开关与变频器的正转启动 STF 端/反转启动 STR 端连接，频率设定电位器与变频器的 10、2、5端相连接，外部控制操作的基本电路如图 2-7 所示。

采用外部运行模式时，可通过设定"运行操作模式选择"参数 Pr79 = 2 或 0 来实现。

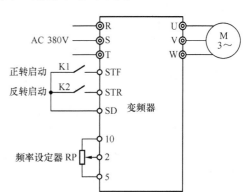

图 2-7　外部操作模式的接线图

2. 变频器参数设置

首先对变频器参数进行清除，然后设置Pr79=2，选择外部运行模式，接着根据控制要求设置变频器的上限频率 Pr1、下限频率 Pr2、加减速时间 Pr7 和 Pr8，模拟量输入选择 Pr73，电动机的相关参数，输入端子 STF 和 STR 端子的正反转功能，具体参数设置如表 2-14 所示。

表 2-14　　　　　　　　　　　　　　　外部操作参数设定功能表

参数名称	参数号	出厂值	设定值	功能说明
上限频率	Pr1	120	50	设定上限频率为 50Hz
下限频率	Pr2	0	0	设定下限频率 0Hz
电子过电流保护	Pr9	变频器额定电流	2.5	一般将其设为电动机的额定电流
扩展参数的显示	Pr160	9 999	0	Pr160=9 999，只显示简单模式的参数Pr160=0，可以显示简单模式和扩展参数
运行模式选择	Pr79	0	2	选择外部运行操作模式
启动频率	Pr13	0.5	5	设定启动频率为 5Hz
模拟量输入选择	Pr73	1	1	设定端子 2 可以输入 0~5V 给定电压

续表

参 数 名 称	参 数 号	出 厂 值	设 定 值	功 能 说 明
电机容量	Pr80	9 999	1.1	设置电机容量为 1.1kW
电机额定电压	Pr83	400	380	设置电机的额定电压为 380V
电机额定频率	Pr84	50	50	设置电机额定频率为 50Hz
STF 端子功能选择	Pr178	60	60	设置 STF 为正转端子的功能
STR 端子功能选择	Pr179	61	61	设置 STR 为反转端子的功能
RL 端子功能选择	Pr180	0	25	设置 RL 为启动自保持功能

3. 操作运行

（1）变频器上电，确认运行状态。用 MODE 键切换到参数设定模式，将表 2-14 中的参数输入到变频器中，并使 Pr79 = 2 或 0，确认 EXT 指示灯点亮（如 EXT 指示灯未亮，请切换到外部运行模式）。

（2）开关操作运行。

① 开始。按图 2-7 所示的电路接好线，将启动开关（K1 或 K2）处于 ON，表示运转状态的 RUN 灯闪烁。

② 加速。顺时针缓慢旋转电位器（频率设定电位器）到满刻度。显示的频率数值逐渐增大，电动机加速，当显示 45Hz 时，停止旋转电位器。此时变频器运行在 45Hz 上，RUN 灯一直亮。

③ 减速。逆时针缓慢旋转电位器（频率设定电位器）到底。显示的频率数值逐渐减小到 0Hz，电动机减速，最后停止运行。

④ 停止。断开启动开关（K1 或 K2），电动机将停止运行。

 注 意

如果正转和反转开关都处于 ON，电动机不启动；如果在运行期间，两开关同时处于 ON，电动机减速至停止状态。

（3）按钮自保持操作运行。按图 2-8 接好电路，并设定 Pr180 =25，即将 RL 端子功能变更为 STOP 端子功能（见表 2-10 和表 2-11）。当按 SB1 时，电动机开始工作，同时使 STOP 信号接通（即使 SB 按钮保持闭合），当松开 SB1 时，电动机仍然保持正转。当断开 SB 时，电动机停止工作，反之亦然。

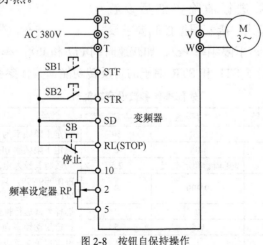

图 2-8　按钮自保持操作

知识拓展——三菱变频器的组合运行操作

组合运行模式即 PU 运行和外部运行两种方式并用。组合运行模式 1 必须设定 Pr79 = 3，外部输入启动信号（开关，继电器等），用 PU 设定运行频率。不接受外部的频率设定信号和 PU 的正转、反转、停止键的操作，变频器的接线图如图 2-9 所示。

其主要参数设置参考表 2-14，操作步骤如下。

（1）参照图 2-9 所示接线，变频器上电，确定 PU 灯亮。

（2）运行模式选择：将运行操作模式选择参数 Pr79 设定为 3，选择组合运行操作模式 1，运行状态 EXT 和 PU 指示灯都亮。

（3）运行频率设定：用 PU 面板上的 M 旋钮设定运行频率为 40Hz。

（4）合上 K1 或 K2 使 STF 或 STR 中的一个信号接通。RUN 灯点亮，变频器频率逐渐上升到 40Hz。

（5）断开 K1 或 K2，电动机停止运行。

视频 29. 三菱变频器
组合 1 运行操作

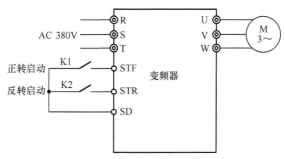

图 2-9   组合运行模式 1 的接线图

思考与练习

1. 如果用变频器的 RL 端子进行点动正-反转控制，点动频率为 10Hz，点动加减速时间 Pr16=3s，变频器如何进行接线？如何设置变频器的参数？

2. 一个变频器控制系统，上、下限频率分别为 60Hz 和 10Hz，加减速时间为 5s，启动信号用 PU 键盘设定，频率信号用外部 0～10V 给定电压加到 2、5 端子上，试画出变频器的接线图，并写出参数如何预置？

任务 2.3   三菱变频器的多段速运行操作

任 务 导 入

某生产机械在运行过程中要求按 16Hz、20Hz、25Hz、30Hz、35Hz、40Hz、45Hz 的速度运行，通过外部端子控制电动机多段速运行，开关 K3、K4、K5 按不同的方式组合，可选择 7 种不同的输出频率。如何确定变频器的接线方式及参数设置？

相 关 知 识

在变频器的外接输入控制端子中，通过功能预置，可以将若干（通常为 2～4）个输入端作为多段速（3～16 挡）控制端。其转速的切换由外接的开关器件通过改变输入端子的状态及其组合来实现，转速的挡次是按二进制的顺序排列的，故 2 个输入端可以组合成 3 或 4 挡转速，3 个输入端可以组合成 7 或 8 挡转速，4 个输入端可以组合成 15 或 16 挡转速。

用参数将多种运行频率（速度）预先设定，用输入端子的不同组合进行速度选择。其中参数 Pr4～Pr6 用来设定高、中、低 3 段速度，参数 Pr24～Pr27 用来设定 4～7 段速度，参数 Pr232～Pr239 用来设定 8～15 段速度，其参数意义及设定范围如表 2-15 所示。

表 2-15　　　　　　　　　　　多段速参数的意义及设定范围

参 数 号	出厂设定（Hz）	设定范围（Hz）	功　能	备　注
Pr4	50	0～400	设定 RH 闭合时的频率	
Pr5	30	0～400	设定 RM 闭合时的频率	
Pr6	10	0～400	设定 RL 闭合时的频率	
Pr24～Pr27	9 999	0～400Hz，9 999	设定 4～7 段速	9 999：未选择
Pr232～Pr239	9 999	0～400Hz，9 999	设定 8～15 段速	9 999：未选择

可通过断开或闭合外部触点信号（RH、RM、RL、REX 信号）选择各种速度，多段速运行时变频器的接线如图 2-10 所示。

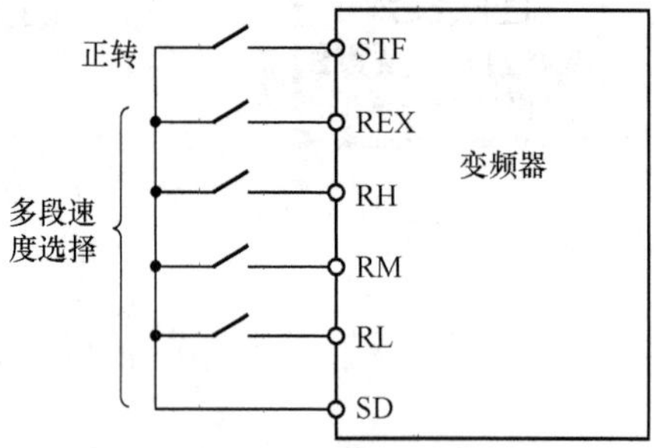

（1）3 段速设定。RH 信号为 ON 时按 Pr4 中设定的频率运行，RM 信号为 ON 时按 Pr5 中设定的频率运行，RL 信号为 ON 时按 Pr6 中设定的频率运行。

（2）4 段以上的多段速设定。通过 RH、RM、RL、REX 信号的组合可以进行 4～15 段速的设定，Pr24～Pr27、Pr232～Pr239 设定运行频率。输入信号组合与各挡速度的对应关系如图 2-11 所示。例如，如图 2-11（a）所示，当 RH 和 RL 信号同时为 ON 时，按 Pr25 中设定的频率（即速度 5）运行。

图 2-10　多段速运行的接线图

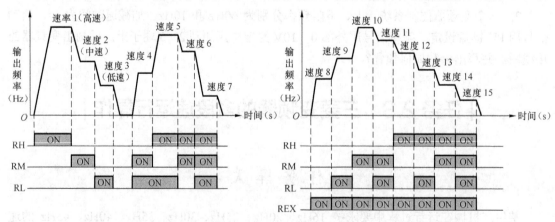

（a）7 段速运行图　　　　　　　　　　　（b）15 段速运行图

图 2-11　多段速运行示意图

对于 REX 信号输入所使用的端子，通过将 Pr178～Pr182 中的任一个参数设定为"8"来进行功能的分配。借助于点动频率（Pr15）、上限频率（Pr1）和下限频率（Pr2）最多可以设定 18 种速度。

（3）多段速只有在外部操作模式或 PU/外部组合操作模式（Pr79=3，4）中有效。

（4）当用 Pr178～Pr182 改变端子功能分配时，有可能对其他的功能产生影响。请确定各端子的功能后再进行设定。

任 务 实 施

【训练工具、材料和设备】

三菱 FR-D740 变频器 1 台、三相异步电动机 1 台、开关若干、《三菱 FR-D700 系列通用变频器使用手册》、通用电工工具 1 套。

（1）恢复出厂设定值。

（2）设置参数。

多段速控制只能在外部操作模式（Pr79=2）和组合操作模式（Pr79=3、4）中有效。需要设置如下参数：

Pr1=50Hz（上限频率）；

Pr2=0Hz（下限频率）；

Pr7=2s（加速时间）；

Pr8=2s（减速时间）；

Pr160=0（扩张参数）；

Pr79=3（PU/组合模式 1）。

各段速度：Pr4=16Hz，Pr5=20Hz，Pr6=25Hz，Pr24=30Hz，Pr25=35Hz，Pr26=40Hz，Pr27=45Hz。

图 2-12 多段速运行接线图

（3）连接图 2-12 所示的电路。7 段速时，STR（REX）端子暂不接线。

（4）在表 2-16 中，ON 表示开关闭合，OFF 表示开关断开。将开关 K1 一直闭合，按照表 2-16 操作各个开关。通过 PU 面板监示频率的变化，观察运转速度，并将结果填入表 2-16 中。

表 2-16　　　　　　　　7 段速开关状态与运行速度的关系

K3（RH）	K4（RM）	K5（RL）	输出频率值（Hz）	参　　数
ON	OFF	OFF		Pr4
OFF	ON	OFF		Pr5
OFF	OFF	ON		Pr6
OFF	ON	ON		Pr24
ON	OFF	ON		Pr25
ON	ON	OFF		Pr26
ON	ON	ON		Pr27

知 识 拓 展

视频 31. 三菱变频器
升降速端子功能

一、升降速控制端功能

变频器的外接开关量输入端子中，通过功能预置，可以使其中 2 个输入端具有升速和降速功能，称之为"升降速（UP/DOWN）控制端"。

对三菱 FR-D740 变频器，通过对"遥控设定功能选择"参数 Pr59 的设定可以实现频率的升、降速控制。Pr59 的意义及设定范围如表 2-17 所示。

表 2-17　　　　　　　　　　　遥控设定功能选择参数意义及设定范围

参 数 号	出 厂 设 定	设 定 范 围	功　　能	
			RH、RM、RL 信号功能	频率设定记忆功能
Pr59	0	0	多段速设定	－
		1	遥控设定	有
		2	遥控设定	没有

（1）用 Pr59 可选择有无遥控设定功能及遥控设定时有无频率设定值记忆功能。

当 Pr59=0 时，不选择遥控设定功能，RH、RM、RL 端子具有多段速端子功能；当 Pr59=1 或 2 时，选择遥控设定功能，RH、RM、RL 端子功能改变为加速（RH）、减速（RM）、清除（RL），如图 2-13 所示。此时一直闭合 STF 信号。

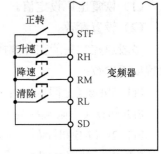

图 2-13　变频器升、降速控制的接线

RH 接通→频率上升。

RH 断开→频率保持。

RM 接通→频率下降。

RM 断开→频率保持。

断开 STF 信号，则变频器停止运行。

（2）当 Pr59=1 时，有频率设定值记忆功能。它可以把遥控设定频率（用 RH、RM 设定的频率）存储在存储器里。一旦切断电源再通电时，输出频率为此设定值，重新开始运行。

（3）当 Pr59=2 时，没有频率设定值记忆功能。

（4）频率可通过 RH（加速）和 RM（减速）在 0Hz 到上限频率（由 Pr1 或 Pr18 设定值）之间改变。

（5）当选择遥控设定功能时，变频器采用外部运行模式即 Pr79=2。

利用外接升、降速控制信号对变频器进行频率给定时，属于数字量给定，控制精度较高；用按钮开关来调节频率，非但操作简单，且不易损坏；因为是开关量控制，故不受线路电压降的影响，抗干扰性能较好。因此在变频器进行外接给定时，应尽量少用电位器，而以利用升、降速端子进行频率给定为好。

二、变频器的两地控制

在实际生产中，常常需要在 2 个或多个地点都能对同一台电动机进行升、降速控制。例如，某厂的锅炉风机在实现变频调速时，要求在炉前和楼上控制室都能调速。比较简单的方法是利用变频器中的升、降速端子进行两地控制，如图 2-14 所示。SB3 和 SB4 是 A 地的升、降速按钮；SB5 和 SB6 是 B 地的升、降速按钮。

首先通过设置参数 Pr59=1 使变频器的 RH 和 RM 端子具有升降速调节功能。只要"遥控方式"有效，通过 RH 和 RM 端子的通断就可以实现变频器的升降速，而不用电位器来完成。

在 A 地按下 SB3 或在 B 地按下 SB5 按钮，RH 端子接通，频率上升，松开按钮，则频率保持；在 A 地按下 SB4 或在 B 地按下 SB6 按钮，RM 端子接通，频率下降，松开按钮，则频率保持。从而在异地控制时，电动机的转速都是在原有的基础上升降的，很好地实现了两地控制时速度的衔接。

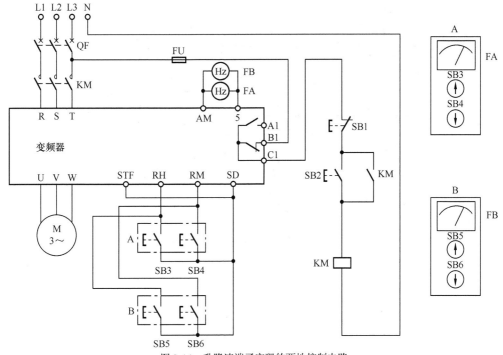

图 2-14　升降速端子实现的两地控制电路

此外，在进行控制的两地，都应有频率显示。将 2 个频率表 FA、FB 并联于输出端子 AM 和 5 之间。这时，还需要进行以下参数预置。

Pr158＝1（使 AM 端子输出频率信号）；

Pr55＝50（使输出频率表的量程为 0～50Hz）。

思考与练习

1．某控制系统要求有 15 种运行速度：5Hz、8Hz、10Hz、12Hz、15Hz、20Hz、25Hz、28Hz、30Hz、35Hz、39Hz、42Hz、45Hz、48Hz、50Hz，按图 2-12 接线，将 STR 端子的功能设置为 REX，如何设置变频器的参数？参考表 2-16 列出端子闭合情况与 15 段速的对应关系。

2．变频器多段速运行，每个频率段由端子控制。已知各段速频率分别为 5Hz、20Hz、10Hz、30Hz、40Hz、60Hz，加速时间和减速时间均为 2s，请选择变频器运行模式并设置相关功能参数，写出变频器参数清除的步骤，画出变频器的接线图。

3．某用户要求在控制室和工作现场都能够进行升速和降速控制，有人设计了图 2-15 所示的给定电路，试问该电路在工作时可能出现什么现象？与图 2-14 所示相比，哪种两地控制电路更实用？

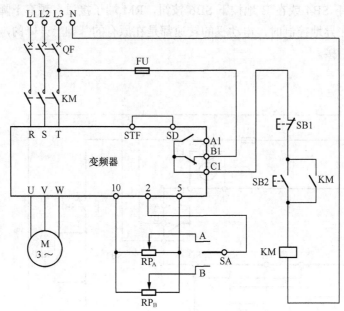

图 2-15 电位器实现的两地控制电路

项目 3
变频器常用控制电路

学习目标

1. 熟练掌握变频器常用控制电路的接线方法及工作原理。
2. 掌握变频器升降速端子的参数设置。
3. 能运用变频器的升降速功能实现变频器同步运行。
4. 了解 PID 控制原理。
5. 掌握变频器 PID 控制时的接线方法和参数设置方法。

|任务 3.1　变频器正反转控制电路|

任 务 导 入

　　变频器在实际应用中，还需要和许多外接的配件一起使用才能完成控制功能。如图 3-1 所示是一个带式传送带变频控制系统，变频器通过交流电动机拖动传送带运行，要求按下正转启动按钮，传送带正转运行，按下反转启动按钮，传送带反转运行，按下停止按钮，传送带停止运行。这样的控制系统，需要配置什么样的电路才能实现变频器的正反转控制功能呢？

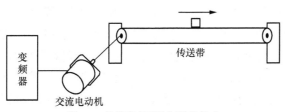

图 3-1　传送带变频控制系统组成

相 关 知 识

一、变频器的外接主电路

图 3-2 所示是一个比较完整的主电路。主电路中主要配件的作用如下。

扩展视频：变频器
外接主电路

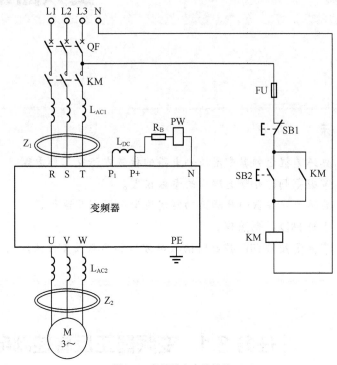

图 3-2 变频器主电路接线

低压断路器 QF 主要有两个作用：一是隔离作用，当变频器需要检修时，或者因某种原因而长时间不用时，将 QF 切断，使变频器与电源隔离；二是保护作用，当变频器的输入侧发生短路等故障时，进行保护。

接触器 KM 的主要作用：①可通过按钮方便地控制变频器的通电与断电；②变频器发生故障时，可自动切断电源，并防止掉电及故障后的再启动。

电源侧交流电抗器 L_{AC1}：改善输入功率因数，减小高次谐波的影响，并抑制浪涌电流。

输入高频噪声滤波器 Z_1 和输出高频噪声滤波器 Z_2：减小变频器产生的高频干扰信号。

直流电抗器 L_{DC}：改善功率因数，抑制尖峰电流，与交流电抗器配合使用，可将功率因数提高至 0.9 以上。

制动电阻 R_B 和制动单元 PW：电动机在工作频率下降过程中，将处于再生制动状态，拖动系统的动能要反馈到直流电路中，使直流电压 U_D 不断上升（该电压通常称为泵升电压），甚至可能达到危险的地步。因此，必须将再生到直流电路的能量消耗掉，使 U_D 保持在允许范围内。制动电阻常用于大惯量负载、频繁启制动及正反转的场合，消耗回馈制动时产生的电能。

当变频器与电动机距离较远时，传输线路中的分布电容和电感的作用变得强烈，可能会出现电动机侧电压升高，电动机震动等。此时需要在变频器的输出侧接入输出电抗器，它可进行平滑滤波，减少瞬变电压 dv/dt 的影响，降低电动机的噪声，延长电动机的绝缘寿命。

注意，变频器的输出侧不允许接电容器或浪涌吸收器，以免造成开关管过流损坏或变频器不能正常工作。

由于变频器有比较完善的过电流和过载保护功能，且低压断路器也具有过电流保护功能，故进线侧可不必接熔断器。又因为变频器内部具有电子热保护功能，故在只接一台电动机的情况下，可不必接热继电器。

二、变频器启停控制电路

变频器常用启/停控制电路如图 3-3 所示，接触器 KM 控制变频器接通或断开电源，中间继电器 KA 控制变频器启动或停止。当变频器通过外接信号进行控制时，一般不推荐由接触器 KM 来直接控制电动机的启动和停止，原因如下。

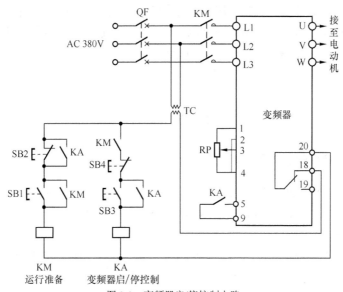

图 3-3　变频器启/停控制电路

（1）变频器的保护功能动作时可以通过接触器迅速切断电源。

（2）变频器在刚接通电源的瞬间，充电电流是很大的，会构成对电网的干扰。因此应将变频器接通电源的次数减少到最小。

（3）通过接触器 KM 切断电源时，变频器已经不工作了，变频器立即停止输出，电动机将处于自由制动状态，不能按预置的减速时间来停机。因此不允许运行中的变频器突然断电。

变频器正反转工作原理如下。

合上 QF→ 按 SB1→KM 线圈得电→
$\begin{cases} \text{KM 主触点闭合→接通变频器电源} \\ \text{KM 辅助触点闭合→KM 自锁} \\ \text{KM 辅助触点闭合→为 KA 得电做准备} \end{cases}$

按 SB3→KA 线圈得电→KA 的 3 个动合触点闭合→

$\begin{cases} \text{KA 继电器自锁，以保持变频器的连续正转} \\ \text{接通 5 端子，变频器正转运行} \\ \text{锁定 SB2，在正转过程中 SB2 操作无效，保证变频器只有在停止运行后才能断电} \end{cases}$

按 SB4→KA 线圈断电→KA 的 3 个动合触点断开→

$$\left\{\begin{array}{l}\text{5 端子断开，变频器停止正转运行}\\ \text{解除对 SB2 的锁定，SB2 操作可生效}\end{array}\right\} \rightarrow \text{按 SB2} \rightarrow \text{KM 线圈断电} \rightarrow$$

$$\left\{\begin{array}{l}\text{KM 辅助触点断开} \rightarrow \text{解除 KM 接触器的自锁}\\ \text{KM 主触点断开} \rightarrow \text{切断变频器电源}\end{array}\right\} \rightarrow \text{断开 QF} \rightarrow \text{切断控制电路电源}$$

通过接触器 KM 的常开触点也可以控制变频器的 5 端子接通，从而控制变频器运行或停止，但是电源接通时所流过的瞬间电流会缩短变频器的使用寿命（开关寿命为 100 万次左右），因此要尽量减少频繁地启动和停止。如图 3-3 所示，通过中间继电器的常开触点 KA 控制端子 5 来使变频器运行或停止，此时应设定 P0700=2（外部运行模式），P0701 = 1（正转启动）。

在 KA 线圈电路中串联 KM 的动合触点，是保证 KM 未闭合前，继电器 KA 线圈不得电，从而防止先导通 KA 的误动作。而当 KA 导通时，其动合触点闭合使停止按钮 SB2 失去作用，从而保证了只有在电动机先停机的情况下，才能使变频器切断电源。在图 3-3 所示的控制电路中，串入了故障输出端子 18、20 的动断触点，其作用是当变频器发生故障而报警时，18、20 触点断开，使 KM 和 KA 线圈断电，将变频器的电源切断，此时应该将 18、20 端子对应的参数 P0731=52.3（变频器故障），P0748=1。

任 务 实 施

【训练工具、材料和设备】

西门子 MM440 变频器 1 台、三相异步电动机 1 台、中间继电器 1 个、接触器 1 个、按钮若干、5kΩ 3 脚电位器 1 个、《西门子 MM440 通用变频器使用手册》、通用电工工具 1 套。

1．硬件电路

继电器控制的传送带正、反转电路如图 3-4 所示。按钮 SB1、SB2 用于控制接触器 KM，从而控制变频器接通或切断电源；按钮 SB3、SB4 用于控制正转继电器 KA1，从而控制电动机的正转运行；按钮 SB5、SB4 用于控制反转继电器 KA2，从而控制电动机的反转运行；电

扩展视频：变频器
正反转控制电路

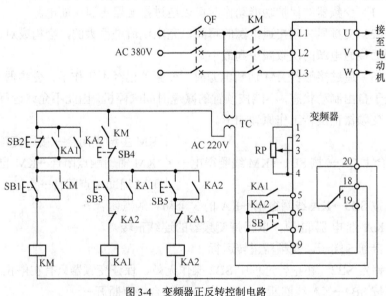

图 3-4　变频器正反转控制电路

位器 RP 调节变频器的运行速度；18、20 端子控制变频器一旦发生故障时，切断变频器的电源。按钮 SB 用来复位。

2．参数设置

变频器要想实现外部控制功能，首先对变频器进行参数清零，然后按照表 3-1 设置参数。注意 P0731 和 P0748 的参数设置。

表 3-1   变频器正反转的参数设置

参 数 号	参 数 名 称	出厂值	设定值	说　　明
P0003=1，设用户访问级为标准级				
P0004=7，命令和数字 I/O				
P0700[0]	选择命令给定源（启动/停止）	2	2	命令源选择由端子排输入
P0003=2，设用户访问级为扩展级				
P0004=7，命令和数字 I/O				
P0701[0]	设置端子 5	1	1	ON 接通正转，OFF 停止
P0702[0]	设置端子 6	12	2	ON 接通反转，OFF 停止
P0703[0]	设置端子 7	9	9	故障确认
P0731[0]	选择数字输出 1 的功能	52.3	52.3	将数字输出 1 设置为变频器故障
P0003=3，设用户访问级为专家级				
P0004=7，命令和数字 I/O				
P0748	数字输出反相	0	1	P0748=1 时，变频器上电，数字输出 1 的继电器不得电，一旦变频器故障时，数字输出 1 的继电器得电，其常闭触点 18、20 断开，切断变频器的电源
P0003=1，用户访问级为标准级				
P0004=10，设定值通道和斜坡函数发生器				
P1000[0]	设置频率给定源	2	2	选择 AIN1 给定频率
*P1080[0]	下限频率	0	0	电动机的最小运行频率（0Hz）
*P1082[0]	上限频率	50	50	电动机的最大运行频率（50Hz）
*P1120[0]	加速时间	10	5	斜坡上升时间（5s）
*P1121[0]	减速时间	10	5	斜坡下降时间（5s）
P0003=2，用户访问级为标准级				
P0004=8，模拟 I/O				
P0756[0]	设置 ADC1 的类型	0	0	AIN1 通道选择 0～10V 电压输入，同时将 I/O 板上的 DIP1 开关置于 OFF 位置
P0757[0]	标定 ADC1 的 x_1 值	0	0	设定 AIN1 通道给定电压的最小值 0V
P0758[0]	标定 ADC1 的 y_1 值	0.0	0.0	设定 AIN1 通道给定频率的最小值 0Hz 对应的百分比 0%
P0759[0]	标定 ADC1 的 x_2 值	10	10	设定 AIN1 通道给定电压的最大值 10V
P0760[0]	标定 ADC1 的 y_2 值	100.0	100.0	设定 AIN1 通道给定频率的最大值 50Hz 对应的百分比 100%
P0761[0]	死区宽度	0	0	标定 ADC 死区宽度
P0003=2，用户访问级为标准级				
P0004=20，通信				
P2000[0]	基准频率	50.00	50.00	基准频率设为 50Hz

3．运行操作

（1）按下按钮 SB1，接触器 KM 得电并自锁，其 3 对主触点闭合，变频器上电；按下按钮 SB3，中间继电器 KA1 得电并自锁，KA1 的常开触点闭合，将端子 5 接通，变频器正转运行，此时调节电位器 RP，就可以调节变频器的速度。按下按钮 SB4，KA1 失电，5 端子断开，变频器停止运行。

（2）按下按钮 SB1，接触器 KM 得电并自锁，其三对主触点闭合，变频器上电；按下按钮 SB5，中间继电器 KA2 得电并自锁，KA2 的常开触点闭合，将端子 6 接通，变频器反转运行，此时调节电位器 RP，就可以调节变频器的速度。按下按钮 SB4，KA2 失电，6 端子断开，变频器停止运行。

（3）在 KA1 和 KA2 线圈电路中串入 KM 的常开触点，是为了实现正转与反转运行只有在接触器 KM 已经动作、变频器已经通电的状态下才能进行。

（4）在 SB2 按钮两端并联继电器 KA1、KA2 的常开触点用以防止电动机在运行状态下通过 KM 直接停机。

知识拓展——变频器外围电器元件的选择

如图 3-2 所示，变频器外围主要电器元件的选择如下。

1．低压断路器 QF

由于：①变频器在刚接通电源的瞬间，对电容器的充电电流可高达额定电流的 2～3 倍；②变频器的进线电流是脉冲电流，其峰值常可能超过额定电流；③变频器允许的过载能力为 150%、1min。所以，为了避免误动作，低压断路器的额定电流 $I_{QN} \geqslant$（$1.3～1.4$）I_N，其中 I_N 为变频器的额定电流。

2．接触器 KM

由于接触器自身并无保护功能，不存在误动作的问题，故选择原则是，主触点的额定电流 $I_{KN} \geqslant I_N$。

3．输出接触器

变频器的输出端一般不接接触器，由于某种需要而接入时，如工频切换电路见图 3-5 中 KM2，因为电流中含有较强的谐波成分，故变频器的主触点的额定电流 $I_{KN} \geqslant 1.5 I_{MN}$。其中 I_{MN} 是电动机的额定电流。

4．制动电阻

一般每个变频器制造厂家都会为变频器提供合适的制动单元，称为独立选件单元。西门子 MM440 变频器的制动电阻需要接在 B+和 B-端子之间，如图 3-6 所示。制动电阻的过热保护是通过热敏开关（随制动电阻一起供货）来实现的，这一开关的触头与接触器的线圈串联连接，如图 3-6 所示。

（1）安装。制动电阻必须垂直安装并紧固在隔热的面板上。其上部、下部必须留有至少 100mm 的间隙，制动电阻的两侧不应妨碍冷却空气的流通。

（2）制动电阻的保护。制动电阻在变频器工作过程中会发热，为了防止制动电阻过热，如图 3-6 所示，变频器的电源电压要经过接触器接入，一旦制动电阻过热，接触器将在热敏开关的作用下断开变频器的供电电源。在制动电阻的温度降低以后热敏开关的触头将重新闭合。

（3）制动电阻的选型。西门子 MM440 变频器制动电阻可按表 3-2 选择，表 3-2 中只列出了几个型号，更多型号请参考西门子变频器使用手册。

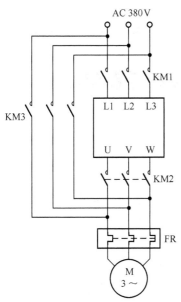

图 3-5 工频切换主电路

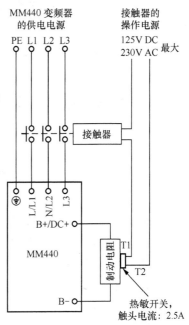

图 3-6 西门子变频器的电阻接线图

表 3-2   制动电阻选型表（部分）

制动电阻	变频器的外形尺寸	变频器的额定电压（V）	变频器的额定功能（kW）	电阻阻值（Ω）+/-10%
4BC05-0AA0	A	230	0.75	180
4BD11-0AA0	A	400	1.5	390
4BD12-0BA0	B	400	4.0	160

思考与练习

一、填空题

1．变频器外接主电路中输入侧和输出侧都接有滤波器，其作用是_____。

2．制动电阻 R_B 和制动单元 PW 的作用_____。

3．变频器的输出侧不允许接_____或浪涌吸收器，以免造成开关管过流损坏或变频器不能正常工作。

二、简答题

1．为什么在变频器的电源侧接接触器？为什么不能采用接触器直接控制变频器的启、停？

2．变频器的通、断电是在停止输出状态下进行的，在运行状态下一般不允许切断电源，为什么？

3．如图 3-3 所示，为什么在 KA 线圈电路中串联 KM 的辅助动合触点？而在停止按钮 SB2 的两端要并联 KA 的动合触点？将变频器的输出端子 18、20 串联到电路中起什么作用？

4．如图 3-4 所示。

（1）变频器在正转或反转运行时，能够通过按钮 SB2 控制接触器 KM 使变频器主电路断电吗？为什么？

（2）变频器在正转运行时，能够通过按钮 SB5 控制 KA2，使变频器得到反转运行指令吗？为什么？

（3）当变频器有故障报警信号输出时，能够控制接触器 KM 使变频器主电路断电吗？为什么？

|任务 3.2　变频器同步运行控制电路|

任 务 导 入

在纺织、印染以及造纸机械中，根据生产工艺的需要，往往划分成许多个加工单元，每个单元都有各自独立的拖动系统，如图 3-7 所示，如果后面单元的线速度低于前面，将导致被加工物的堆积；反之，如果后面单元的线速度高于前面，将导致被加工物的撕裂。因此，要求各单元的运行速度能够步调一致，即实现同步运行。

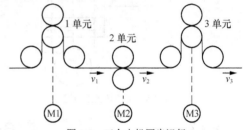

图 3-7　三台电机同步运行

同步控制必须解决好以下问题。

（1）统调：各单元要能够同时升速和降速。

（2）微调：当某单元的速度与其他单元不一致时，应能够通过手动或自动的方式进行微调，微调时，该单元以后的各单元的转速必须同时升速或降速，而不必逐个地进行。

（3）单独调试：在各单元进行调试过程中，应能单独运行。

如图 3-7 所示，如果采用变频器控制每个单元的拖动电机，那么，3 台变频器是如何做到同步的呢？

相 关 知 识

扩展视频：模拟
电压输入端子控制
的变频器同步运行

一、模拟电压输入端子控制的同步运行

通过西门子变频器的模拟量输入端子可以实现 3 台电机的同步运行，如图 3-8 所示，第 1 台变频器用电位器 RP 给定频率，其他两台变频器的模拟量输入端 3 和 4 接受来自第 1 台变频器电位器的电压给定，3 台变频器的速度给定用同一电位器，以此保证 3 台变频器的给定电压相同；3 台变频器的正转控制端子 5 均由中间继电器的触点 KA 控制，以实现 3 台变频器同时启动运行。若同速运行，可将 3 台变频器的频率增益等参数设置相同，每台变频器的输出频率由各自的多功能输出端子 12、13 接频率表指示。

1. 运行要求

（1）3 台变频器的电源通过接触器 KM 由控制电路控制。

（2）按下 SB1 的上电按钮，接触器 KM 得电并自锁，接触器的 3 对主触点闭合，保证变频器持续通电。

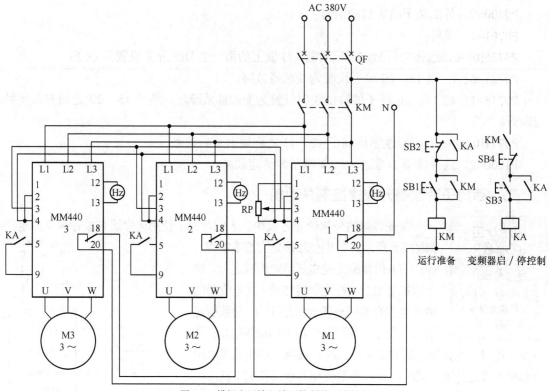

图 3-8 模拟电压输入端子控制的同步运行

（3）按下 SB3 的运行按钮，中间继电器 KA 得电并自锁，其常开触点闭合，3 台变频器上的 5 端子闭合，保证变频器连续运行，且运行过程中变频器不能断电。

（4）SB4 停止按钮只用于停止变频器的运行，而不能切断变频器的电源。

（5）任何一个变频器故障报警时都要切断控制电路，从而切断变频器的电源。

2．主电路的设计

（1）断路器 QF 控制电路总电源，KM 控制 3 台变频器的通、断电。

（2）3 台变频器的电源输入端并联。

（3）3 台变频器的 3、4 端并联。

（4）3 台变频器的运行端子 5 由中间继电器触点 KA 控制。

3．控制电路的设计

（1）3 台变频器的故障输出端子 18、20 串联在控制电路中，任何一个变频器故障报警时，18、20 触点断开，KM 接触器失电，从而切断变频器的电源。

（2）上电按钮 SB1 与 KM 的动合触点并联，使 KM 能够自锁，保持变频器持续通电。

（3）断电按钮 SB2 与 KM 线圈串联，同时与运行继电器 KA 的动合触点并联，受运行继电器的封锁。

（4）运行按钮 SB3 与运行继电器 KA 的动合触点并联，使 KA 能够自锁，保持变频器连续运行。

（5）停止按钮 SB4 与 KA 线圈串联，但不影响 KM 的状态。

4．参数设置

3 台变频器均需设置如下参数。

P0700=2，外部端子给定启动信号；

P0701=1，正转；

P0756[0]=0，选择电压给定，同时将 I/O 板上的第一个 DIP 开关设置为 OFF；

P0731=52.3，将 18、20 端子设置为变频器故障；

P0748=1，将 18、20 端子的输出逻辑设置为变频器故障时，端子 18、20 之间的常闭触点断开；

P0771[0]=21.0，模拟量输出端子 12、13 之间输出实际频率；

P1000=2，选择模拟 1 通道（3、4 端子）给定频率。

二、西门子变频器升降速控制端功能

扩展视频：西门子变频器升降速控制端功能

在变频器的外接给定方式中，人们习惯于使用电位器来进行频率给定，如图 3-8 所示。但电位器给定有许多缺点，如：①电位器给定是电压给定方式之一，属于模拟量给定，给定精度较差；②电位器的滑动触点容易因磨损而接触不良，导致给定信号不稳定，甚至发生频率跳动等现象；③当操作位置与变频器之间的距离较远时，线路上的电压降将影响频率的给定精度。同时，也较容易受到其他设备的干扰。

大部分变频器外接数字量输入端子都具备升降速控制功能，利用升（UP）、降（DOWN）速端子来进行频率给定时，只需接入两个按钮即可，如图 3-9 所示。

采用升降速端子的优点：①升、降速端子给定属于数字量给定，精度较高；②用按钮来调节频率，非但操作简便，且不易损坏；③因为是开关量控制，故不受线路电压降等的影响，抗干扰性能极好。因此，在变频器进行外接给定时，应尽量少用电位器，而以利用升、降速端子进行频率给定为好。

对西门子变频器，通过对 P701～P708 参数的设定可以实现频率的升、降速控制。参数设定的意义及设定范围如表 3-3 所示。

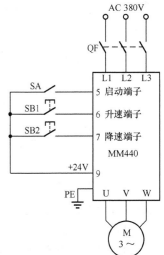

图 3-9　西门子变频器升降速接线图

表 3-3　　　　　　　　　　升降速端子参数

数字输入	端子号	参数号	出厂值	设定值	说　明
DIN1	5	P0701	1	1	ON 接通正转，OFF 停止
DIN2	6	P0702	12	13	ON 接通电动电位计升速,OFF 速度保持
DIN3	7	P0703	9	14	ON 接通电动电位计升速,OFF 速度保持
		P0700	2	2	命令源选择由外部端子输入
		P1000	2	10	无主设定值+MOP 设定值

（1）如图 3-9 所示，用 P0702=13 和 P0703=14 将 6、7 端子分别设定为升降速端子的功能。此时一直闭合 5 端子信号。

6 端子接通→频率上升。

6 端子断开→频率保持。

7 端子接通→频率下降。

7端子断开→频率保持。

断开5端子信号，则变频器停止运行。

（2）频率可通过6端子（加速）和7端子（减速）在0Hz到上限频率（由P1180或P1182设定值）之间改变。

（3）当选择升降速功能时，变频器P1000=10。

任 务 实 施

【训练工具、材料和设备】

西门子MM440变频器3台、三相异步电动机3台、中间继电器若干、接触器1个、开关、按钮若干、《西门子MM440通用变频器使用手册》、通用电工工具1套。

1．运行要求

（1）3台变频器要同时运行，运行速度一致，且调速通过各自的升降速端子实现，即3台变频器的升降速端子要由同一个器件控制。

（2）3台变频器能通过各自的升降速端子微调输出频率。

（3）3台变频器的规格型号、加/减速时间必须相同。

（4）任何一台变频器故障报警时均能切断控制电路，变频器主电路由KM断电。

（5）各台变频器的输出频率要由面板上的LED数码显示屏或数字频率表进行指示。

（6）此控制电路多应用于控制精度不很高的场合，如纺织、印染、造纸等多个控制单元的联动传动中。

2．硬件电路

3台变频器同步运行的接线图如图3-10所示，各单元的拖动电动机分别是M1、M2、M3，分别由变频器1、2、3控制。

扩展视频：升降速端子实现的变频器同步运行控制电路

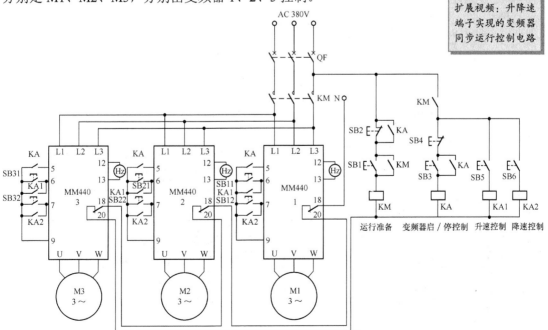

图3-10　变频器升降速端子控制的3台变频器同步运行

（1）主电路

① 断路器 QF 控制电路总电源，KM 控制 3 台变频器的通、断电。

② 3 台变频器的电源输入端并联。

③ 3 台变频器的启动端子 5、升速端子 6、降速端子 7 分别由同一继电器的动合触点控制。

④ 3 台变频器的升速端子 6、降速端子 7 上还需要接入微调按钮 SB11、SB12、SB21、SB22、SB31 和 SB32，分别对自身的变频器进行微调。

⑤ 3 台变频器的模拟输出 12、13 端子接频率表，对输出实际频率进行监控。

（2）控制电路

① 接触器 KM 控制变频器上电，中间继电器 KA 控制变频器运行，KA1 控制变频器升速，KA2 控制变频器降速。

② 3 台变频器的故障输出端子 18、20 串联在控制电路中，一旦任何一台变频器出现故障，其常闭触点断开，切断变频器的电源。

③ 通电按钮 SB1 与 KM 的动合触点并联，使 KM 能够自锁，保持变频器持续通电；断电按钮 SB2 与控制运行的继电器 KA 动合触点并联，保证变频器停止运行后，才能切断电源。

④ 控制升速端子 6、降速端子 7 的继电器触点 KA1、KA2 在主电路断电时不能得电，需要将 KA1、KA2 的线圈接在 KM 辅助动合触点的下面。

3．参数设置

3 台变频器由外端子控制运行，分别设定 3 台变频器的多功能输入端子 6、7 为升速端子和降速端子，3 台变频器的加速时间、减速时间、上限频率和下限频率需设置相同。每一台变频器的参数均按表 3-4 进行设置。

表 3-4　　　　　　　　　　　　3 台变频器同步运行的参数设置

参 数 号	参 数 名 称	出厂值	设定值	说 明
P0003=1，设用户访问级为标准级				
P0004=7，命令和数字 I/O				
P0700	选择命令给定源	2	2	命令源选择由端子排输入
P0003=2，设用户访问级为扩展级				
P0004=7，命令和数字 I/O				
P0701	设置端子 5	1	1	ON 接通正转，OFF 停止
P0702	设置端子 6	12	13	ON 接通升速，OFF 保持
P0703	设置端子 7	9	14	ON 接通降速，OFF 保持
P0731	选择数字输出 1 的功能	52.3	52.3	将数字输出 1 设置为变频器故障
P0003=3，设用户访问级为专家级				
P0004=7，命令和数字 I/O				
P0748	数字输出反相	0	1	P0748=1 时，变频器上电，数字输出 1 的继电器不得电，一旦变频器故障时，数字输出 1 的继电器得电，其常闭触点 18、20 断开，切断变频器的电源
P0003=1，用户访问级为标准级				
P0004=10，设定值通道和斜坡函数发生器				
P1000[0]	设置频率给定源	2	10	无主设定值+MOP 设定值
*P1080[0]	下限频率	0	0	电动机的最小运行频率（0Hz）
*P1082[0]	上限频率	50	50	电动机的最大运行频率（50Hz）
*P1120[0]	加速时间	10	5	斜坡上升时间（5s）
*P1121[0]	减速时间	10	5	斜坡下降时间（5s）
P0003=2，用户访问级为标准级				
P0004=8，模拟 I/O				
P0771[0]	DAC 的功能	21.0	21.0	设置模拟输出 1 端子 12、13 输出实际频率

4．运行操作

（1）按下通电按钮 SB1，KM 线圈得电并自锁，3 对主触点闭合，3 台变频器上电。按下运行按钮 SB3，KA 线圈得电并自锁，其常开触点闭合，3 台变频器的正转端子 5 闭合，变频器开始运行。此时，按下升速按钮 SB5，KA1 线圈得电，KA1 的常开触点闭合，3 台变频器的升速端子 6 闭合，3 台变频器同步升速，松开按钮 SB5，变频器以一定频率保持运行；按下降速按钮 SB6，KA2 线圈得电，KA2 的常开触点闭合，3 台变频器的降速端子 7 闭合，3 台变频器同步降速，松开按钮 SB6，变频器以一定频率保持运行。在变频器运行过程中，注意观察 3 台频率表显示的频率是否相同。

（2）按下停止按钮 SB4，KA 线圈失电，其常开触点复位，3 台变频器停止运行。按下断电按钮 SB2，KM 线圈失电，把 3 台变频器的电源切除。

 注　意

> 由于 KA 的动合触点和 SB2 并联，在 KA 不失电的情况下，按下 SB2 是不起作用的。

（3）如果需要对 3 台变频器中的任意一台变频器进行微调，可以通过每台变频器上与 6、7 升降速端子连接的微调按钮 SB11、SB12、SB21、SB22、SB31、SB32 进行升降速微调。

知识拓展——升降速功能在恒压供水控制中的应用

1．恒压供水控制系统

恒压供水控制系统如图 3-11 所示。水泵将水箱 1 中的水压入管道中，由节水阀门 1 控制出水口的流量。将节水阀门关小时，出水口流量减小，管道中的水压增加；将节水阀门开大时，出水口流量增加，管道中的水压减小。在管道上安装一接点压力表，此压力表中安装有上限压力和下限压力触点。这两个压力触点可根据需要进行调整，既可以调整每个触点的压力范围，又可以调整这两个触点的压差大小。当上限和下限压力触点的位置确定之后，压力表的表针达到上限触点位置时，将上限触点与公共端接通；压力表的表针下降到下限触点位置时，将下限

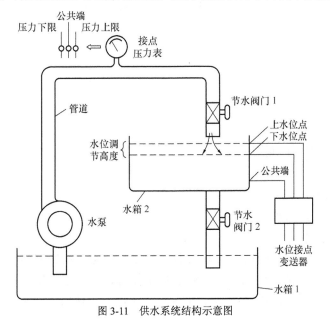

图 3-11　供水系统结构示意图

触点与公共端接通。变频器利用接点压力表发出的上、下限压力信号调整水泵输出转速（压力高变频器降速，压力低变频器升速），使管道中的水压达到恒定（在一定压力范围）。

2. 水位控制系统

如图 3-11 所示，水泵将水注入水箱 2，调节节水阀门 2，以模拟供水系统用水量的大小，在水箱中安装有上、下水位控制输出点，水位控制点连接到水位接点变送器。当水箱中水位达到上限水位或低于下限水位时，分别发出水位信号，由水位接点变送器输出到变频器的升、降速端子，控制水泵的转速，将水箱的水位限制在上、下限之间。

此供水系统在进行恒压供水时，将节水阀门 2 开到最大，变频器控制节水阀门 1；进行水位控制供水时，将节水阀门 1 开到最大，变频器控制节水阀门 2。

3. 控制电路与变频器的连接

其连接电路如图 3-12 所示。将接点压力表和水位接点变送器的输出通过一只转换开关连接到变频器的升、降速端子。

注 意

"上限"接降速端子，"下限"接升速端子，利用转换开关进行两种控制的切换。

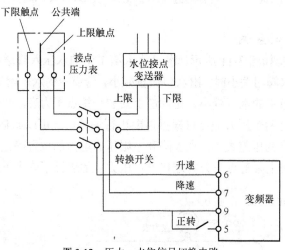

图 3-12　压力、水位信号切换电路

4. 参数设置

其主要参数设置如下：

P0700=2，外部端子控制启停；

P0701=1，5 端子正转启动；

P0702=13，6 端子升速；

P0703=14，7 端子降速；

P1000=10，设置频率给定源。

【自我训练】按图 3-12 接线，把变频器进行参数清除，然后将转换开关调到接点压力表控制端，先进行恒压供水控制操作。将 5 端子闭合，再将接点压力表的上限触点接至降速端子 7，当压力由于用水流量较小而升高，并超过上限值时，上限触点使 7 端子导通，变频器的输出频率下降，水泵的转速和流量也下降，从而使压力下降。当压力低于上限值时，7 端子断开，变频器的输出频率停止下降；这时将节水阀 1 开大，当压力由于用水流量较大而降低，并低于下限值时，压力表的下限触点使 6 端子导通，变频器的输出频率上升，水泵的转速和流量也上升，从而使压力升高，当压力高于下限值时，6 端子断开，变频器的输出频率停止上升。在操作过程中，可适当将节水阀门 1 开大或开小，观察变频器的运行情况。

将转换开关调到水位接点变送器控制端，控制节水阀门 2，观察变频器的运行情况；当把节水阀门 2 关至最小，水箱中水位达到上限水位时，观察变频器的运行情况；然后将节水阀门 2 开最大，再观察变频器的运行情况。由以上操作过程可以看出，变频器供水具有节能功能并避免了电动机的频繁启动。

思考与练习

1．模拟量输入电压与升降速端子给定频率中，哪一种给定方法最好？为什么？
2．如果用西门子变频器的升降速端子实现两地控制，变频器如何接线？如何设置参数？

|任务 3.3　变频器 PID 控制电路|

任 务 导 入

在自动控制系统中，常采用 P（比例）、I（积分）、D（微分）控制方式，称之为 PID 控制。PID 控制是连续控制系统中技术最成熟、应用最广泛的控制方式。具有理论成熟、算法简单、控制效果好，易于为人们熟悉和掌握等优点。在生产实际中，要求系统的被控量例如速度、压力、温度等恒定，而负载在运行过程中不可避免受到一些不可预见的干扰，系统的被控量失去平衡而出现振荡，和目标值（也叫设定值）存在偏差。对该偏差，经过 PID 调节，可以迅速、准确地消除拖动系统的偏差，恢复到设定值。

现在，大多数变频器都已经配置了 PID 控制功能。图 3-13 是 MM440 变频器构成的恒压供水控制系统，为了保证出水口压力恒定，采用压力传感器装在水泵附近的出水管，测得的压力转化为 0～20mA 的电流信号作为反馈信号。利用变频器内置 PID 调节器，将来自压力传感器的压力反馈信号与出口压力给定值比较运算，其结果作为频率指令输送给变频器，调节水泵的转速使出口压力保持恒定。图 3-13 采用面板给定目标值，压力传感器的量程为 0～1.0MPa 对应 0～20mA，目标压力为 0.6MPa，电机的扬程为 0.8MPa（应该大于目标压力），如何设置变频器的 PID 参数，才能实现变频器的恒压供水控制呢？

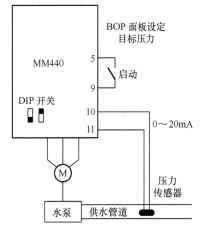

图 3-13　MM440 的压力控制

相 关 知 识

一、PID 控制功能

1．PID 控制系统构成

PID 控制是闭环控制中的一种常见形式，是使控制系统的被控量在各种情况下都能够迅速而准确地无限接近控制目标的一种手段。具体地说，随时将被控量的检测信号（即由传感器测得的实际值）反馈到输入端，与被控量的目标信号相比较，以判断是否已经达到预定的控制目标。如尚未达到，则根据两者的差值进行 PID 调整，直至达到预定的控制目标为止。目前，大多数变频器都有内置 PID 控制功能，其系统组成如图 3-14 所示，是一个典型的闭环控制系统。反馈信号取自传动系统的输出端，通过检测元件，与输入端的给定值（也叫目标值）进行比较，得到一个偏差值。对该偏差值经过 PID（比例积分微分）调节，变频器通过改变输出频率，迅速、准确地消除拖动系统的偏差，恢复到给定值。该控制振荡和误差都比较小，适用于压力、温度、流量控制等。

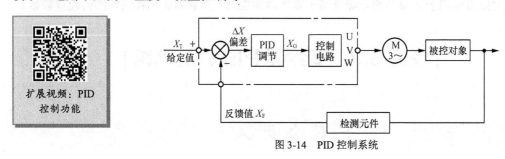

扩展视频：PID
控制功能

图 3-14　PID 控制系统

PID 控制，实际中也有 PI 和 PD 控制。PID 控制器就是根据系统的误差，利用比例、积分、微分计算出控制量进行控制的。

2．PID 的控制作用

（1）比例控制。比例是一种最简单的控制方式。比例控制就是当被控变量偏离给定值产生偏差时，其控制器的输出与输入偏差信号成比例关系。当仅有比例控制时，系统输出存在稳态误差 ε（又叫静差）。

比例增益 K_P 的大小，一方面决定了实际值接近目标值的快慢和偏差的大小，如图 3-15（a）所示，K_P 越大，虽然可使静差 ε 迅速减小，但 ε 不能消除。就是说，实际值将不可能达到目标值；另一方面由于系统有惯性，因此 K_P 太大了，当反馈值随着目标值的变化而变化时，有可能一下子增大（或减小）了许多，使变频器的输出频率很容易超调（调过了头），于是又反过来调整，引起被控量忽大忽小，形成振荡，如图 3-15（b）所示。

（2）积分控制。为了防止超调，可以适当减小比例增益 K_P，而增加积分环节。在积分控制中，控制器的输出与输入偏差信号的积分成正比关系。为了消除稳态误差，在控制器中必须引入"积分项"。积分项对误差取决于时间的积分，随着时间的增加，积分项会增大。这样，即使误差很小，积分项也会随着时间的增加而加大，它推动控制器的输出增大使稳态误差进一步减小，直到等于零。因此，比例+积分（PI）控制器可以使系统在进入稳态后无稳态误差。

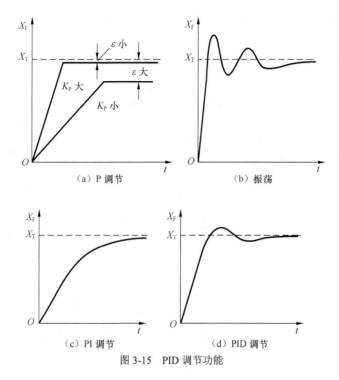

图 3-15　PID 调节功能

　　积分调节器的作用是延长加速时间和减速时间，以缓解因 P（比例）功能设置过大而引起的超调。P 功能和 I 功能结合就是 PI 功能，图 3-15（c）所示就是经 PI 调节后系统实际值的变化波形。

　　从图 3-15（c）中看，尽管增加积分功能后使得超调减少，避免了系统振荡，但积分时间太长，又会发生当被控量急剧变化时，被控量（压力）难以迅速恢复的情况。为了克服上述缺陷，可以增加微分环节。

　　（3）微分控制。在微分控制中，控制器的输出与输入偏差信号的微分（即误差的变化率）成比例关系。其作用是，可根据偏差的变化趋势，提前给出较大的调节动作，从而缩短调节时间，克服了因积分时间过长而使恢复滞后的缺点。将 P 功能、I 功能和 D 功能结合起来，就是 PID 调节，如图 3-15（d）所示，加入了微分控制之后，它能预测误差的变化趋势，提前使抑制误差的控制作用等于零，甚至为负值，从而避免了被控量的严重超调。所以对有较大惯性或滞后的被控对象，比例+微分控制器能改善系统在调节过程中的动态特性。

二、MM440 变频器的 PID 实现

　　MM440 变频器内部有 PID 调节器。利用 MM440 变频器很方便构成 PID 闭环控制系统，其 PID 控制原理简图如图 3-16 所示。在系统要求不高的控制中，微分功能 D 可以不用，因为反馈信号的每一点变化都被控制器的微分作用所放大，从而可能引起控制器输出的不稳定。

　　从图 3-16 中可以看出，要实现变频器的 PID 控制功能，一般用户需设置如表 3-5 所示的参数。

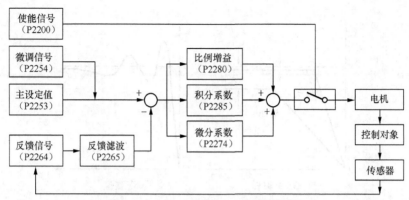

图 3-16　MM440 变频器 PID 控制原理简图

表 3-5　　　　　　　　　　　　　　PID 控制需要设置的参数

参 数 号	参 数 名 称	出厂值	设 定 值		说　明
P2200	允许 PID 控制器投入	0	1		设定为 1 时，允许投入 PID 闭环控制器
P2253	PID 设定值信号源	0.0	2250	BOP 面板	通过改变 P2240 改变目标值
			755.0	模拟通道 1	通过模拟量大小改变目标值
			755.1	模拟通道 2	
			2224	固定的 PID 设定值	固定频率值，通过改变 P2201～P2207 改变目标值
P2264	PID 反馈信号	755.0	755.0	模拟通道 1	当模拟量波动较大时，可适当加大滤波时间，确保系统稳定
			755.1	模拟通道 2	
P2280	PID 比例增益系数	3	0.5（推荐）		设定 PID 控制器的比例增益系数
P2285	PID 积分时间	0	10（推荐）		设定 PID 控制器的积分时间常数
P2274	PID 微分时间	0	根据系统实际情况设定		等于 0，微分不起作用
P2240	PID-MOP 的设定值	10	等于实际目标值		设定为目标值占传感器量程的百分值
P0756[1]	ADC 的类型	0	2		反馈信号为 0～20mA 电流输入
P0761[1]	ADC 死区的宽度	0	4		如果反馈信号不是 0～20mA，而是 4～20mA，需要设定死区，即设定死区为 4，否则系统会出现 F0021 故障

1．使能 PID 控制功能

设定 P2251（PID 方式）=0、P2200=1 时，允许投入 PID 闭环控制器。这时如果将数字量输入端子，比如 5 端子（P0701=1）闭合，当前变频器为 PID 控制运行。此时，P1120 和 P1121 中设定的常规斜坡时间及常规的频率设定值即自动被禁止。但是，在 OFF1 或 OFF3 命令之后，变频器的输出频率将按 P1121（若为 OFF3，则是 P1135）的斜坡时间下降到零。

2．目标值的设定（P2253）

PID 调节的依据是反馈值和目标值之间进行比较的结果。因此准确地预置目标值是十分重要的。在 MM440 变频器中，目标值的信号源主要通过以下几种方式设定。

（1）模拟输入设定。通过模拟通道 1 和模拟通道 2 设定 PID 的目标值。

（2）已激活的 PID 设定值，即通过面板 BOP 在参数 P2240 中设定 PID 的目标值。目标值和所选传感器的量程有关，其值为目标值占传感器量程的百分比。例如，当目标压力为 0.7MPa 时，如所选压力传感器的量程为 0～1.0MPa，则对应于 0.7MPa 的目标值为 70%；如所选压力传感器的量程为 0～5.0MPa，则对应于 0.6MPa 的目标值为 12%。

（3）固定 PID 设定值。PID 控制的目标值具体选择哪种方式，由参数 P2253 的设定值决定，P2253 的具体设定值如表 3-5 所示。

3．反馈值的设定（P2264）

通过各种传感器、编码器采集的信号或者变频器的模拟量输出信号，均可以作为闭环控制系统的反馈信号，反馈值一般选择模拟量输入端口 AIN1 或 AIN2 作为反馈通道。当给定值选择面板作为给定源后，反馈通道可选择模拟量输入端口 AIN1 和 AIN2 中的任一个。而当给定值选择一个模拟量输入通道作为给定源后，另一个就必须作反馈通道。PID 反馈源控制参数 P2264 的设定值见表 3-5。

4．PID 控制器的设计

（1）比例增益系数 P。比例增益系数 P（P2280）的作用是使控制器的输入、输出成比例关系，一一对应，一旦有偏差立即会产生控制作用，当偏差为 0 时，控制作用也就为 0。因此，比例控制是基于偏差进行调节的，是有差调节，为了尽量减少偏差，同时也为了加快响应速度，缩短调节时间，就需要增大 P，但是 P 又受到系统稳定性的限制，不能随意增大，如果系统容易遭受突然跳变的反馈信号，一般情况下应将比例项设定为较小的数值（0.5），同时积分项 I 应设定得较快，才能得到优化的控制特性。

（2）积分作用 I。PID 的积分作用 I（P2285）是为了消除静差而引入的，然而 I 的引入使得响应的快速性下降，稳定性变差，尤其在大偏差阶段的积分往往使得系统的响应出现过大的超调，调节时间变长，因此可以通过增大积分时间来减少积分作用，从而增加系统的稳定性。

 注　意

> 如果 PID 的积分项 I = 0，那么，PID 控制器的作用相当于 P 或 PD 控制器。

（3）微分作用 D。微分作用 D（P2274）的引入使之能够根据偏差变化趋势做出反应，加快了对偏差变化的反应速度，能够有效地减少超调，缩小最大动态偏差，但同时又使系统容易受到高频干扰的影响。通常情况下，并不投入微分项，即 P2274=0。

因此，只有合理地整定这 3 个参数，才能获得比较满意的控制性能。

5．滤波参数设置

在闭环控制系统中，无论是传感器测量，主设定值的给定，都不可避免引入系统噪声，噪声的引入会引起系统不稳定和精度下滑。因此，MM440 变频器在 PID 控制器的功能中又加入了滤波环节，为了平滑 PID 的设定值，设置 P2261 为一时间常数。为了平滑 PID 反馈信号，设置参数 P2265 为相应时间常数。

6．PID 正反馈和负反馈确定（P2271）

PID 正反馈和负反馈的选择由参数 P2271（PID 传感器的反馈形式）设定。

P2271=0：[缺省值]如果反馈信号低于 PID 设定值，PID 控制器将增加电动机的速度，以校正它们的偏差，这种方式成为正反馈。

P2271=1：如果反馈信号低于 PID 设定值，PID 控制器将降低电动机的速度，以校正它们的偏差。这种方式成为负反馈。

正确选择传感器的反馈形式是十分重要的。如果您不能确定设定值应该是 0 还是 1，可以按以下方法确定传感器实际的形式：

① 禁止 PID 功能（P2200 =0）。

② 增加电动机的频率，同时测量反馈信号。

③ 如果反馈信号随着电动机频率的增加而增加，PID 传感器的型式就应该设定为 0。

④ 如果反馈信号随着电动机频率的增加而减少，PID 传感器的型式就应该设定为 1。

任 务 实 施

【训练工具、材料和设备】

视频 32. 变频器 PID 操作实例

西门子 MM440 变频器 1 台、三相异步电动机 1 台、压力传感器（0～20mA）1 个、开关若干、《西门子 MM440 通用变频器使用手册》、通用电工工具一套。

1. 硬件电路

扩展视频：变频器 PID 控制电路

图 3-17 为面板设定目标值时 PID 控制端子接线图，模拟输入端 AIN2（10、11 端子）接入反馈信号 0～20mA 的电流信号，其对应的压力为 0～1MPa，同时将 I/O 板上的拨码开关 DIP2 置于 ON 位置；数字量输入端 5 接入开关 SA 控制变频器的运行/停止，给定目标值为 60%（给定压力为0.6MPa）由 BOP 面板设定。

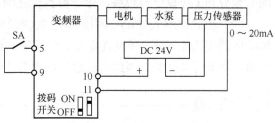

图 3-17　变频器恒压供水接线图

2. 参数设置

（1）参数复位。恢复变频器工厂默认值。设定 P0010=30 和 P0970=1，按下 P 键，开始复位，复位过程大约 3s，这样就保证了变频器的参数恢复到工厂默认值。

（2）设置电动机参数。如表 3-6 所示，电动机参数设置完成后，设 P0010=0，变频器当前处于准备状态，可正常运行。

表 3-6　　　　　　　　　　　　　电动机参数设置

参 数 号	出 厂 值	设 定 值	说 　 明
P0003	1	1	设定用户访问级为标准级
P0010	0	1	快速调试
P0100	0	0	功率为 kW 表示，频率为 50Hz
P0304	230	380	电动机额定电压（V）
P0305	3.2	1.1	电动机额定电流（A）
P0307	0.75	0.37	电动机额定功率（kW）
P0310	50	50	电动机额定频率（Hz）
P0311	0	1400	电动机额定转速（r/min）

（3）设置控制参数，如表 3-7 所示。

表 3-7　　　　　　　　　　　　　控制参数表

参 数 号	出 厂 值	设 定 值	说 　 明
P0003	1	2	用户访问级为扩展级
P0004	0	0	参数过滤显示全部参数
P0700	2	2	由端子排输入（选择命令源）
P0701	1	1	端子 5 功能为 ON 接通/OFF 停车
P0702	12	0	端子 6 禁用
P0703	9	0	端子 7 禁用
P0704	0	0	端子 8 禁用

续表

参　数　号	出　厂　值	设　定　值	说　　明
P0725	1	1	数字量端子输入为高电平有效
P0756[1]	0	2	0～20mA 电流反馈信号接入 AIN2
P1000	2	1	频率设定由 BOP 面板设置
P1080	0	20	电动机运行的最低频率（Hz） 水泵的扬程必须满足供水所需的基本扬程，故下限频率一般应大于 20Hz
P1082	50	50	电动机运行的最高频率（Hz）
P2200	0	1	PID 控制功能有效

（4）设置目标参数，如表 3-8 所示。

表 3-8　　　　　　　　　　　　　　目标参数表

参　数　号	出　厂　值	设　定　值	说　　明
P0003	1	2	用户访问级为扩展级
P0004	0	0	参数过滤显示全部参数
P2253	0	2250	PID 面板给定值源于面板
P2240	10	60	由面板设定的目标值
P2254	0	0	无 PID 微调信号源
P2255	100	100	PID 设定值的增益系数（输入的设定值乘以这一增益系数后，使设定值与微调值之间得到一个适当的比率关系）
P2256	100	0	PID 微调信号的增益系数
P2257	1	1	PID 设定值的斜坡上升时间（s）
P2258	1	1	PID 设定值的斜坡下降时间（s）
P2261	0	0	PID 设定值的无滤波

 注　意

　　① 当 P2231=1 时，允许存储 PID-MOP 的设定值（改写 P2240），当 P2231=0 时，不存储 PID-MOP 的设定值；

　　② 当 P2232=0 时，允许反向，可以用 BOP 面板上"升速/降速"键设定 P2240 值为负值。

（5）设置反馈参数，如表 3-9 所示。

表 3-9　　　　　　　　　　　　　　反馈参数表

参数号	出厂值	设定值	说　　明
P0003	1	3	用户访问级为专家级
P0004	0	0	参数过滤显示全部参数
P2264	755.0	755.1	PID 反馈信号由 AIN2 设定
P2265	0	5	PID 反馈滤波时间常数
P2267	100	100	PID 反馈信号的上限值（%）（当 PID 控制投入（P2200＝1），而且反馈信号上升到高于这一最大值时，变频器将因故障 F0222 而跳闸）
P2268	0	0	PID 反馈信号的下限值（%）（当 PID 控制投入（P2200＝1），而且反馈信号下降到低于这一最小值时，变频器将因故障 F0221 而跳闸）
P2269	100	100	PID 反馈信号的增益（允许用户对 PID 反馈信号进行标定，以%值的形式表示；增益系数为 100.0%时表示反馈信号仍然是其默认值，没有发生变化）
P2270	0	0	不用 PID 反馈功能选择器
P2271	0	0	PID 传感器的反馈为负反馈，=1 为正反馈

（6）设置 PID 参数，如表 3-10 所示。

表 3-10　　　　　　　　　　　　　　　PID 参数表

参数号	出厂值	设定值	说明
P0003	1	3	用户访问级为专家级
P0004	0	0	参数过滤显示全部参数
P2274	0	0	PID 微分项不起作用，范围 0～60s
P2280	3	0.5	PID 比例增益系数，范围 0～65
P2285	0	15	PID 积分时间，范围 0～60s
P2291	100	100	PID 输出上限
P2292	0	0	PID 输出下限
P2293	1	1	PID 限幅值的斜坡上升/下降时间

3．运行操作

（1）闭合开关 SA 时，5 端子为 ON，变频器启动电动机，当反馈的电流信号发生改变时，将会引起电动机转速的变化。

当用水量增加，压力下降时，反馈的电流信号就会小于目标值（60%×20=12mA），PID 调节器使变频器输出频率增加，电动机拖动水泵加速，水压增大；反之，当用水量减少，水压上升，反馈的电流信号就会大于目标值 12mA，PID 调节器使变频器输出频率减小，电动机拖动水泵减速，水压减小。如此反复，能使变频器达到一种动态平衡状态，从而保证供水管道的压力恒定。

（2）在变频器运行操作中，分别按以下两组参数值修改变频器的参数。

目标值 P2240=30%（9mA）、比例增益 P2280=10、积分时间 P2285=30；

目标值 P2240=30%（9mA）、比例增益 P2280=30、积分时间 P2285=10。

重新运行变频器，观察变频器的调节过程有什么变化？

P、I、D 参数调试要诀如下。

由于 PID 的取值与系统的惯性大小有很大的关系，因此很难一次调定。首先将微分功能 D 设定为 0。在许多要求不高的控制系统中，D 可以不用。在初次调试时，P 可按中间偏大值来预置。保持变频器的出厂设定值不变，使系统运行起来，观察其工作情况。如果在压力下降或上升后难以恢复，说明反应太慢，则应加大比例增益 P2280，直至比较满意为止；在增大比例增益 P2280 后，虽然反应快了，但却容易在目标值附近波动，说明系统有振荡。则适当减小比例增益 P2280 而加大积分时间 P2285，直至基本不振荡为止。

总之，在反应太慢时，应调大比例增益 P2280，或减小积分时间 P2285；在发生振荡时，应调小比例增益 P2280，或加大积分时间 P2285。

在某些对动态响应要求较高的系统中，应考虑增加微分环节 D。

（3）如果需要，则目标设定值（P2240）可直接通过操作面板上的◎和◎键来改变。当设置 P2231=1 时，由◎和◎键改变了的目标值将被保存在内存中。

（4）断开开关 SA，5 端子为 OFF，电动机停止运行。

知识拓展——多目标值的 PID 控制

上述 PID 调节中，变频器只有一个目标值，MM440 变频器还可以实现多目标值的 PID

调节，如果设定 P2253=2224（固定 PID 设定值），变频器由数字输入端子 DIN1～DIN6 通过参数 P0701～P0706 设置实现多个目标值的选择控制。每个目标值的固定频率设定值分别由 P2201～P2215 进行设置，端子选择目标值的方式和 7 段速控制的目标选择方式相同，目标选择方式设定由 P2216～P2222 设定。选择多个目标值的 PID 控制时，其接线图如图 3-18 所示。

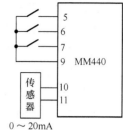

图 3-18　多个目标值的 PID 控制外部接线图

选择 PID 固定频率设定值有以下 3 种方法。

（1）直接选择目标值（P0701～P0706=15）。

在这种方式下，一个数字输入端子选择一个固定的 PID 频率。

（2）直接选择目标值+ON 命令（P0701～P0704=16）。

每个数字输入端子在选择一个固定频率的同时，还带有运行命令。

（3）二进制编码选择目标值+ON 命令（P0701～P0704=17）。

使用这种选择固定频率，最多可以选择 15 个不同的频率值，其控制状态如表 3-11 所示。

表 3-11　　　　　　　　　　　　15 段速固定频率控制状态表

固定频率	开关状态				对应频率参数	参数功能
	端子 8	端子 7	端子 6	端子 5		
1	0	0	0	1	P2201	PID-FF1
2	0	0	1	0	P2202	PID-FF2
3	0	0	1	1	P2203	PID-FF3
4	0	1	0	0	P2204	PID-FF4
5	0	1	0	1	P2205	PID-FF5
6	0	1	1	0	P2206	PID-FF6
7	0	1	1	1	P2207	PID-FF7
8	1	0	0	0	P2208	PID-FF8
9	1	0	0	1	P2209	PID-FF9
10	1	0	1	0	P2210	PID-FF10
11	1	0	1	1	P2211	PID-FF11
12	1	1	0	0	P2212	PID-FF12
13	1	1	0	1	P2213	PID-FF13
14	1	1	1	0	P2214	PID-FF14
15	1	1	1	1	P2215	PID-FF15

（4）通过数字端子 5 直接选择 PID 固定频率设定值 P2201。

P0701 = 15 或 P0701 = 99，P1020 = 722.0，P1016 = 1，则端子 5 闭合，选择 P2201 的频率设定值。

【自我训练】控制要求：实现 7 个目标值的 PID 控制。

（1）按照图 3-18 接线。

（2）主要参数设置如下：

P0700=2，外端子给定命令源；

P0701=P0702=P0703=P0704=17，二进制编码选择目标值+ON 命令；

P0725=1，数字量端子输入为高电平有效；

P0756[1]=2，0～20mA 电流反馈信号接入 AIN2，同时把 I/O 板上的拨码开关 DIP2 置于 ON 位置；

P1000=3，选择固定频率设定值；

P1080=20，下限频率；

P1082=70，上限频率；

P2200=1，PID 控制功能有效；

P2201～P2207 分别设定为 10、20、30、40、50、60、70，PID 固定目标值；

P2216=P2217=P2218=P2219=3，PID 固定频率设定值方式选择为二进制编码选择+ON 命令；

P2253=2224，固定的 PID 设定值；

P2254=0，无 PID 微调信号源；

P2255=100，PID 设定值的增益系数；

P2256=0，PID 微调信号的增益系数；

P2257=1，PID 设定值的斜坡上升时间；

P2258=1，PID 设定值的斜坡下降时间；

P2261=0，PID 设定值无滤波；

P2264=755.1，PID 反馈信号由 AIN2 设定；

P2265=0，PID 反馈无滤波；

P2267=100，PID 反馈信号的上限值；

P2268=0，PID 反馈信号的下限值；

P2269=100，PID 反馈信号的增益；

P2270=0，不用 PID 反馈功能选择器；

P2271=0，PID 传感器的反馈为负反馈；

P2280=15，比例增益；

P2285=10，积分时间；

P2291=100，PID 输出上限；

P2292=0，PID 输出下限。

（3）运行操作。按照表 3-11 中 7 段速的对应关系，操作 5、6、7 端子，观察变频器的运行情况。在选定一个速度运行的情况下，改变反馈值的大小，观察变频器的速度是否会自我调节到和选择的目标速度一致。

思考与练习

一、填空题

1. 在 PID 控制功能中，P 是_____调节，I 是_____调节，D 是_____调节。

2. PID 目标值信号源的参数是_____，它有_____、_____和_____3 种设定方式；PID 反馈源的参数是_____，它有_____、_____两种设定方式。

3. 在 PID 控制中，如果目标值和反馈值都采用模拟量输入通道给定，目标值应该送到变频器的_____端子，反馈值应该送到变频器的_____端子。

4. 在变频器恒压供水系统中，压力传感器的作用是_____。

5. 反馈量的变化趋势与变频器输出频率的变化趋势相反的控制方式，称为_____反馈；反馈量的变化趋势与变频器输出频率的变化趋势相同的控制方式，称为_____反馈。

6. 在 PID 调节中，比例增益过大会引起_____，I 的作用是_____，D 的作用是_____。

二、简答题

1. 系统要求 4～20mA 的电流信号对应 0～0.5MPa（5kg 的压力）作为压力反馈值，目标值从模拟通道 AIN1 设定，为 75%，端子 7 启停变频器，用继电器 1 作为变频器故障输出，变频器如何接线、如何设置参数才能实现 PID 功能？

2. 图 3-19 所示为由压力传感器组成的 PID 闭环控制系统。储气罐的压力由压力传感器测得，送到变频器的模拟电流控制端 10、11 端子上，试分析该系统的恒压控制原理。

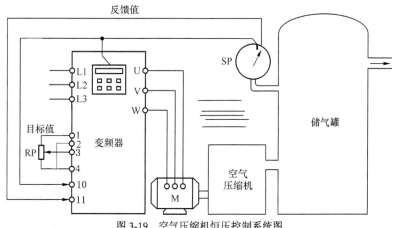

图 3-19　空气压缩机恒压控制系统图

3. 某空气压缩机在实行变频调速时，所购压力传感器的量程为 0～1.6MPa，实际需要压力为 0.4MPa，试决定在进行 PID 控制时的目标值。

4. 恒压变频供水控制系统在运行时，压力时高时低，是什么原因引起的？如何解决？在运行过程中，压力发生变化后，恢复过程较慢，如何解决？

项目 4
变频器与 PLC 在工程中的典型应用

学习目标

1. 掌握变频器与 PLC 的连接方式。
2. 掌握变频器在典型控制系统中的应用技能。
3. 掌握控制系统的工频/变频切换功能。
4. 能完成 PLC 与变频器综合应用的基本接线、参数设置和程序编制。
5. 学会根据不同负载选择变频器，能进行变频调速系统的电气安装和系统调试。

| 任务 4.1　物料分拣输送带的正反转变频控制系统 |

任 务 导 入

可编程控制器（PLC）是一种数字运算与操作的控制装置。它作为传统继电器的替代品，广泛应用于工业控制的各个领域。由于 PLC 可以用软件来改变控制过程，并具有体积小、组装灵活、编程简单、抗干扰能力强及可靠性高等特点，因此特别适用于在恶劣环境下运行。当利用变频器构成工业自动化控制系统时，许多情况是采用 PLC 控制变频器，并且产生了多种多样的 PLC 控制变频器的方法，构成了不同类型的 PLC 变频控制系统。

物料分拣输送带是现代物流系统的重要组成部分，通过变频器来控制输送带电动机，可以使物料分拣系统方便地进行系统集成，能够使产量和生产效率大为提高。已成为目前物流行业控制系统发展的趋势。

物料分拣输送带采用三相鼠笼式异步电动机。物料分拣输送带如图 4-1 所示。

（1）输送带能进行正反转控制，且用操作台上按钮通过 PLC 进行控制，不用变频器的操作面板。

（2）通过 PLC 控制变频器的外部端子进行电机启动/停止、正转/反转运行。

图 4-1　物料分拣输送带

（3）速度设定用可调电位器 RP 给定。

（4）变频器一旦出现故障，系统会自动切断变频器的电源。通过外接按钮变频器能进行复位操作。

PLC 与变频器如何接线、如何设置参数和编写程序才能实现物料输送带的正反转控制呢？

相 关 知 识

一个 PLC 变频控制系统通常由 3 部分组成，即变频器本体、PLC、变频器与 PLC 的接口电路。

PLC 变频控制系统硬件结构中最重要的就是接口电路。根据不同的信号连接，其接口分为开关量连接、模拟量连接和通信连接等 3 种方式。

一、西门子 PLC 与变频器的开关量连接方式

扩展视频：PLC 与变频器的连接方式

PLC 的开关量输出端子一般可以与变频器的开关量输入端子直接相连，通过 PLC 控制变频器正反转、点动、多段速及升降速运行。西门子 S7-200 的 PLC 一般有继电器输出型和晶体管输出型两种，它们和变频器输入端子的连接方式有所不同。

1．西门子继电器输出型 PLC 与变频器的连接方式

对于继电器输出型的 PLC，其输出端子可以和变频器的输入端子直接相连，如图 4-2 所示。西门子继电器输出型 PLC 与 MM440 变频器的开关量输入端子相连，需要将西门子 PLC 的输出端子与变频器的输入端子相连接，PLC 输出的公共端 1L 与西门子变频器的 24V 电源端子 9 相连，同时将西门子变频器的参数 P0725=1（PNP 方式），如图 4-2（a）所示。西门子继电器输出型 PLC 如果与三菱的 D740 变频器的开关量输入端子相连接，需要将西门子 PLC 的输出端子与三菱变频器的输入端子相连接，PLC 输出的公共端 1L 与三菱变频器的输入公共端 SD 相连，如图 4-2（b）所示，三菱变频器的输入逻辑是 SINK 型或者 SOURCE 型都可以。

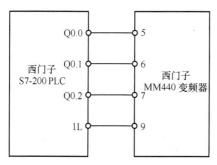

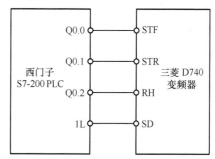

（a）西门子 PLC 与西门子变频器的接线图　　　（b）西门子 PLC 与三菱变频器的接线图

图 4-2　西门子继电器输出型 PLC 与变频器的开关量接线方式

2．西门子晶体管输出型 PLC 与变频器的连接方式

对于西门子晶体管输出型的 PLC，其输出大多数为 PNP 方式（目前只有 1 款 CPU224XPsi 为 NPN 输出），MM440 变频器的默认输入为 PNP 方式（P0725=1），因此电平是可以兼容的。由于 Q0.0（或者其他输出点输出时）输出的其实就是 24V 信号，又因为 PLC 与变频器有共同的 0V，

所以，当 Q0.0（或者其他输出点）输出时，就等同于 5（或者其他开关量输入）与变频器的 9号端子（24V）连通，硬件接线图如图 4-3（a）所示。三菱 D740 变频器的默认输入方式为漏型输入，与西门子晶体管输出型的 PLC（输出为 PNP）电平是不兼容的。但三菱变频器的输入电平逻辑也是漏型和源型可以选择的，与西门子不同的是，需要将输入逻辑选择的跳线改为源型输入（即由 SINK 改为 SOURCE），而不需要改变参数设置，其接线图如图 4-3（b）所示。

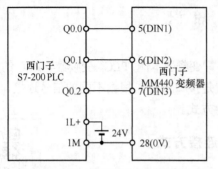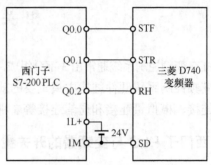

（a）西门子 PLC 与西门子变频器的接线图　　　（a）西门子 PLC 与三菱变频器的接线图

图 4-3　西门子晶体管输出型 PLC 与变频器的开关量接线方式

 注　意

PLC 为晶体管输出时，其 1M（0V）必须与西门子变频器的 28 端子（0V）（三菱变频器为 SD 端子）短接，否则，PLC 的输出不能形成回路。

二、西门子 PLC 与变频器的模拟量连接方式

变频器中也存在一些数值型（频率、电压、电流）指令信号的输入（如给定频率、反馈信号等），可分为数字量输入和模拟量输入两种。数字量输入多采用变频器面板上的键盘操作和串行接口来给定；模拟量输入则通过西门子变频器的接线端子（如 3、4 端子、10、11 端子）由外部给定，通常采用 PLC 的特殊模块给变频器提供输入信号，如图 4-4 所示，由西门子 EM235 模拟量输出模块输出 0～10V 的电压信号（V0、M0 端子）或 0～20mA 的电流信号（I0、M0 端子）送入西门子变频器的 3、4 端子或 10、11 端子之间，从而实现 PLC 的模拟量输出模块与变频器的模拟量输入端子的连接。

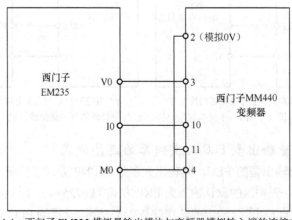

图 4-4　西门子 EM235 模拟量输出模块与变频器模拟输入端的连接方式

注 意

接线时一定要把变频器的 2 端子（模拟 0V）和 4、11 短接，同时设置参数 P0756[0] 和 P0756[1]选择 3、4 端子为电压输入、10、11 端子为电流输入。

三、西门子 PLC 与变频器的 RS-485 通信连接方式

传统的 PLC 和变频器之间大多采用 PLC 的开关量输出控制变频器的启停、正反转等命令，PLC 的模拟量输出控制变频器的速度。这种联机方式对于一般的变频器调速系统及没有通信基础的工程人员是比较合适的。但也同时存在以下问题。

（1）控制系统在设计时采用较多硬件，增加成本。

（2）硬件接线复杂，容易引起噪声和干扰。

（3）PLC 和变频器之间传输的信息受硬件的限制，交换的信息量小。

（4）硬件及控制方式影响了控制精度。

如果 PLC 与变频器之间通过通信来进行信息交换，可以有效地解决上述问题。另外，通过网络可以连续地对多台变频器进行监控，实现多台变频器之间的联动控制和同步控制。

所有的标准西门子变频器都有一个 RS-485 串行接口（29、30 端子），采用双绞线连接，其设计标准适用于工业环境的应用对象。单一的 RS-485 链路中需要有一个主控制器（主站），而各个变频器则是从属的控制对象（从站）。

采用串行接口有以下优点。

（1）大大减少布线的数量。

（2）无需重新布线，即可更改控制功能。

（3）可以通过串行接口设置和修改变频器的参数。

（4）可以连续对变频器的特性进行监测和控制。

西门子变频器和 PLC 之间有两种通信协议：USS 协议和 Profibus-DP 协议。西门子 S7-200PLC 可以与 MM440 变频器进行 USS 通信。但由于 S7-200 PLC 只能做 Profibus-DP 从站，不能作 Profibus-DP 主站，MM440 变频器也只能作 Profibus-DP 从站，不能作 Profibus-DP 的主站，因此 S7-200 PLC 不能作为主站对 MM440 变频器进行现场通信。但 S7-300/400PLC 可以在 Profibus-DP 网络中作主站。

S7-200PLC 与 MM440 变频器的通信连接方式如图 4-5 所示。

建议使用西门子的 CPU226（或 CPU224+EM277）进行 USS 通信，将 PLC 的 PORT0 串口中的第 3 脚与变频器的 29 端子相连，串口的第 8 脚与变频器的 30 端子相连，并不需要占用 PLC 的输出点。图 4-5 的 USS 通信连接是要求不严格时的做法，一般的工业现场不宜采用。工业现场的 PLC 端应使用西门子专用的 DP 网络连接器（9 针），如图 4-6 所示，将其插到 PLC 的 PORT0 接口上，同时将电缆线中的红色线和绿色线分别接到 A1 和 B1 端子上，且将终端电阻开关拨到 ON 位置。变频器端的连接如图 4-7 所示，在购买变频器时附带有所需的电阻，并不需要另外购置。还有一点必须指出，如果有多台变频器，则只有末端的变频器需要接入图 4-7 所示的电阻。

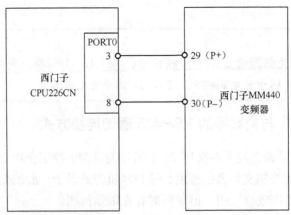

图 4-5　西门子 S7-200 PLC 与变频器的 USS 通信连接方式

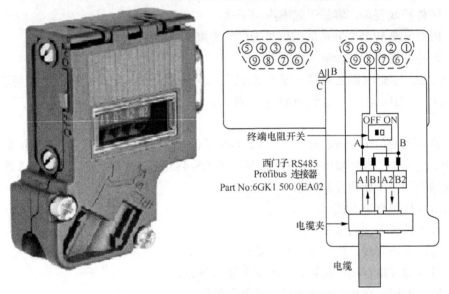

图 4-6　西门子 DP 网络连接器（PLC 端）

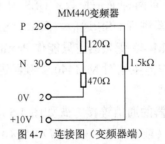

图 4-7　连接图（变频器端）

任 务 实 施

【训练工具、材料和设备】

西门子 MM440 变频器 1 台、西门子 CPU226AC/DC/RLY 的 PLC1 台、三相异步电动机 1 台、安装有 STEP7-Micro/WIN 软件的电脑 1 台、PC/PPI 编程电缆 1 根、接触器 1 个、按钮若干、5kΩ 电位器 1 个、《西门子 MM440 通用变频器使用手册》、通用电工工具 1 套。

1. 硬件电路

控制要求：物料输送带控制系统采用变频器调节输送带的速度，通过 PLC 控制变频器的正反转，系统首先给变频器上电，然后按下正转启动按钮或反转启动按钮，变频器才能运行，在变频器运行过程中，不能切断变频器的电源。一旦变频器出现故障，系统应该自动切断变频器的电源，按复位按钮，对变频器进行复位。

首先根据以上控制要求，确定 PLC 的输入、输出，并给这些输入、输出分配地址。PLC 采用西门子 CPU226 继电器输出型 PLC，变频器采用西门子 MM440 变频器，其正反转控制的 I/O 分配如表 4-1 所示。

表 4-1　　　　　　　　　　　　　　物料输送带正反转控制的 I/O 分配

输　入			输　出		
输入继电器	输入元件	作　用	输出继电器	输出元件	作　用
I0.0	SB1	变频器上电	Q0.1	5	变频器正转
I0.1	SB2	变频器失电	Q0.2	6	变频器反转
I0.2	SB3	变频器正转启动	Q0.4	HL1	正转指示
I0.3	SB4	变频器反转启动	Q0.5	HL2	反转指示
I0.4	SB5	变频器停止	Q0.6	HL3	报警指示
I0.5	19、20	故障信号	Q0.7	KM	接通 KM

根据 I/O 分配表，画出物料输送带正反转控制电路如图 4-8 所示。变频器的速度由外接电位器 RP 调节，由于 PLC 是继电器输出型，所以变频器的正反转信号由 PLC 的 Q0.1、Q0.2 直接连接到正转端子 5 和反转端子 6 上，然后将 PLC 输出的公共端子 1L 和变频器的 24V 电源端子 9 相连。变频器的故障报警信号从 19、20（动合触点）间直接连接到 PLC 的输入端子 I0.5 上，一旦变频器发生故障，PLC 的报警指示灯 HL3 点亮，并使系统停止工作，按钮 SB 用于在处理完故障后使变频器复位。为了节约 PLC 的输入输出点数，该信号不接入 PLC 输入端子。由于接触器线圈需要 AC220V 电源驱动，而 5.6 端子需要 DC24V 电源驱动，它们采用的电压等级不同，因此将 PLC 的输出分为两组，一组是 I0.0～I0.3，其公共端是 1L；另一组是 I0.4～I0.7，其公共端是 2L。

 注　意

由于两组所使用的电压不同，所以不能将 1L 和 2L 连接在一起。

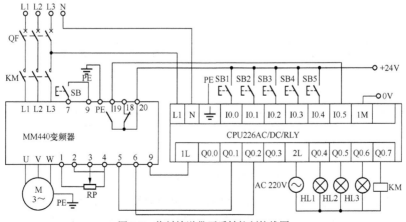

图 4-8　物料输送带正反转控制接线图

2．参数设置

变频器由外部电位器给定频率，其正反转启动信号也是由 PLC 通过外部端子 5、6 给定的，因此，需要设置关键参数 P0700=2、P1000=2，其他参数的具体设置请参考项目 3 中的表 3-1。

3．程序设计

物料输送带正反转控制的程序如图 4-9 所示。

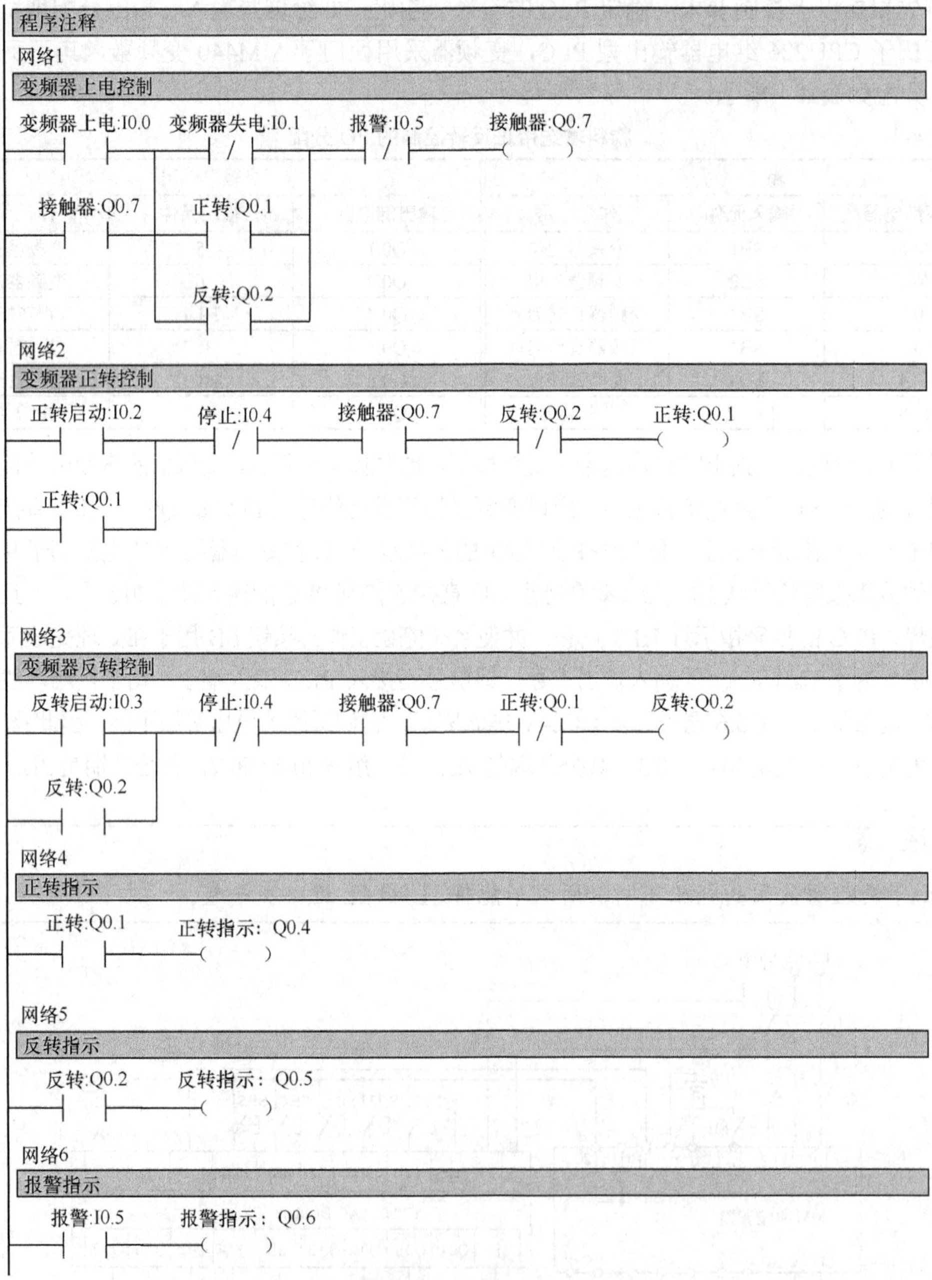

```
程序注释
网络1
变频器上电控制

变频器上电:I0.0   变频器失电:I0.1      报警:I0.5       接触器:Q0.7
   | |            | / |               | / |            (   )

接触器:Q0.7         正转:Q0.1
   | |               | |

                    反转:Q0.2
                      | |

网络2
变频器正转控制

正转启动:I0.2   停止:I0.4   接触器:Q0.7   反转:Q0.2      正转:Q0.1
   | |           | / |        | |          | / |          (   )

正转:Q0.1
   | |

网络3
变频器反转控制

反转启动:I0.3   停止:I0.4   接触器:Q0.7   正转:Q0.1      反转:Q0.2
   | |           | / |        | |          | / |          (   )

反转:Q0.2
   | |

网络4
正转指示

正转:Q0.1     正转指示: Q0.4
   | |           (   )

网络5
反转指示

反转:Q0.2     反转指示: Q0.5
   | |           (   )

网络6
报警指示

报警:I0.5     报警指示: Q0.6
   | |           (   )
```

图 4-9　物料输送带正反转控制程序

在图 4-9 中，网络 1 是控制接触器 KM 线圈得电电路，从而为变频器接通电源。失电触点 I0.1 两端并联 Q0.1 和 Q0.2 是保证变频器在运行时，按下 I0.1，变频器不能失电，只有 Q0.1 和 Q0.2 断开，此时再按 I0.1，变频器才能切断电源。变频器一旦报警，I0.5 线圈得电，其常闭触点断开，Q0.7 失电，切断变频器电源。

网络 2 和网络 3 是变频器正反转控制程序，这两段程序中都串联了 Q0.7 的常开触点，其目的是保证只有在变频器电源接通后，才能启动变频器。

网络 4、5、6 是指示电路，分别指示变频器的各种运行状态。

为了保证运行安全，在 PLC 程序设计时，利用输出继电器 Q0.1 和 Q0.2 的常闭触点实现互锁。

4．运行操作

（1）合上 QF，给 PLC 上电，把图 4-9 所示的程序下载到 PLC 中。

（2）单击 STEP7 编程软件工具栏中的运行图标，使 PLC 处于"RUN"状态，PLC 上的 RUN 指示灯点亮。此时按下 SB1（I0.0），Q0.7 为"1"，接触器 KM 线圈得电，其 3 对主触点闭合，变频器上电。

（3）将 MM440 变频器进行参数复位，然后将项目 3 中表 3-1 的参数写入变频器中。

（4）正转运行。当按下按钮 SB3 时，输入继电器 I0.2 得电，I0.2 常开触点闭合，输出继电器 Q0.1 得电并自锁，变频器数字端口"5"为 ON，电动机按 P1120 所设置的斜坡上升时间正向启动运行，同时 Q0.4 为"1"，正转指示灯 HL1 点亮，慢慢调节电阻 RP，就可以调节物料输送带正向运行的速度；按下 SB5（I0.4），Q0.1 为"0"，变频器上的 5 端子断开，变频器停止运行。

（5）反转运行。当按下按钮 SB4 时，输入继电器 I0.3 得电，其常开触点闭合，输出继电器 Q0.2 得电并自锁，变频器数字端口"6"为 ON，电动机按 P1120 所设置的斜坡上升时间反向启动运行，同时反转指示灯 HL2 点亮，此时调节电位器 RP 的值，就可以调节物料输送带反向运行的速度。按下 SB5（I0.4），Q0.2 为"0"，变频器上的 6 端子断开，变频器停止运行。

（6）如果变频器发生故障，则输入继电器 I0.5 得电，其常开触点闭合，Q0.6 为"1"，报警指示灯 HL3 点亮；其常闭触点断开，输出继电器 Q0.7 为"0"，接触器 KM 失电，切除变频器电源。

知 识 拓 展

一、三菱继电器输出型 PLC 与变频器的连接方式

对于继电器输出型的三菱 PLC，其输出端子可以和变频器的输入端子直接相连，如图 4-10 所示。三菱继电器输出型 PLC 与 MM440 变频器的开关量输入端子相连，需要将三菱 PLC 的输出端子与变频器的输入端子相连接，PLC 输出的公共端 COM 与西门子变频器的 24V 电源端子 9 相连，同时将西门子变频器的参数 P0725=1（PNP 方式），如图 4-10（a）所示。三菱继电器输出型 PLC 如果与三菱的 D740 变频器的开关量输入端子相连接，需要将三菱 PLC 的输出端子与三菱变频器的输入端子相连接，PLC 输出的公共端 COM 与三菱变频器的输入公共端 SD 相连，如图 4-10（b）所示，三菱变频器的默认输入逻辑是 SINK 型。

二、三菱晶体管输出型 PLC 与变频器的连接方式

对于三菱晶体管输出型的 PLC，其输出大多数为 NPN 方式，MM440 变频器的默认输入为 PNP 方式（P0725=1），显然电平是不匹配。西门子提供了解决方案，只要将参数 P0725=0（NPN 方式），MM440 变频器就变成 NPN 输入，这样就与三菱 FX 系列 PLC 的电平匹配了，接线如图 4-11（a）所示。三菱 D740 变频器的默认输入方式为 NPN 型输入，与三菱晶体管

输出型的 PLC（输出为 NPN）电平是兼容的，其接线图如图 4-11（b）所示。

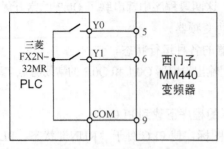
（a）三菱 PLC 与西门子变频器的接线图

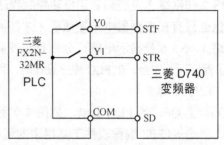
（b）三菱 PLC 与三菱变频器的接线图

图 4-10　三菱继电器输出型 PLC 与变频器的开关量接线方式

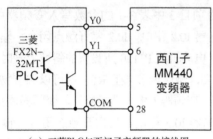

（a）三菱 PLC 与西门子变频器的接线图

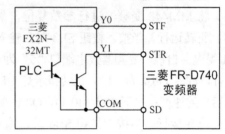
（b）三菱 PLC 与三菱变频器的接线图

图 4-11　三菱晶体管输出型 PLC 与变频器的开关量接线方式

三、三菱 PLC 的模拟量模块与变频器的连接方式

三菱的模拟量输出模块可以输出电压信号和电流信号，将这些模拟量信号接入三菱变频器的模拟量输入端子（如 2、5 端子、4、5 端子）上，就可以调节变频器的速度。通常采用 PLC 的特殊模块给变频器提供输入信号，如图 4-12 所示。

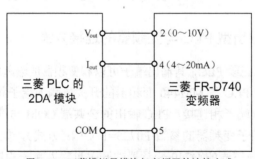

图 4-12　三菱模拟量模块与变频器的连接方式

思考与练习

1．变频控制系统有几部分组成？

2．PLC 与变频器的接线方式有几种？

3．如果将物料分拣输送带的控制要求变为：按下启动按钮，输送带正转运行 50s，然后再反转运行 50s，如此反复，按下停止按钮，输送带停止运行，将如何修改程序？硬件电路和参数设置需要改变吗？

4．如果在物料分拣输送带变频控制系统中，增加输送带的正反向点动运行功能，如何修改硬件电路和参数设置？程序如何编制？

5．通过 PLC 的正确编程、变频器参数的正确设置，实现电动机的正反转运行。当电动机正向运行时，正向启动时间为 8s，电动机正向运行速度为 840r/min，对应频率 30Hz。当电动机反向运行时，反向启动时间为 8s，电动反向运行速度为 840r/min，对应频率 30Hz。当电动机停止时，发出停止指令 8s 内电动机停止。电动机正向反向点动转速 560r/min，对应频率20Hz。点动斜坡上升或下降时间为 6s。

任务 4.2　离心机的多段速变频控制系统

任 务 导 入

某化工厂的工业离心机如图 4-13 所示。工业离心机主要是通过离心力作用将固体液体分离，离心机的离心釜是实现固液分离的主要部件，由一台三相异步电动机通过皮带传动。根据工艺要求，离心机一般分为几段不同的转速运行以达到分离效果。在开始阶段物料主要是固液混合物，启动负载较大，转速较低，随后逐步提高转速，当达到一定的转速时，液体在离心力的作用下由离心机外侧流出。其具体控制要求是：按下启动按钮，电动机以 15Hz 运行，200s 后以 20Hz 运行，以后每隔 200s，增加 5Hz，直到 45Hz 运行，其运行速度如图 4-14 所示。按下停止按钮，电动机停止运行。

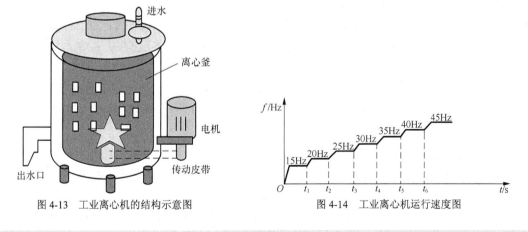

图 4-13　工业离心机的结构示意图　　　　图 4-14　工业离心机运行速度图

相 关 知 识

一、变频调速系统设计原则

变频调速控制系统的应用范围很广，如轧钢机、造纸机、卷扬机等，不同的控制对象有其具体的控制要求。例如，造纸机除要求可靠、响应速度快之外，还要求动态速度降小、恢复时间短。虽然变频调速控制系统根据不同的控制对象会选择不同的设计方案，但它们的总体设计原则是相同的。根据设计任务，在满足生产工艺控制要求的前提下，安全可靠、经济实用、操作简单、维护方便、适应发展。

1. 满足要求

最大限度的满足被控对象的要求，是设计中最基本的原则。为明确控制要求，设计人员在设计前应深入现场进行调查研究，收集现场资料，与工程管理人员、机械部分设计人员、现场操作人员密切配合，共同拟定设计方案。

2. 安全可靠

电气控制系统的安全性、可靠性，关系到生产系统的产品数量和质量，是生产线的生命之线。因此，设计人员在设计时应充分考虑到控制系统长期运行的安全性、可靠性、稳定性。要达到系统的安全可靠性，应在系统方案设计上、器件选择上、软件编程上等多个方面进行全面考虑。例如：为保证变频器出现故障时，系统仍安全运行，设置变频器的变频/工频转换系统；PLC 程序只能接收合法操作，对于非法操作，程序不予响应等。

3. 经济实用

在满足生产工艺控制要求的前提下，一方面要不断地扩大生产效益，另一方面也要注意降低生产成本，使控制系统简单、经济、实用、实用方便、维护容易。例如：控制要求不高的闭环控制系统可以采用变频器的 PID 控制等。

4. 留有余量

随着社会发展进步，生产工艺控制要求也不断提高、更新、完善，生产规模不断扩大。因此，在控制系统设计时，应考虑今后的发展，在 PLC 的输入/输出点的选择上，要留有适当的余量。

二、变频调速系统设计步骤

（1）了解生产工艺，根据生产工艺对电动机转速变化的控制要求，分析影响转速变化的因素，确定变频控制系统的控制方案，绘制变频控制系统的硬件原理图。对于控制要求不高的工艺生产控制系统，采用开环调速系统。对于控制要求较高的工艺生产控制系统，可以采用闭环控制系统。

（2）了解生产工艺控制的操作过程，进行 PLC 的设计。PLC 主要进行现场信号的采集，根据生产工艺操作要求对变频器、接触器等进行控制。PLC 对变频器的控制有开关量控制、模拟量控制和通信控制等三种方法。

（3）根据负载和工艺控制要求，进行变频器的设计。变频器主要是对异步电动机进行变频调速控制，需要选择变频器及其外围设备，设置变频器的电机参数和功能参数，如果是闭环控制，最好选用能够四象限运行的通用变频器。

（4）根据被控对象数学模型的情况，决定是选择常规的 PID 调节器还是选择智能调节器。如果被控对象的数学模型不清楚，又想知道被控对象的数学模型，若条件允许，可用动态信号仪实测数学模型。对被控对象数学模型无严格要求的调节器，应属于常规 PID 调节器。

任 务 实 施

【训练工具、材料和设备】

西门子 MM440 变频器 1 台、西门子 CPU226AC/DC/RLY 的 PLC1 台、三相异步电动机

1 台、安装有 STEP7-Micro/WIN 软件的电脑 1 台、PC/PPI 编程电缆 1 根、接触器 1 个、按钮若干、《西门子 MM440 通用变频器使用手册》、通用电工工具 1 套。

扩展视频：离心机的多段速变频控制系统

1.硬件电路

首先根据以上控制要求，确定 PLC 的输入、输出，并给这些输入、输出分配地址。PLC 采用西门子 CPU226 继电器输出型 PLC，变频器采用西门子 MM440 变频器，其 7 段速控制的 I/O 分配如表 4-2 所示。

表 4-2　　　　　　　　　　　　　　离心机多段速控制的 I/O 分配

输　入			输　出		
输入继电器	输入元件	作　用	输出继电器	输出元件	作　用
I0.0	SB1	变频器上电	Q0.0	5	速度选择 1
I0.1	SB2	变频器失电	Q0.1	6	速度选择 2
I0.2	SB3	启动	Q0.2	7	速度选择 3
I0.3	SB4	停止	Q1.0	KM	接通 KM
I0.4	19、20	故障信号			

根据 I/O 分配表，画出离心机多段速控制电路如图 4-15 所示。在图 4-15 中，用按钮 SB1 和 SB2 控制变频器的上电或失电（即 KM 得电或失电），用 SB3 和 SB4 控制变频器的启动和停止。将变频器的故障输出端子 19、20 接到 PLC 的 I0.4 输入端子上，复位按钮 SB 接变频器的 16 端子，用来给变频器复位。PLC 的输出 Q0.0、Q0.1、Q0.2 分别接速度选择端子 5、6、7，通过 PLC 的程序实现 3 个端子的不同组合，从而使变频器选择 7 个不同的速度运行，5、6、7 端子同时还具有启动变频器的功能。PLC 的输出 Q1.0 接接触器 KM 线圈，用来给变频器上电。

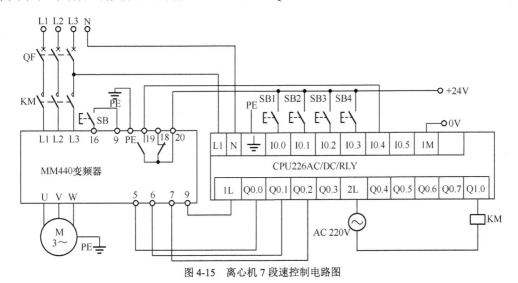

图 4-15　离心机 7 段速控制电路图

2.参数设置

变频器需要实现 7 段速运行，因此需要设置如下参数：

P0700=2，选择外部端子控制变频器启停；

P1000=3，固定频率；

P0701=P0702=P0703=P0704=17，二进制编码+ON 命令；

P0731=52.3，将继电器输出 1 设置为变频器故障；

P0748=1，数字输出反相；

P1080=0Hz，下限频率；

P1082=50Hz，上限频率；

P1120=P1121=5s，斜坡上升时间和斜坡下降时间；

P1001～P1007 分别等于 15Hz、20Hz、25Hz、30Hz、35Hz、40Hz、45Hz，7 段速；

P1016=P1017=P1018=P1019=3，固定频率方式位为二进制编码+ON 命令。

3．程序设计

离心机 7 段速控制程序如图 4-16 所示。

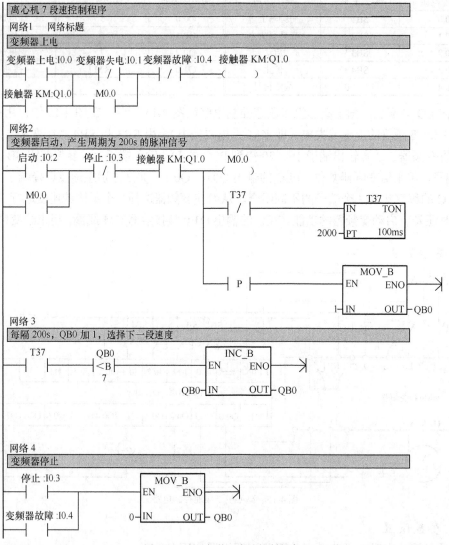

图 4-16　离心机的 7 段速控制程序

网络 1 控制变频器上电，在 I0.1 触点两端并联 M0.0，是为了保证在变频器运行过程中，变频器不能切断电源。该网络串联变频器的故障触点 I0.4，一旦变频器发生故障，该触点断开，变频器切断电源。

网络 2 控制变频器启动，通过 MOV 指令将十进制数 1 送到 QB0 中，即 Q0.0 此时为"1"，接通变频器的 5 端子，选择 P1001 设定的频率 15Hz 运行，同时用定时器 T37 产生一个周期为 200s 的脉冲，保证变频器每隔 200s 进行一次速度选择。

网络 3 控制变频器进行速度选择。PLC 通过 Q0.0、Q0.1、Q0.2 三个输出端子控制变频器的 5、6、7 端子的接通，从而实现变频器的 7 段速运行，其关系如表 4-3 所示。三个端子的不同组合，对应十进制的 1～7 的数据。在图 4-16 所示的程序中，通过 INC_B 加 1 指令让 QB0 每隔 200s（T37 的常开触点）加 1，从而实现表 4-3 的对应关系，由于 QB0 最大不能大于 7，因此在网络 3 中串联一个字节比较指令，只有在 QB0＜7 时，才执行字节加 1 指令。

网络 4 控制变频器停止运行。

表 4-3　　　　　　　　　变频器端子的不同组合与 PLC 传送数据之间的关系

传送数据	端子 7（Q0.2）	端子 6（Q0.1）	端子 5（Q0.0）	对应频率/Hz
1	0	0	1	15
2	0	1	0	20
3	0	1	1	25
4	1	0	0	30
5	1	0	1	35
6	1	1	0	40
7	1	1	1	45

4．运行操作

（1）合上 QF，给 PLC 上电，把图 4-16 所示的程序下载到 PLC 中。

（2）单击 STEP7 编程软件工具栏中的运行图标，使 PLC 处于"RUN"状态，PLC 上的 RUN 指示灯点亮。此时按下 SB1（I0.0），Q1.0 为"1"，接触器 KM 线圈得电，其 3 对主触点闭合，变频器上电。

（3）将 MM440 变频器进行参数复位，然后将上述参数设置中的参数写入变频器中。

（4）变频器运行。当按下按钮 SB3 时，输入继电器 I0.2 得电，I0.2 常开触点闭合，辅助继电器 M0.0 得电并自锁，通过 MOV_B 指令将数字 1 传送到 QB0 中，即 Q0.0 为"1"，接通变频器的 5 端子，变频器以 15Hz 速度运行。通电延时时间继电器 T37 定时 200s 后，其常开触点闭合，执行 INC_B 加 1 指令，此时 QB0 为 2，即 Q0.1 为"1"，接通变频器的 6 端子，变频器以 20Hz 运行，以后每隔 200s，都执行 INC_B 加 1 指令，输出继电器 Q0.0、Q0.1、Q0.2 都会按照表 4-3 的组合规律接通变频器的 5、6、7 端子，变频器的显示屏上每隔 200s，速度会依次按照 25Hz、30Hz、35Hz、40Hz、45Hz 运行，最后稳定在 45Hz 上。

（5）变频器停止运行。按下停止按钮 SB4（I0.3）或变频器发生故障 19、20（I0.4），通过传送指令 MOV_B 指令将数字 0 送到 QB0，变频器停止运行。

知识拓展——变频调速系统的调试

1．变频器的通电和预置

一台新的变频器在通电时，输出端可先不接电动机，先要熟悉它，在熟悉的基础上进行各种功能的预置。

（1）熟悉键盘，即了解键盘上各键的功能，进行试操作，并观察显示的变化情况等。

（2）按说明书要求进行"启动"和"停止"等基本操作，观察变频器的工作情况是否正常，同时也要进一步熟悉键盘的操作。

（3）进行功能预置：变频器的参数设定在调试过程中是十分重要的。由于参数设定不当，不能满足生产的需要，导致启动、制动的失败，或工作时常跳闸，严重时会烧毁功率模块 IGBT 或整流桥等器件。变频器的种类不同，参数量也不同。一般单一控制的变频器约 50～60 个参数，多功能控制的变频器有 200 个以上的参数。但不论参数多少，在调试中不需要全部进行设定。大多数按出厂值设定即可，只要把使用时与原出厂值不适合的予以重新设定即可。例如外部端子操作、模拟量操作、基本频率、上限频率、下限频率、加减速时间（及方式）、热电子保护、过流保护、失速保护和过压保护等是必须设定的。当运转不合适时，再调整其他参数。所以用户在正确使用变频器之前，要求对变频器功能做如下设置。

① 确认电动机参数设定电动机的功率、电流、电压、转速、最大频率。这些参数可以从电动机铭牌中直接得到。

② 变频器采取的控制方式，即速度控制、转矩控制、PID 或其他方式。选定控制方式后，一般要根据控制精度需要进行静态或动态辨别。

③ 设定变频器的启动方式，一般变频器在出厂时设定从外部启动，用户可以根据实际情况选择启动方式，设定升降速时间，可以用面板、外部端子、通信方式等几种启动方式。

给定信号的选择，一般变频器的频率给定也可以有多种方式。面板给定、外部给定、外部电压或电流给定、通信方式给定。当然对于变频给定也可以是这几种方式的一种或几种方式之和。

预置完以上参数后，变频器基本能正常工作，先就几个较易观察的项目如升速和降速时间、点动频率、多段速时的各挡频率等检查变频器的执行情况是否与预置的相符合。一旦发生参数设置故障，可根据说明书进行修改参数。如果不行可数据初始化，恢复出厂值，然后按上述步骤重新设置，对于不同品牌的变频器其参数恢复出厂值方式也不同。

（4）将外接输入控制线接好，逐项检查各外接控制功能的执行情况。

（5）检查三相输出电压是否平衡。

2．电动机的空载试验

变频器的输出端接上电动机，但电动机尽可能与负载脱开，进行通电试验。其目的是观察变频器配上电动机后的工作情况，顺便校准电动机的旋转方向。其试验步骤如下。

（1）先将频率设置于 0 位，合上电源后，微微增大工作频率，观察电动机的启转情况，及旋转方向是否正确。如方向相反，则予以纠正。

（2）将频率上升至额定频率，让电动机运行一段时间。如一切正常，再选若干个常用的工作频率，也使电动机运行一段时间。

（3）将给定频率信号突降至零（或按停止按钮），观察电动机的制动情况。

3．拖动系统的启动和停机

将电动机的输出轴与机械的传动装置连接起来，进行试验。

（1）启转试验　使工作频率从 0Hz 开始微微增加，观察拖动系统能否启转，在多大频率下启转，如启转比较困难，应设法加大启动转矩。其具体方法有：加大启动频率，加大 U/f 比，以及采用矢量控制等。

（2）启动试验。将给定信号调至最大，按启动键，观察。

① 启动电流的变化。

② 整个拖动系统在升速过程中，运行是否平稳。

如因启动电流过大而跳闸，则应适当延长加速时间。如在某一速度段启动电流偏大，则设法通过改变启动方式（S 形、半 S 形等）来解决。

（3）停机试验。将运行频率调至最高工作频率，按停止键，观察拖动系统的停机过程。

① 停机过程中是否出现因过电压或过电流而跳闸，如有，则应适当延长减速时间。

② 当输出频率为 0Hz 时，拖动系统是否有爬行现象，如有，则应适当加入直流制动。

4．拖动系统的负载试验

负载试验的主要内容有以下几点。

（1）$f_{\max} > f_{\text{N}}$，则应进行最高频率时的带载能力试验，也就是在正常负载下能不能带得动。

（2）在负载的最低工作频率下，应考察电动机的发热情况，使拖动系统工作在负载所要求的最低转速下，施加该转速下的最大负载，按负载所要求的连续运行时间进行低速连续运行，观察电动机的发热情况。

（3）过载试验可按负载可能出现的过载情况及持续时间进行试验，观察拖动系统能否继续工作。

思考与练习

1．某变频控制系统中，选择开关有 7 个挡位，分别选择 10Hz、15Hz、20Hz、30Hz、35Hz、40Hz、50Hz 速度运行，采用 PLC 控制变频器的输入端子 5、6、7 进行 7 段速控制，试画出变频系统的硬件接线图、设置变频器的参数、编写控制程序。

2．用 PLC、变频器设计一个刨床的控制系统。其控制要求为，刨床工作台由一台电动机拖动，当刨床在原点位置（原点为左限与上限位置，车刀在原点位置时，原点指示灯亮）时，按下启动按钮，刨床工作台按照图 4-17 所示的速度曲线运行。试画出 PLC 与变频器的接线图，设置变频器的参数并编写 PLC 程序。

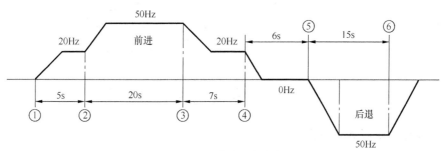

图 4-17　工作台速度曲线

| 任务 4.3　风机的变频/工频自动切换控制系统 |

任 务 导 入

　　风机是依靠输入的机械能，提高气体压力并排送气体的机械。风机的传统控制方式中，其风量一般采用风门挡板控制，拖动风机的电机是定速运行。随着变频器的广泛应用，现在很多风机的电机都采用变频器控制，通过变频器调节风机的运行速度，从而调节风量的大小。风机是二次方律负载，其转矩与转速的 2 次方成正比，轴功率与转速的 3 次方成正比。当所需风量减小、风机的转速下降时，其功率按转速的 3 次方下降，因此风机采用变频调速后节能效果非常可观。

　　现有一台风机，当要求在 50Hz 以下运行时，采用变频器控制风机的运行，由模拟量输入端子 3、4 控制变频器的输出频率。当风机的运行频率达到 50Hz 时，则变频器停止运行，将风机自动切换到工频运行。另外，当风机运行在工频状态时，如果工作环境要求它进行无级调速，此时必须将风机由工频自动切换到变频状态运行。

相关知识——变频器的频率到达功能

　　西门子 MM440 变频器具有频率到达设置功能。如果将 MM440 变频器的 3 个继电器输出端（对应的参数分别为 P0731、P0732、P0733）中的任一个预置为 53.4（实际频率大于比较频率 P2155）或 53.5（实际频率低于比较频率 P2155）时，则当变频器的实际输出频率到达门限频率 P2155 时，就会驱动变频器相应的输出继电器触点动作，P2155 用来设定门限频率。如图 4-18 所示，当设置 P0731=53.4，即变频器实际频率大于门限频率 f_1 时，输出继电器 1 得电，其常开触点 19、20 闭合，常闭触点 18、20 断开，此时必须设定 P0748=0。

扩展视频：西门子
变频器的频率
到达功能

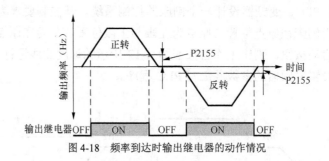

图 4-18　频率到达时输出继电器的动作情况

任 务 实 施

【训练工具、材料和设备】

　　西门子 MM440 变频器 1 台、西门子 CPU226AC/DC/RLY 的 PLC1 台、三相异步电动机

1 台、安装有 STEP7-Micro/WIN 软件的电脑 1 台、PC/PPI 编程电缆 1
根、接触器 1 个、按钮若干、《西门子 MM440 通用变频器使用手册》、
通用电工工具 1 套。

扩展视频：风机的变频
工频自动切换控制系统

1．硬件电路

由于控制系统需要在工频和变频两种控制情况下进行控制，因此需
要用 3 个接触器进行工频和变频的切换，如图 4-19 所示。工频/变频转换开关 SA 在工频位置
时，按下启动按钮 SB1，KM2 线圈得电，电动机在工频情况下运行；工频/变频转换开关 SA
在变频位置时，按下启动按钮 SB1，KM1、KM3 线圈得电，电动机在变频情况下运行；按下
停止按钮，电动机停止运行。根据以上控制要求，确定 PLC 的输入、输出，并给这些输入、
输出分配地址。PLC 采用西门子 CPU226 继电器输出型 PLC，变频器采用西门子 MM440 变
频器，变频/工频自动切换控制的 I/O 分配如表 4-4 所示。

表 4-4　　　　　　　　　　　　风机工频/变频自动切换控制的 I/O 分配

输　　入			输　　出		
输入继电器	输入元件	作　　用	输出继电器	输出元件	作　　用
I0.0	SB1	启动	Q0.0	5	变频器启动
I0.1	SB2	停止	Q0.1	HL1	工频运行指示
I0.2	SA	工频运行	Q0.2	HL2	变频运行指示
I0.3	SA	变频运行	Q0.5	KM1	控制变频器接电源
I0.4	19、20	频率到达	Q0.6	KM2	控制电动机工频运行
I0.5	FR	电动机过载保护	Q0.7	KM3	控制电动机变频运行

根据 I/O 分配表，画出风机工频/变频自动切换控制电路如图 4-19 所示。在图 4-19 中，
SB1 和 SB2 控制系统启停，SA 进行工频和变频选择。将变频器的频率到达端子 19、20 接到
PLC 的 I0.4 输入端子上，一旦变频器的实际运行频率大于 P2155=49.5Hz 的门限频率，19、
20 端子闭合，将电动机由变频运行自动切换到工频运行。在电动机工频运行阶段，通过热继
电器 FR（I0.5）对电动机进行过载保护。接触器 KM2 和 KM3 分别控制电动机进行工频和变
频运行，因此，在 PLC 的输出回路中，必须用它们的常闭触点对其进行互锁，以防止 KM2
和 KM3 同时得电。用指示灯 HL1 和 HL2 指示电机的工频运行和变频运行状态。Q0.0 接变频
器的 5 端子，控制变频器启动，变频器通过电位器 RP 对其进行调速。

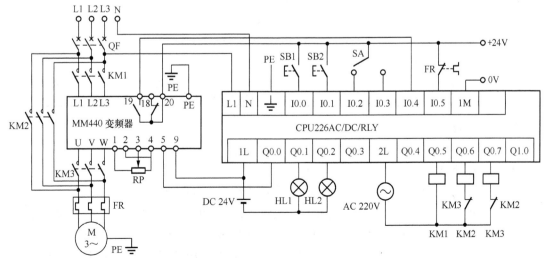

图 4-19　风机工频/变频自动切换电路图

2．参数设置

参数设置如表 4-5 所示。

表 4-5　　　　　　　　　　　　　风机的工频/变频自动切换参数设置

参 数 号	参 数 名 称	出厂值	设定值	说　明
P0003=1，设用户访问级为标准级 P0004=7，命令和数字 I/O				
P0700[0]	选择命令给定源（启动/停止）	2	2	命令源选择由端子排输入
P0003=2，设用户访问级为扩展级 P0004=7，命令和数字 I/O				
P0701[0]	设置端子 5	1	1	ON 接通正转，OFF 停止
P0731[0]	选择数字输出 1 的功能	52.3	53.4	实际频率大于比较频率 P2155 时，继电器 1 动作
P0003=3，设用户访问级为专家级 P0004=7，命令和数字 I/O				
P0748	数字输出反相	0	0	输出继电器不反相
P0003=1，用户访问级为标准级 P0004=10，设定值通道和斜坡函数发生器				
P1000[0]	设置频率给定源	2	2	选择 AIN1 给定频率
*P1080[0]	下限频率	0	0	电动机的最小运行频率（0Hz）
*P1082[0]	上限频率	50	50	电动机的最大运行频率（50Hz）
*P1120[0]	加速时间	10	5	斜坡上升时间（5s）
*P1121[0]	减速时间	10	5	斜坡下降时间（5s）
P0003=2，用户访问级为标准级 P0004=8，模拟 I/O				
P0756[0]	设置 ADC1 的类型	0	0	AIN1 通道选择 0～10V 电压输入，同时将 I/O 板上的 DIP1 开关置于 OFF 位置
P0757[0]	标定 ADC1 的 x_1 值	0	0	设定 AIN1 通道给定电压的最小值 0V
P0758[0]	标定 ADC1 的 y_1 值	0.0	0.0	设定 AIN1 通道给定频率的最小值 0Hz 对应的百分比 0%
P0759[0]	标定 ADC1 的 x_2 值	10	10	设定 AIN1 通道给定电压的最大值 10V
P0760[0]	标定 ADC1 的 y_2 值	100.0	100.0	设定 AIN1 通道给定频率的最大值 50Hz 对应的百分比 100%
P0761[0]	死区宽度	0	0	标定 ADC 死区宽度
P0003=2，用户访问级为标准级 P0004=20，通信				
P2000[0]	基准频率	50.00	50.00	基准频率设为 50Hz
P0003=3，用户访问级为专家级 P0004=21，报警、警告和监控				
P2155	门限频率 f_1	30	49.5	变频器运行在 50Hz 时，进行工频切换，因此将门限频率设定为 49.5Hz 为宜

3．程序设计

风机工频/变频自动切换控制程序如图 4-20 所示。

4．运行操作

（1）合上 QF，给 PLC 上电，把图 4-20 所示的程序下载到 PLC 中。

（2）工频运行。单击 STEP7 编程软件工具栏中的运行图标，使 PLC 处于"RUN"状态，PLC 上的 RUN 指示灯点亮。将选择开关 SA 置于工频位置（即 I0.2 闭合），如图 4-20 中的网络 1，此时按下 SB1（I0.0），Q0.6 为"1"，接触器 KM2 线圈得电，其 3 对主触点闭合，电动机工频运行。同时 Q0.1 为 "1"，工频指示灯点亮。按下停止按钮 I0.1 或电动机过载（I0.5 断开），Q0.6 为 "0"，停止工频运行。

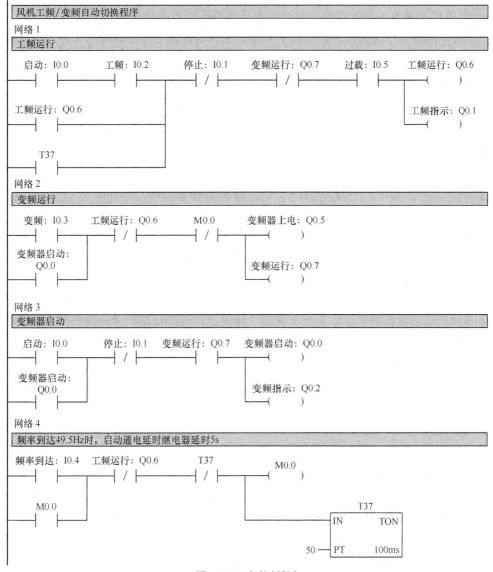

图 4-20　风机控制程序

（3）变频运行。如图 4-20 中的网络 2，将选择开关 SA 置于变频位置（即 I0.3 闭合），Q0.5、Q0.7 同时为 "1"，接触器 KM1 和 KM3 得电，给变频器上电，将表 4-5 中的参数输入到变频器中。图 4-20 的网络 3 中，按下启动按钮 SB1（I0.0），Q0.0 为 "1"，接通变频器的 5 端子，变频器开始运行，同时 Q0.2 为 "1"，变频器运行指示灯 HL2 点亮。调节电位器 RP，就可以调节变频器的运行速度，当变频器的实际运行速度达到 49.5Hz 时，实际频率与实际设定门限频率相等，变频器的输出端子 19、20 闭合（即 I0.4 为 "1"），如图 4-20 中的网络 4 所示，辅助继电器 M0.0 为 "1"，网络 2 中的 M0.0 常闭触点断开，Q0.5、Q0.7 为 "0"，接触器 KM1 和 KM3 失电，将变频器从电动机上切除；同时接通定时器 T37，延时 5s 后，其在网络 1 中的常开触点闭合，Q0.6 为 "1"，将电动机切换为工频运行。

 注　意

> 当电动机切换为工频运行时，由操作工将控制系统的选择开关置于工频位置。

（4）变频器停止。电动机变频运行时，是不能通过网络 2 中的 I0.3 停止变频器的供电电源的，因为此时 Q0.0 常开触点处于闭合状态。只有在网络 3 中按下停止按钮 I0.1，让 Q0.0 变为 "0"，其常开触点断开，才能停止变频器的供电电源。

（5）变频运行与工频运行时的互锁。控制电动机工频运行的 Q0.6（控制接触器 KM2）与变频运行的 Q0.7（控制接触器 KM3）在网络 1 和网络 2 中通过 Q0.6 和 Q0.7 的常闭触点实现软件互锁，在硬件电路中，通过 KM2 和 KM3 的常闭触点实现电气互锁。

知识拓展——变频器的选择

变频器的选用与电动机的结构形式及容量有关，还与电动机所带负载的类型有关。通用变频器的选择主要包括变频器类型和容量的选择两个方面。

一、变频器类型的选择

变频器的类型要根据负载要求来选择。一般来说，生产机械的特性分为恒转矩负载、恒功率负载和二次方律负载。

1．恒转矩负载变频器的选择

恒转矩负载指负载的转矩 T_L 不随转速 n 的变化而变化，是一恒定值，但负载功率随转速成比例变化。

多数负载具有恒转矩特性，如位能性负载：电梯、卷扬机、起重机、抽油机等。摩擦类负载：传送带、搅拌机、挤压成型机、造纸机等。

这类负载如采用普通功能型变频器，要实现恒转矩调速，常采用加大电动机和变频器容量的办法，以提高低速转矩；如采用具有转矩控制功能的变频器来实现恒转矩调速，则更理想，因为这种变频器低速转矩大，静态机械特性硬度大，不怕负载冲击，具有挖土机特性。

轧钢、造纸、塑料薄膜加工线这一类对动态性能要求较高的生产机械，原来多采用直流传动。目前，矢量变频器已经通用化，并且三相异步电动机具有坚固耐用、维护容易、价格低廉等优点，对于要求高精度、快响应的生产机械，采用矢量控制高性能的变频器是一种很好的选择。

2．恒功率负载变频器的选择

恒功率负载指当负载的转速发生变化时，其转矩也随着变化，而负载的功率始终为一恒定值。

典型系统。车床以相同的切削线速度和吃刀深度加工工件时，若工件的直径大，则主轴的转速低；若工件的直径小，则主轴的转速高，保持切削功率为一恒定值。又如卷绕机，开始卷绕时卷绕直径小，转矩小，则卷绕速度高；当卷绕直径逐渐增大时，转矩增大，则卷绕速度降低，保持卷绕功率为一恒定值。

由于没有恒功率特性的变频器，一般可选用普通 U/f 控制变频器，为了提高控制精度选用矢量控制变频器效果更好。考虑到车床的急加速或偏心切削等问题，可适当加大变频器的容量。

立式车床。在断续切削时是一冲击性负载，但由于有主轴惯性，相当于配有很大的飞轮，因此选择变频器时可不增大变频器的容量。由于主轴有很大惯性，选用变频器时要特别注意到制动装置和制动电阻的容量。立式车床选择通用 U/f 控制变频器即可满足要求。

3．二次方律负载变频器的选择

二次方律负载指负载转矩与转速的平方成正比，即 $T_L = kn^2$。而负载功率与转速的三次方成正比，即 $P = k_1 n^3$。这类负载用变频器调速可以节能 30%～40%。典型系统如风机、泵类等流体机械。

风机、泵类负载选择变频器的要点。

（1）种类：风机、泵类负载是最普通的负载，普通 U/f 控制变频器即可满足要求，也可选用专用变频器。

（2）变频器的容量选择：等于电动机的容量即可。但空气压缩机、深水泵、泥沙泵、快速变化的音乐喷泉等负载，由于电动机工作时冲击电流很大，所以选择时应留有一定的裕量。

（3）工频—变频切换。

目的：不满载时节能运行，满载时工频运行；当变频器跳闸或出现故障停止输出时，将电动机由变频运行切换到工频运行，以保证电动机的继续运转。

注意，变频器的输出为电子开关电路，过载能力差，在切换时要考虑变频器的承受能力。

由工频运行切换到变频运行时，先将电动机断电，让电动机自由降速运行。同时检测电动机的残留电压，以推算出电动机的运行频率，使接入变频器的输出频率与电动机的运行频率一致，以减小冲击电流。

当变频运行切换到工频运行时，采用同步切换的方法，即变频器将频率升高到工频，确认频率及相位与工频一致时再进行切换。

（4）设置瞬时停电再启动功能。

（5）设置合适的运行曲线：选择平方律补偿曲线或将变频器设置为节能运行状态。

4．大惯性负载变频器的选择

大惯性负载如离心泵、冲床、水泥厂的旋转窑等，此类负载的惯性很大，启动速度慢，启动时可能会产生振荡，电动机减速时有能量回馈。此类负载可选择通用 U/f 控制变频器，为提高启动速度，可加大变频器的容量，以避免振荡；使用时要配备制动单元，并要选择足够容量的制动电阻。

5．不均匀负载变频器的选择

不均匀负载：指系统工作时负载时轻时重，如轧钢机、粉碎机、搅拌机等。

变频器容量选择：以负载最大时进行测算；如没有特殊要求，可选择通用 U/f 控制变频器。

轧钢机除了工作时负载不均匀之外，对速度精度要求很高，因此采用高性能矢量控制变频器。

6．流水线用变频器的选择

特点：多台电动机按同一速度（或按一定速度比）运行，且每台电动机均为恒转矩负载。

选择要求：一般选用 U/f 控制变频器，但频率分辨率要高，比例运行的速度精度要高，必要时可加速度反馈。

二、变频器容量的选择

变频器容量的选择由很多因素决定，如电动机容量、电动机额定电流、电动机加减速时间等，其中最主要的是电动机额定电流和额定功率作为参考。变频器的容量应按运行过程中可能出现的最大工作电流来选择。下面介绍的是几种不同情况下变频器的容量计算与选择方法。

1．一台变频器只供一台电动机使用（即一拖一）

（1）恒定负载连续运行时变频器容量的计算。由于变频器的输出电压、电流中含有高次谐波，电动机的功率因数、效率有所下降，电流约增加10%，因此由低频、低压启动，变频器用来完成变频调速时，要求变频器的额定电流稍大于电动机的额定电流即可

$$I_{CN} \geqslant 1.1\, I_{MN} \tag{4-1}$$

式中，I_{CN}——变频器输出的额定电流，单位为 A；

I_{MN}——电动机的额定电流，单位为 A。

额定电压、额定频率直接启动时，对三相电动机而言，由电动机的额定数据可知，启动电流是额定电流的 5～7 倍。因而必须用下式来计算变频器的额定电流 I_{CN}

$$I_{CN} \geqslant I_{Mst}/K_{Cg} \tag{4-2}$$

式中，I_{Mst}——电动机在额定电压、额定频率时的启动电流；

K_{Cg}——变频器的允许过载倍数，$K_{Cg} = 1.3～1.5$。

（2）周期性变化负载连续运行时变频器容量的计算。很多情况下电动机的负载具有周期性变化的特点。显然，在此情况下，按最小负载选择变频器的容量，将出现过载，而按最大负载选择，将是不经济的。由此推知，变频器的容量可在最大负载与最小负载之间适当选择，以便变频器得到充分利用而又不致过载。

首先做出电动机负载电流图 $n = g(t)$ 及 $I = f(t)$，然后求出平均负载电流 I_{av}，再预选变频器的容量，关于 I_{CN} 的计算采用如下公式

$$I_{CN} = K_0 I_{av} = K_0 \frac{I_1 t_1 + I_2 t_2 + I_3 t_3 + \cdots}{t_1 + t_2 + t_3 + \cdots} \tag{4-3}$$

式中，I_1、I_2、I_3——各运行状态下平均电流，单位为 A；

t_1、t_2、t_3——各运行状态下的运行时间，单位为 s；

K_0——安全系数（加减速频繁时取 1.2，一般取 1.1）。

（3）非周期性变化负载连续运行时变频器容量的计算。其主要指不均匀负载或冲击负载，这种情形一般难以作出负载电流图，可按电动机在输出最大转矩时的电流计算变频器的额定电流，可用下式确定

$$I_{CN} \geqslant I_{max}/K_{Cg} \tag{4-4}$$

式中，I_{max}——电动机在输出最大转矩时的电流。

2．一台变频器同时供多台电动机使用（即一拖多）

多台电动机共用一台变频器进行驱动，除了以上（1）～（3）点需要考虑之外，还可以

根据以下情况区别对待。

（1）各台电动机均由低频、低压启动，在正常运行后不要求其中某台因故障停机的电动机重新直接启动，这时变频器容量为

$$I_{CN} \geqslant I_{M（max）} + \sum I_{MN} \qquad (4\text{-}5)$$

式中，$I_{M(max)}$——最大电动机的启动电流；

$\sum I_{MN}$——其余各台电动机的额定电流之和。

（2）一部分电动机直接启动，另一部分电动机由低频、低压启动。除了使电动机运行的总电流不超过变频器的额定输出电流之外，还要考虑所有直接启动电动机的启动电流，即还要考虑多台电动机是否同时软启动（即同时从 0Hz 开始启动），是否有个别电动机需要直接启动等。综合以上因素，变频器的容量可按下式进行计算

$$I_{CN} \geqslant (\sum I_{Mst} + \sum I_{MN}) / K_{Cg} \qquad (4\text{-}6)$$

式中，$\sum I_{Mst}$——所有直接启动电动机在额定电压、额定频率下的启动电流之和；

$\sum I_{MN}$——全部电动机额定电流之和。

三、变频器选型注意事项

在实际应用中，变频器的选用不仅包含前述内容，还应注意以下一些事项。

（1）具体选择变频器容量时，既要充分利用变频器的过载能力，又要不至于在负载运行时使装置超温。

（2）选择变频器的容量要考虑负载性质。即使相同功率的电动机，负载性质不同，所需变频器的容量也不相同。其中，二次方律负载所需的变频器容量较恒转矩负载的低。

（3）在传动惯量、启动转矩大，或电动机带负载且要正、反转运行的情况下，变频器的功率应加大一级。

（4）要根据使用环境条件、电网电压等仔细考虑变频器的选型。如高海拔地区因空气密度降低，散热器不能达到额定散热器效果，一般在 1000m 以上，每增加 100m，容量下降 10%，必要时可加大容量等级，以免变频器过热。

（5）使用场所不同须对变频器的防护等级要做选择，为防止鼠害、异物等进入，应做防护选择，常见 IP10、IP20、IP30、IP40 等级分别能防止 $\Phi50$、$\Phi12$、$\Phi2.5$、$\Phi1$ 固体物进入。

（6）矢量控制方式只能对应一台变频器驱动一台电动机。

思考与练习

1. 变频与工频切换中，当变频器的输出频率达到 50Hz，使用输出继电器 2（端子 21、22）或输出继电器 3（端子 23、24、25），如何设置变频器的参数？实际设置并调试。

2. 变频和工频切换中，如果一旦变频器发生故障时，也需要将电动机由变频运行自动切换到工频运行，如何设置变频器的参数？如何修改硬件电路及程序？

|任务 4.4　验布机的无级调速控制系统|

任 务 导 入

验布机是服装行业生产前对棉、毛、麻、丝绸、化纤等特大幅面、双幅和单幅布进行瑕疵检测的一套必备的专用设备。根据检验人员的熟练程度、布匹的种类不同，验布机对速度的要求不同。

（1）整个验布机分为 5 个工作速度：1 速为 15Hz、2 速为 20Hz、3 速为 30Hz、4 速为 35Hz、5 速为 40Hz。

（2）验布机有加速和减速按钮，每按一次按钮，变频器的速度就会增加或减少 1Hz。

如果用前面讲的数字量多段速实现验布机的 5 段速控制是可以的，但是其设定的速度段是有限的，而且不能做到按加速按钮或减速按钮的时候，变频器的速度增加或减少 1Hz，只有通过外部模拟量输入，变频器才可以做到无级调速。因此，该控制系统采用西门子 PLC 的模拟量扩展模块 EM235 对变频器进行无级调速。

相 关 知 识

在工业控制中，某些输入量（如压力、温度、流量、转速等）是连续变化的模拟量，某些执行机构（如伺服电动机、调节阀、变频器等）要求 PLC 输出模拟量信号。而 PLC 的 CPU 只能处理数字量。模拟量首先被传感器和变送器转换为标准的电压或电流信号，例如：0～20mA、0～10V、4～20mA，PLC 用 A/D 转换器将它们转换为数字量；D/A 转换器将 PLC 的数字量转换为模拟电压或电流信号，再去控制执行机构。

模拟量 I/O 模块的主要任务就是完成 A/D 转换（模拟量输入）和 D/A 转换（模拟量输出）。

一、西门子模拟量输入/输出扩展模块的类型

西门子 S7-200 系列 PLC 的模拟量输入/输出扩展模块一共有 5 种，扩展模块的+5V DC 工作电源由 CPU 单元提供，扩展模块的 24V DC 工作电源由外部电源提供。各扩展模块的型号、I/O 点数及量程范围如表 4-4 所示。

表 4-6　　　　　　　　　　S7-200 PLC 的模拟量全系列总览表

功能	模块类型		通道数	量程范围
AI	EM231 普通模拟量模块		4AI	单极性：0～10V；0～5V；0～20mA 或 4～20mA
			8AI	
	EM231 测温模拟量模块	热电偶 TC	4AI	支持：S、T、R、E、N、K、J；不支持 B 型热电偶
			8AI	
		热电阻 RTD	2AI	铂（Pt）、铜（Cu）、镍（Ni）或电阻（$R<600\Omega$）
			4AI	
AO	EM232		2AO	电压输出：±10V
			4AO	电流输出：0～20mA 或 4～20mA

续表

功能	模块类型	通道数	量程范围
AI/AO	EM235 模拟量输入输出模块	4AI	可测量 mV 信号，通过拨码开关设置选择信号量程
		1AO	电压输出：±10V 电流输出：0～20mA 或 4～20mA
	224 XP 或 224XPsi 本体集成模拟量通道	2AI	±10V
		1AO	电压输出：±10V 电流输出：0～20mA 或 4～20mA

大中型 PLC 可以配置成百上千个模拟量通道，它们的 A/D、D/A 转换器一般是 12 位的。模拟量 I/O 模块的输入、输出可以是电压信号，也可以是电流信号；可以是单极性的，如 0～10V、0～20mA；也可以是双极性的，如±5V、±10V、±20mA，模块一般可以输入多种量程的电压或电流信号。

CPU 单元与扩展模块由导轨固定，CPU 模块放在最左边，扩展模块依次放在最右侧。CPU 单元的扩展端口位于机身中部右侧前盖下，与扩展模块的扁平电缆连接。

二、西门子模拟量输入/输出扩展模块 EM235

1．EM235 的接线图

EM235 是最常用的模拟量扩展模块，它实现了 4 路模拟量输入和 1 路模拟量输出功能。其外形如图 4-21 所示，接线图如图 4-22 所示。

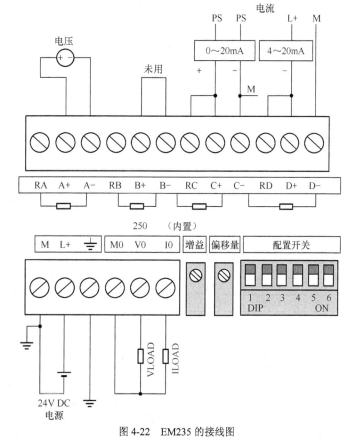

图 4-21　EM235 模拟量模块的外形　　　　图 4-22　EM235 的接线图

图 4-22 中，EM235 的上部有 12 个端子，每 3 个点为一组，共四组，每组可作为 1 路模拟量的输入通道（电压信号或电流信号）。输入信号为电压信号时，用 2 个端子（如 A+、A−）；输入信号为电流信号时，用 3 个端子（如 RC、C+、C−），其中 RC 与 C+端子短接；未用的输入通道应短接（如 B+、B−），以免受到外部干扰。

下部电源右边的 3 个端子是 1 路模拟量输出（电压或电流信号），V0 端接电压负载，I0 端接电流负载，M0 端为公共端。

4 路输入模拟量地址分别是 AIW0、AIW2、AIW4 和 AIW6，1 路输出模拟量地址是 AQW0。下部模拟量输出端的右边分别是增益校准电位器、偏移量校准电位器和配置设定 DIP 开关。

2．EM235 的常用技术参数

EM235 的常用技术参数如表 4-7 所示。

表 4-7 EM235 的常用技术参数

模拟量输入特性		模拟量输出特性	
模拟量输入点数	4	模拟量输出点数	1
输入范围	电压（单极性）：0～10V；0～5V；0～1V；0～500mV；0～100mV；0～50mV 电压（双极性）：±10V，±5V，±2.5V，±1V，±500mV，±250mV，±100mV，±50mV，±25mV 电流 0～20mA	信号范围	电压输出 ±10V 电流输出 0～20mA
数据字格式	双极性 全量程范围：32 000～+32 000 单极性 全量程范围：0～32 000	数据字格式	电压−32 000～+32 000 电流 0～32 000
分辨率	12 位 A/D 转换器	分辨率电流	电压 12 位 电流 11 位

3．EM235 模块的设置

使用 EM235 模块，须将输入端同时设置为一种量程和格式，即相同的输入量程和分辨率。用 DIP 开关设置 EM235 扩展模块，选择模拟量量程和精度的 DIP 开关设置如表 4-8 所示，开关 SW1～SW6 位置为 ON 接通，位置 OFF 为关断。

表 4-8 用来选择模拟量量程和精度的 DIP 开关设置表

单 极 性						满量程输入	分辨率
SW1	SW2	SW3	SW4	SW5	SW6		
ON	OFF	OFF	ON	OFF	ON	0～50mV	12.5μV
OFF	ON	OFF	ON	OFF	ON	0～100mV	25μV
ON	OFF	OFF	OFF	ON	ON	0～500mV	125μV
OFF	ON	OFF	OFF	ON	ON	0～1V	250μV
ON	OFF	OFF	OFF	OFF	ON	0～5V	1.25mV
ON	OFF	OFF	OFF	OFF	ON	0～20mA	5μA
OFF	ON	OFF	OFF	OFF	ON	0～10V	2.5mV
双 极 性						满量程输入	分辨率
SW1	SW2	SW3	SW4	SW5	SW6		
ON	OFF	OFF	ON	OFF	OFF	±25mV	12.5μV
OFF	ON	OFF	ON	OFF	OFF	±50mV	25μV
OFF	OFF	ON	ON	OFF	OFF	±100mV	50μV
ON	OFF	OFF	OFF	ON	OFF	±250mV	125μV
OFF	ON	OFF	OFF	ON	OFF	±500mV	250μV

续表

单 极 性						满量程输入	分辨率
SW1	SW2	SW3	SW4	SW5	SW6		
OFF	OFF	ON	OFF	ON	OFF	$\pm 1V$	500μV
ON	OFF	OFF	OFF	OFF	OFF	$\pm 2.5V$	1.25mV
OFF	ON	OFF	OFF	OFF	OFF	$\pm 5V$	2.5mV
OFF	OFF	ON	OFF	OFF	OFF	$\pm 10V$	5mV

由表 4-8 可知，DIP 开关 SW6 决定模拟量输入的单双极性，当 SW6 为 ON 时，模拟量输入为单极性输入，SW6 为 OFF 时，模拟量输入为双极性输入。

SW4 和 SW5 决定输入模拟量的增益选择，而 SW1、SW2、SW3 共同决定了模拟量的衰减选择。

6 个 DIP 开关决定了所有的输入设置。也就是说开关的设置应用于整个模块，开关设置也只有在重新上电后才能生效。

4. 模拟量扩展模块的寻址

每个模拟量扩展模块，按扩展模块的先后顺序进行排序，其中，模拟量根据输入、输出不同分别排序。模拟量的数据格式为一个字长，所以地址必须从偶数字节开始。例如：AIW0，AIW2，AIW4…；AQW0，AQW2…。每个模拟量扩展模块至少占两个通道，即使第一个模块只有一个输出 AQW0，第二个模块模拟量输出地址也应从 AQW4 开始寻址，以此类推。

图 4-23 演示了 CPU224 后面依次排列一个 4 输入/4 输出数字量模块，一个 8 输入数字量模块，一个 4 模拟输入/1 模拟输出模块，一个 8 输出数字量模块，一个 4 模拟输入/1 模拟输出模块的寻址情况，其中，灰色通道不能使用。

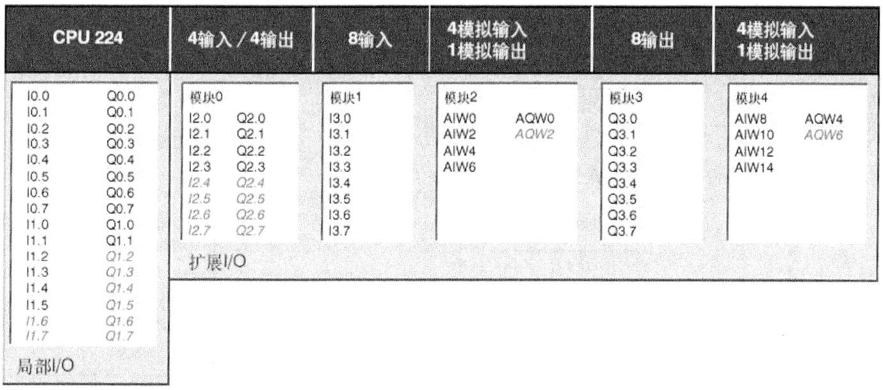

图 4-23　模拟量扩展模块的寻址

5. 模拟量值和数字量值的转换

假设模拟量的标准电信号是 $A_0 \sim A_m$（如：4～20mA），A/D 转换后数值为 $D_0 \sim D_m$（如：6 400～32 000），设模拟量的标准电信号是 A，A/D 转换后的相应数值为 D，由于是线性关系，函数关系 $A = f(D)$ 可以表示为数学方程，即

$$A = (D - D_0) \times (A_m - A_0) / (D_m - D_0) + A_0 \tag{4-7}$$

根据公式 4-7，可以方便地根据 D 值计算出 A 值。将该方程式逆变换，得出函数关系 $D = f(A)$ 可以表示为数学方程：

$$D=(A-A_0)\times(D_m-D_0)/(A_m-A_0)+D_0 \tag{4-8}$$

【**例 4-1**】 一个传感器的输出为 4～20mA 电流信号，经 EM235 的 A/D 转换后，得到的数值是 6 400～32 000，即 $A_0=4$，$A_m=20$，$D_0=6\,400$，$D_m=32\,000$，代入公式（4-7），得出：

$$A=(D-6\,400)\times(20-4)/(32\,000-6\,400)+4$$

假设该模拟量与 AIW0 对应，则当 AIW0 的值为 12 800 时，相应的模拟电信号是 6400×16/25 600+4 = 8mA。

【**例 4-2**】 PLC 是 CPU222，仅带一个模拟量扩展模块 EM235，该模块的第一个通道连接一块带 4～20mA 变送输出的温度显示仪表，该仪表的量程设置为 0～100℃，即 $A_0=0$，$A_m=100$，$D_0=6\,400$，$D_m=32\,000$，温度显示仪表的铂电阻输入端接入一个 220Ω 可调电位器。以 T 表示温度值，AIW_0 为 PLC 模拟量采样值，则根据公式（4-7）直接代入得出：

$$T=(AIW_0-6\,400)\times(100-0)/(32\,000-6\,400)+0=(AIW_0-6\,400)/256$$

如果需要把该温度值在 PLC 中显示出来，可以编写如图 4-24 的程序将温度 T 通过 VW30 显示出来。

编译并运行图 4-24 程序，观察程序状态，VW30 即为显示的温度值，对照仪表观察显示值是否一致。

【**例 4-3**】 使用 EM235 模拟量模块将给定的数字量 9 600、12 800、19 200、22 400、25 600 转换为对应的模拟电压值，用数字电压表测量 EM235 输出的电压值，如何编写转换程序？

EM235 模块可以将 0～32 000 的数字量转换成 0～10V 的电压输出信号，数字量输入和模拟量输出之间的关系如图 4-25 所示。从图 4-25 可知，数字量与模拟量输出电压之间具有正比关系，由此得出数字量 9 600、12 800、19 200、22 400、25 600 对应的模拟电压信号如表 4-9 所示。

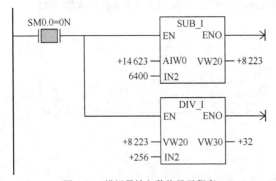

图 4-24 模拟量输入数值显示程序

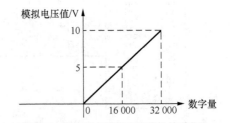

图 4-25 数字量与模拟电压值的关系曲线

表 4-9 数字量与模拟电压值之间的对应关系

数字量	9 600	12 800	19 200	22 400	25 600
模拟电压（V）	3	4	6	7	8

由以上分析编写如图 4-26 所示的程序。网络 1～网络 5 中的 I0.1～I0.5 按钮将数字量 9 600、12 800、19 200、22 400、25 600 通过 MOV_W 传送指令送入 VW0 中，网络 6 将 VW0 中存入的数字量转换成模拟电压值送入 AQW0 中，然后通过 EM235 的电压输出端 V0、M0 输出电压信号。

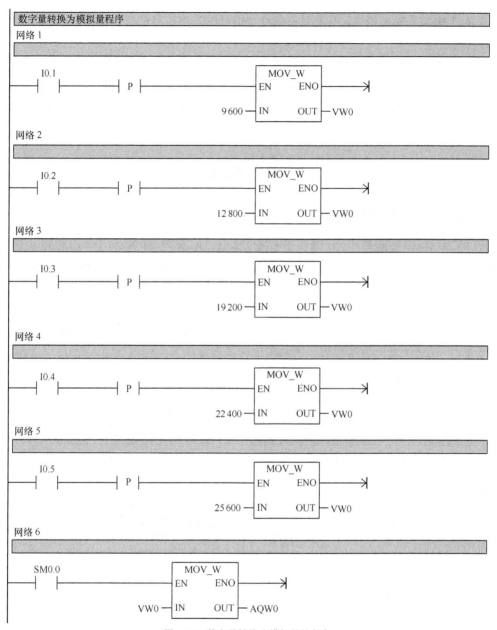

图 4-26 数字量转换为模拟量的程序

使用模拟量模块时，要注意以下问题。

① 模拟量模块有专用的扁平电缆与 CPU 通信，并通过此电缆向模拟量模块提供 5V DC 电源。此外，模拟量模块必须外接 24V DC 电源。

② 每个模块能同时输入/输出电流或电压信号。双极性就是信号在变化过程中要经过"零"，单极性不过"零"。由于模拟量转换为数字量是有符号整数，所以双极性信号对应的数值会有负数。在 S7-200 PLC 中，单极性模拟量输入/输出信号的数值范围是 0～32 000；双极性模拟量输入/输出信号的数值范围是−32 000～32 000。

③ 一般电压信号比电流信号容易受干扰，应优先选用电流信号。电流信号可以传输比电压信号远得多的距离。

④ 对于模拟量输出模块，电压型和电流型信号的输出信号的接线不同，各自的信号接到各自的负载上。

⑤ 模拟量输出模块总是要占据两个通道的输出地址。即便有些模块（EM235）只有一个实际输出通道，它也要占用两个通道的地址。在编程计算机和 CPU 实际联机时，使用 Micro/WIN 的菜单命令"PLC→信息（Information）"，可以查看 CPU 和扩展模块的实际 I/O 地址分配。

任 务 实 施

【训练工具、材料和设备】

西门子 MM440 变频器 1 台、西门子 CPU226AC/DC/RLY 的 PLC1 台、EM235 扩展模块、三相异步电动机 1 台、安装有 STEP7-Micro/WIN 软件的电脑 1 台、PC/PPI 编程电缆 1 根、接触器 1 个、按钮若干、《西门子 MM440 通用变频器使用手册》、通用电工工具 1 套。

1．硬件电路

验布机通过 PLC 将 0～32 000 的数字量信号送到 EM235 扩展模块中，该模块把数字量信号转换成 0～10V 的模拟电压信号，该电压信号送到变频器的模拟量输入端 3、4，调节变频器的输出在 0～50Hz 之间变化，从而控制电动机的速度，其控制原理如图 4-27 所示。

图 4-27　验布机的控制原理图

验布机需要通过 EM235 模拟量模块实现 5 个速度控制，因此该控制系统需配置西门子 CPU226 继电器输出型 PLC，EM235 模拟量扩展模块，变频器采用西门子 MM440 变频器，验布机控制的 I/O 分配如表 4-10 所示。

表 4-10　　　　　　　验布机控制的 I/O 分配

输　入			输　出		
输入继电器	输入元件	作　用	输出继电器	输出元件	作　用
I0.1～I0.5	SA	速度选择开关	Q0.0	5	变频器启动
I0.6	SB1	启动	Q0.4	HL1	变频器运行指示
I0.7	SB2	停止	Q0.5	HL2	变频器报警指示
I1.0	SB3	加速按钮			
I1.1	SB4	减速按钮			
I1.2	19、20	故障信号			

根据 I/O 分配表，画出验布机控制电路如图 4-28 所示。图 4-28 中，选择开关 SA 可以选择 5 段速运行。将变频器的故障端子 19、20 接到 PLC 的 I1.2 输入端子上，一旦变频器发生故障，19、20 端子闭合，将变频器的电源切除，把按钮 SB 接到变频器的 7 端子上，用来给变频器复位。EM235 模拟量扩展模块通过扁平电缆与 S7-200 PLC 连接起来，将 EM235 的模拟电压输出端 V0、M0 分别接到变频器的 3、4 端子上，从而调节验布机的速度。Q0.0 接变频器的 5 端子，控制变频器启停，用指示灯 HL1 和 HL2 指示验布机的运行和故障情况。

 注　意

接线时一定要把变频器的 2 端子和 4 端子短接，否则不能进行速度给定。

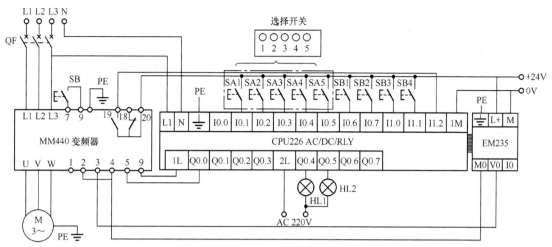

图 4-28 验布机的电路图

2．参数设置

由于验布机通过 EM235 输出的模拟电压 0～10V 控制验布机在 0～50Hz 之间调速，需要设置与模拟电压给定相关的参数，具体设置如表 4-11 所示。

表 4-11 验布机的参数设置

参数号	参数名称	出厂值	设定值	说明
P0003=1，设用户访问级为标准级				
P0004=7，命令和数字 I/O				
P0700[0]	选择命令给定源（启动/停止）	2	2	命令源选择由端子排输入
P0003=2，设用户访问级为扩展级				
P0004=7，命令和数字 I/O				
P0701[0]	设置端子 5	1	1	ON 接通正转，OFF 停止
P0703[0]	设置端子 7	9	9	故障确认
P0731[0]	选择数字输出 1 的功能	52.3	52.3	将数字输出 1 设置为变频器故障
P0003=3，设用户访问级为专家级				
P0004=7，命令和数字 I/O				
P0748	数字输出反相	0	1	P0748=1 时，变频器上电，数字输出 1 的继电器不得电，一旦变频器故障时，数字输出 1 的继电器得电，其常开触点 19、20 闭合，切断变频器的电源
P0003=1，用户访问级为标准级				
P0004=10，设定值通道和斜坡函数发生器				
P1000[0]	设置频率给定源	2	2	选择 AIN1 给定频率
*P1080[0]	下限频率	0	0	电动机的最小运行频率（0Hz）
*P1082[0]	上限频率	50	50	电动机的最大运行频率（50Hz）
*P1120[0]	加速时间	10	5	斜坡上升时间（5s）
*P1121[0]	减速时间	10	5	斜坡下降时间（5s）
P0003=2，用户访问级为标准级				
P0004=8，模拟 I/O				
P0756[0]	设置 ADC1 的类型	0	0	AIN1 通道选择 0～10V 电压输入，同时将 I/O 板上的 DIP1 开关置于 OFF 位置
P0757[0]	标定 ADC1 的 x_1 值	0	0	设定 AIN1 通道给定电压的最小值 0V
P0758[0]	标定 ADC1 的 y_1 值	0.0	0.0	设定 AIN1 通道给定频率的最小值 0Hz 对应的百分比 0%

续表

参数号	参数名称	出厂值	设定值	说　明
P0759[0]	标定 ADC1 的 x_2 值	10	10	设定 AIN1 通道给定电压的最大值 10V
P0760[0]	标定 ADC1 的 y_2 值	100.0	100.0	设定 AIN1 通道给定频率的最大值 50Hz 对应的百分比 100%
P0761[0]	死区宽度	0	0	标定 ADC 死区宽度
P0003=2，用户访问级为标准级 P0004=20，通信				
P2000[0]	基准频率	50.00	50.00	基准频率设为 50Hz

3．程序设计

验布机是通过 EM235 输出的 0～10V 模拟量电压信号控制变频器在 0～50Hz 之间调速，其中验布机的 5 种速度与模拟量电压及数字量之间的对应关系如表 4-12 所示。

表 4-12　　　　　　　验布机的模拟量信号与数字量信号之间的对应关系

速度（Hz）	15	20	30	35	40
模拟电压（V）	3	4	6	7	8
数字量	9 600	12 800	19 200	22 400	25 600

由表 4-12 可知，如果需要选择 15Hz 速度运行，只需要将数字量 9600 转换成模拟电压信号 3V，将其接到变频器的 3、4 端子上，变频器就会按照 15Hz 的频率运行。验布机的控制程序如图 4-29 所示。

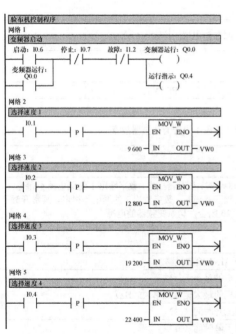
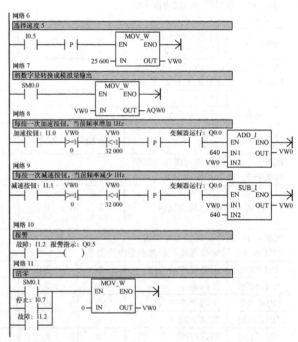

图 4-29　验布机控制程序

网络 1 是变频器的启停控制程序；网络 2～网络 6 通过速度选择开关 I0.1～I0.5 将 5 个速度对应的数字量送到 VW0 中。网络 7 是将 VW0 中的数字量转换成模拟量 AQW0 输出；网络 8 和网络 9 是加减速频率程序，由于 1Hz 对应的数字量是 32 000/50=640，因此通过加法指令 ADD_I 或减法指令 SUB_I 将 VW0 中的数字量每按一次按钮都增加 640 或减少 640，即增加或减少 1Hz。由于数字量 VW0 的值在 0～32 000 之间变化，因此用触点比较指令将加法指令和减法指令的执行条件限定在 0≤VW0≤32 000 之间才能执行。

4．运行操作

（1）合上 QF，给 PLC 上电，把图 4-29 所示的程序下载到 PLC 中。

（2）单击 STEP7 编程软件工具栏中的运行图标，使 PLC 处于"RUN"状态，PLC 上的 RUN 指示灯点亮。

（3）变频器运行。将表 4-11 中的参数输入到变频器中。根据图 4-28 中的网络 2～网络 6，将速度选择开关 SA 置于某个速度，比如闭合 I0.1，数字量 9 600（对应 15Hz）通过 MOV_W 指令送入 VW0 中。按下网络 1 中的启动按钮 I0.6，Q0.0 和 Q0.4 为"1"，变频器开始运行，同时变频器运行指示灯 HL1 点亮。在网络 7 中，将 VW0 中的数字量转换成模拟量 3 送入 AQW0 中，通过 EM235 扩展模块的电压输出端 V0、M0，将电压信号 3V 送到变频器的模拟量输入端子 3、4，从而控制变频器按照 15Hz 的速度运行。其他 4 段速度的运行过程与此类似。

（4）变频器停止。网络 1 中，按下停止按钮 I0.7，Q0.0 和 Q0.4 变为"0"，变频器停止运行，同时在网络 11 中，对 VW0 清零，便于变频器下一次的运行。

（5）变频器调速。在网络 8 或 9 中，按下加速按钮 I1.0 或减速按钮 I1.1，执行加法指令或减法指令，每按一次按钮，VW0 中的数字量值就会增加 640（即 1Hz）或减少 640，从而控制变频器按 1Hz 加速或减速。

知 识 拓 展

一、变频器主电路的接线

1．基本接线

变频器主电路的基本接线如图 4-30 所示。变频器的电源端一般采用接触器控制变频器的电源接通与否。熔断器起短路保护作用。进线电抗器又称电源协调电抗器，它能够限制电网电压突变和操作过电压引起的电流冲击，有效地保护变频器和改善其功率因数。变频器输入滤波器是一种滤波设备，主要用于抑制变频器在整流过程中产生的高次谐波，防止变频器被干扰，有效缓解变频器的输入端三相电源不平衡带来的危害。

（1）L1、L2、L3 是变频器的输入端，它必须通过线路保护用熔断器或断路器连接到三相交流电源。U、V、W 是变频器的输出端，与电动机相接。其端子接线图如图 4-31 所示。

 注 意

变频器的输入端和输出端是绝对不允许接错的。万一将电源线错误地接到了 U、V、W 端，则不管哪个逆变管接通，都将引起两相间的短路而将逆变管迅速烧坏。

（2）图 4-31 的主电路上，还必须接制动电阻。75kW 以内的变频器无需接制动单元，直接在 B+/DC+与 B−端子之间连接制动电阻；75kW 以上需接制动单元，再接制动电阻，其中制动单元接在 B+/DC+与 DC−，制动电阻接在制动单元的端子上。

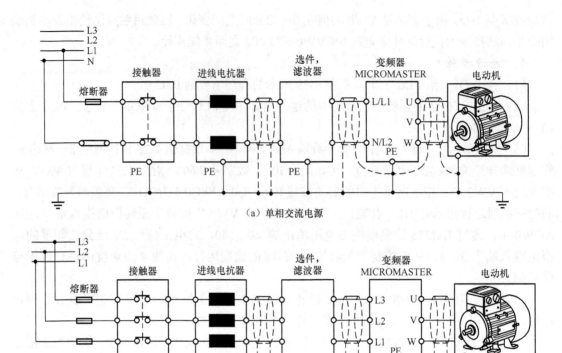

(a)单相交流电源

(b)三相交流电源

图 4-30　变频器主电路接线图

（3）变频器会产生漏电流，其整机的漏电流大于 3.5mA，为保证安全，变频器和电动机必须接地，接地电阻应小于 10Ω。

当变频器和其他设备，或有多台变频器一起接地时，每台设备都必须分别和地线相接，如图 4-32（a）所示，不允许将一台设备的接地端和另一台的接地端相接后再接地，如图 4-32（b）所示。

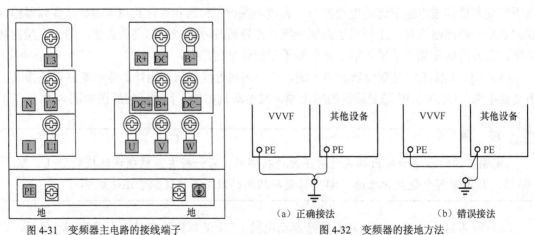

（a）正确接法　　　　　（b）错误接法

图 4-31　变频器主电路的接线端子　　　　　图 4-32　变频器的接地方法

（4）变频器的控制电缆、电源电缆和与电动机的连接电缆的走线必须相互隔离，不要把它们放在同一个电缆线槽中或电缆架上。

警 告

（1）即使变频器不处于运行状态，其电源输入线、直流回路端子和电动机端子上仍然可能带有危险电压。因此，断开开关以后还必须等待 5min，保证变频器放电完毕，再开始安装工作。

（2）变频器必须可靠接地。如果不把变频器可靠地接地，装置内可能出现导致人身伤害的潜在危险。

（3）连接同步电动机或并联连接几台电动机时，变频器必须在 U/f 控制特性下（P1300 = 0、2 或 3）运行。

2．电源控制开关及导线线径选择

电源控制开关及导线线径的选择与同容量的普通电动机选择方法相同，按变频器的容量选择即可。因输入侧功率因数较低，应本着宜大不宜小的原则选择线径。导线只能使用 1 级 60/75℃的铜线。

3．变频器输出线径选择

变频器工作时频率下降，输出电压也下降。在输出电流相等的条件下，若输出导线较长（$l > 20$m），低压输出时线路的电压降 ΔU 在输出电压中所占比例将上升，加到电动机上的电压将减小，因此低速时可能引起电动机发热。所以决定输出导线线径时主要是 ΔU 影响，一般要求为

$$\Delta U \leqslant (2\sim3)\% U_X \tag{4-9}$$

ΔU 的计算为

$$\Delta U = \frac{\sqrt{3} I_{MN} R_0 l}{1\,000} \tag{4-10}$$

上两式中，U_X——电动机的最高工作电压，单位为 V；

I_{MN}——电动机的额定电流，单位为 A；

R_0——单位长度导线电阻，单位为 Ω/m；

l——导线长度，单位为 m。

常用导线（铜）单位长度电阻可以查找相关数据表格。

【例 4-4】 已知电动机参数为 $P_N = 30$kW，$U_N = 380$V，$I_N = 57.6$A，$f_N = 50$Hz，$n_N = 1\,460$r/min。变频器与电动机之间距离 30m，最高工作频率为 40Hz。要求变频器在工作频段范围内线路电压降不超过 2%，请选择导线线径。

解： 已知 $U_N = 380$V，则 $U_X = U_N \dfrac{f_{max}}{f_N} = 380 \times (40/50) = 304$(V)

$$\Delta U \leqslant 304 \times 2\% = 6.08(V)$$

又

$$\Delta U = \frac{\sqrt{3} \times 57.6 \times R_0 \times 30}{1\,000} \leqslant 6.08 \text{（V）}$$

解得 $R_0 \leqslant 2.03\Omega$。查相关电阻率表格知，应选截面积为 10.0mm^2 的导线。

若变频器与电动机之间的导线不是很长时，其线径可根据电动机的容量来选取。

二、变频器控制电路的接线

1. 控制电路导线线径选择

小信号控制电路通过的电流很小，一般不进行线径计算。考虑到导线的强度和连接要求，一般选用 0.75mm^2 及以下的屏蔽线或绞合在一起的聚乙烯线。

接触器、按钮开关等控制电路导线线径可取 1mm^2 的独股或多股聚乙烯铜导线。

2. 控制电路输入端的连接

（1）触点或集电极开路输入端（与变频器内部线路隔离）接线。如启动、点动、多段转速控制等的控制线，都是开关量控制线。一般说来，开关量的抗干扰能力较强，故在距离不很远时，允许不使用屏蔽线，但同一信号的 2 根线必须互相绞在一起。每个功能端子同公共端 9 或 28 相连，如图 4-33 所示。由于其流过的电流为低电流（DC 4～6mA），低电流的开关或继电器（双触点等）的使用可防止触点故障。

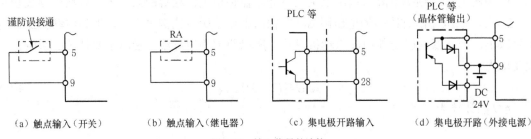

（a）触点输入（开关） （b）触点输入（继电器） （c）集电极开路输入 （d）集电极开路（外接电源）

图 4-33　输入信号的连接

（2）模拟信号输入端（与变频器内部线路隔离）接线。模拟量信号的抗干扰能力较低，因此必须使用屏蔽线。屏蔽层靠近变频器的一端，应接控制电路的公共端，但不要接到变频器的地端（PE）或大地。屏蔽层的另一端应该悬空。布线时，尽量远离主电路 100mm 以上，尽量不和主电路交叉。必须交叉时，应采取垂直交叉的方式。该端电缆必须要充分和 200V（400V）功率电路电缆分离，不要把它们捆扎在一起，如图 4-34 所示。连接屏蔽电缆，以防止从外部来的噪声。

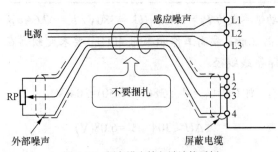

图 4-34　频率设定输入端连接示例

（3）正确连接频率设定电位器。频率设定电位器必须要根据其端子号，进行正确连接，如图 4-35 所示，否则变频器将不能正确工作。电阻值也是很重要的选择项目。

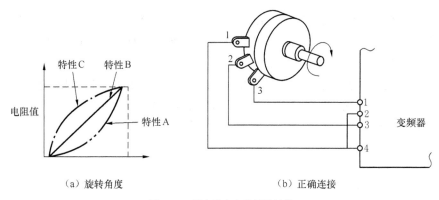

图 4-35　频率设定电位器的连接

3．控制电路输出端的连接

（1）继电器输出端的接线如图 4-36 所示。

（2）模拟信号输出（DC0～20mA）端的接法如图 4-37 所示。

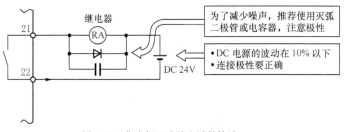

图 4-36　集电极开路输出端的接法

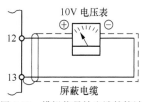

图 4-37　模拟信号输出端的接法

思考与练习

1．在触摸屏上输入 0～50Hz 的数值，通过 EM235 扩展模拟量模块输出对应的 0～10V 电压去控制变频器的输出频率，当按下增速按钮 SB1 时，变频器的速度每按一次增加 1Hz，当按下减速按钮 SB2 时，变频器的速度每按一次减少 1Hz。试画出控制系统的硬件电路图，设置变频器的参数，编写控制程序。

2．采用 EM235 扩展模拟量模块实现任务 4.2 的控制要求。

|任务 4.5　多泵恒压供水控制系统|

任　务　导　入

随着高层建筑、暖通、消防给水系统的不断发展，传统的供水系统已经越来越无法满足用户供水需求，变频恒压供水系统是目前采用较广泛的一种供水系统。变频恒压供水系统的节能、安全、高质量的特性使得越来越广泛应用于工厂、住宅、高层建筑的生活及消防供水系统。恒压供水是指用户端在任何时候，无论用水量的大小如何变化，总能保持管网中水压的基本恒定。变频恒压供水系统利用 PLC、变频器、传感器及水泵机组组成闭环控制系统，使管网压力保持恒定，代替了传统的水塔供水控制方案，具有自动化程度高，高效节能的优点，在小区供水和工厂供水控制中得到广泛应用，并取得了明显的经济效益。

某供水系统由 3 台水泵组成，如图 4-38 所示，接触器 KM1 控制变频器接入三相电源，接触器 KM2、KM4、KM6 控制 3 台水泵变频运行，KM3 和 KM5 控制水泵 M1 和 M2 工频运行，其控制要求如下。

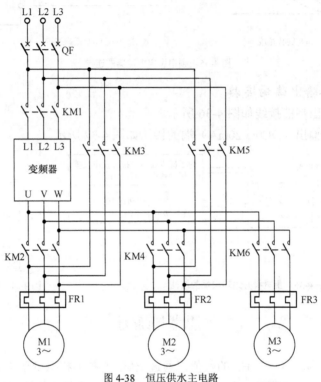

图 4-38 恒压供水主电路

（1）当用水量较小时，KM1 得电闭合，启动变频器；KM2 得电闭合，水泵电动机 M1 投入变频运行。

（2）随着用水量的增加，管道中的压力逐渐变小，当变频器的运行频率达到上限值时，KM2 失电断开，KM3 得电闭合，水泵电动机 M1 投入工频运行；KM4 得电闭合，水泵电动机 M2 投入变频运行。

（3）在电动机 M2 变频运行 5s 后，当变频器的运行频率达到上限值时，KM4 失电断开，KM5 得电闭合，水泵电动机 M2 投入工频运行；KM6 得电闭合，水泵电动机 M3 投入变频运行。电动机 M1 继续工频运行。

（4）随着用水量的减少，管道中的压力逐渐增大，在电动机 M3 变频运行时，如果变频器的运行频率达到下值时，KM6 失电断开，电动机 M3 停止变频运行；延时 5s 后，KM5 失电断开，KM4 得电闭合，水泵电动机 M2 投入变频运行，电动机 M1 继续工频运行。

（5）在电动机 M2 变频运行时，如果用水量继续减少，变频器的运行频率就会降低，当其运行频率达到下限值时，KM4 失电断开，电动机 M2 停止运行；延时 5s 后，KM3 失电断开，KM2 得电闭合，水泵电动机 M1 投入变频运行。

（6）压力传感器将管网的压力变为 4～20mA 的电流信号，经 EM235 扩展模拟量模块输入 PLC，PLC 根据设定值（75%）与反馈值进行 PID 运算，PID 回路输出值经 EM235 模拟量模块送至变频器的 3、4 端子进行频率调节，从而调节水泵电动机的速度。

相 关 知 识

一、恒压变频供水系统的构成

目前，恒压变频供水控制系统在生活给水、工业给水等各类给排水系统中的应用越来越广，主要表现在以下几个方面。

变频调速供水的供水压力可调，可以实现全流量供水。供水系统最终用户端的用水流量变化是非常大的，特别是居民小区的供水系统。采用变频器恒压供水系统可以根据用水流量的变化灵活控制水泵的运行情况，当用户的用水量集中出现时，可以多台大容量水泵共母管同时供水；而当夜间用水量非常少时，所有大容量水泵停止工作（在供水系统中称为"休眠"），利用管内余压或开启一台小水泵（称为"休眠泵"）维持水压，真正实现全流量供水。

目前，变频器技术已很成熟，为了适应风机和水泵等负载的调速要求，在市场上有很多国内外品牌的变频器都集成了工频切换和多泵切换功能，这为变频调速供水提供了充分的技术和物质基础。因为恒压变频供水的应用广泛，有些变频器生产厂家把变频供水控制器直接集成到供水专用的变频器中，如西门子公司的 MM430 系列变频器、三菱公司的 F700 系列变频器、ABB 公司的 ACS510 系列变频器都是风机、水泵专用的变频器，这些变频器本身具有PID 调节功能、工频运行切换功能和多泵切换功能。

变频调速恒压供水具有优良的节能效果。根据流体力学原理，水泵的转矩与转速的 2 次方成正比，轴功率与转速 3 次方成正比。当所需流量减小、水泵转速下降时，其功率按转速的 3 次方下降。因此精确调速的节电效果非常可观。

恒压变频供水可以彻底消除供水管网的水锤效应，大大延长了水泵和管道的使用寿命。

恒压供水系统的框图如图 4-39 所示。SP 是压力变送器，它在测量管道内压力 P 的同时，还将测得的压力信号转换成电压信号或电流信号（在本例中转换成的是电流信号），该信号在控制系统中作为反馈信号输入到西门子变频器的模拟输入端 10、11，所以反馈信号也就是实测的压力信号。图中的 RP 是用来实现调速功能的频率给定（即目标信号）的。此系统中还包括带有内置 PID 功能的变频器和供水泵。

1．常见的压力变送器

（1）压力传感器。恒压供水中常采用的是电容式压力变送器，它将压力信号转换成0～10V 的电压信号或 4～20mA 两线制或三线制输出的电流信号反馈给变频器。距离较远时，应取电流信号，三线制压力变送器的接线图如图 4-40（a）所示，红黑之间接 24V电源。

（2）远传压力表。其基本结构是在压力表的指针轴上附加了一个能够带动电位器的滑动触点的装置，如图 4-40（b）所示。从电路器件的角度看，实际上是一个电阻值随压力而变的电位器。使用时，远传压力表的价格较低廉，但其使用寿命较短。

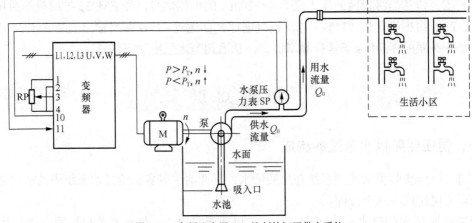

图 4-39　变频器内置 PID 控制的恒压供水系统

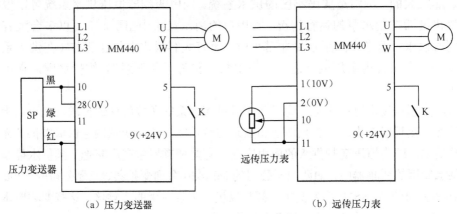

（a）压力变送器　　　　　　　　（b）远传压力表

图 4-40　常见压力变送器接线图

2．系统运行中的 3 个状态

（1）稳态运行。水泵装置的供水能力与用户用水需求处于平衡状态，供水压力 P 稳定而无变化，反馈信号与目标信号近乎相等，PID 的调节量为 0。此时变频器控制的电动机处在 f_x 下匀速运行。

（2）用水流量增大。当用户的用水流量增大，超过了供水能力时，供水压力 P 有所下降，反馈信号减小，偏差信号（目标值−反馈值）增大，PID 产生正的调节量，变频器的输出频率和电动机的转速上升，使供水能力增大，压力恢复。

（3）用水流量减小。当用户的用水流量减小时，供水能力小于用水需求，则供水压力 P 上升，反馈信号增大，偏差信号则减小，PID 产生负的调节量，结果是变频器的输出频率和电动机的转速下降，使供水能力下降，压力又开始恢复。当压力大小重新恢复到目标值时，供水能力与用水需求又达到新的平衡，系统又恢复到稳态运行。

二、多泵恒压变频供水控制的实现方法

多泵恒压供水系统中，控制方案有两种：一种是一控一方案，即每台水泵都由一台变频器来控制。此方案的一次性投入费用较高，但节能效果十分显著，控制较简单；另一种是一控多方案，即采用一台变频器控制所有水泵，由于水泵在工频运行时，变频器不可能对电动机进行过载保护，所以每台电动机必须接入热继电器 FR，用于工频运行时的过载保护。此方

案成本低，控制程序较复杂，节能效果虽然没有前一种好，但由于变频器的价格偏高，故许多用户常采用一控多方案。

图 4-41 所示为一控多恒压供水控制原理图。该系统为一台变频器依次控制每台水泵实现软启动及转速的调节，它由 3 台泵（电动机泵组）、压力传感器、PLC 控制器、变频调速器等组成，其中 1 号和 2 号泵是主泵，3 号泵是附属小泵。压力传感器将随时检测管道中实际压力的变化，并将该压力值转变成电信号送到 PLC 或 PID 调节器的输入端，控制器与设定压力比较判断后，控制变频器自动调节变频泵的转速和多台水泵的投入和退出，使管网保持在恒定的设定压力值，满足用户的要求，使整个系统始终保持在高效节能的最佳状态。若用水量很小时，经控制器分析确认后自动停止主泵运行，启动夜间值班 3 号附属小泵，以维持管网压力和少量用水，当用水量达到值班 3 号小泵不能维持设定的压力时，主泵自动启动，3 号小泵停止运行，从而提高了系统运行的安全性，并获得明显的节电效果。

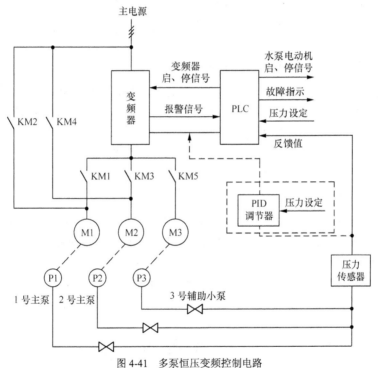

图 4-41　多泵恒压变频控制电路

如图 4-41 所示，接触器 KM1、KM3、KM5 分别控制 1 号泵、2 号泵、3 号泵变频工作，接触器 KM2、KM4 控制 1 号泵、2 号泵工频工作。由于 3 号泵为附属小泵，所以它只有变频工作状态。

加泵过程。当系统上电工作时，先接通 KM1，启动 1 号泵变频工作。当用水量增加，1 号泵的变频器输出频率达到 50Hz 时，延时一定的时间（可根据实际情况任意设定），如果实测压力仍然达不到设定值，将 KM1 断开，接通 KM2，把 1 号泵由变频状态转换为工频工作状态，延时 3s，接通 KM3，启动 2 号泵进行变频工作。

减泵过程。当用水量减少，2 号泵的变频器输出频率已经达到下限设定频率，而管网压力仍超过设定值时，延时一定的时间，压力值仍超过设定值时，将 KM2 断开，将 1 号泵退出工频运行，由 2 号泵进行变频调节，保持系统的压力稳定。

当系统只有一台变频主泵工作，且当变频器的工作频率低于所设定的频率下限 5min 后，认为系统不缺水或用水量很小，关闭变频主泵，接通 3 号小泵变频接触器 KM5，启动 3 号小泵变频工作。当 3 号小泵工作频率达到 50 Hz 后经过一定的延时（可任意设定），压力还达不到设定值，则关闭 3 号小泵，重新启动主泵。

在加泵投入时，变频泵的转速自动下降，然后慢慢上升以满足恒压供水的要求。在减泵退出时，变频泵的转速应自动上升，然后慢慢下降以满足恒压供水的要求。

多泵恒压供水循环软启动方式减少了泵切换时对管网压力的扰动和对泵的机械磨损，各泵的使用寿命均匀，但使用交流接触器数量较多，且对交流接触器质量要求较高，同时为避免泵切换时可能出现的电流冲击，造成接触器触点粘连，损坏变频器，交流接触器的容量应比工频方式大一个规格。

如果需要实现上述的控制过程，可以用以下 4 种方法。

（1）PLC（配 PID 控制程序）+模拟量输入/输出模块+变频器。该控制方法是将压力设定信号和压力反馈信号均送入 PLC，经 PLC 内部 PID 控制程序的运算，输出给变频器一个转速控制信号。这种方法 PID 运算和水泵的切换都由 PLC 完成，需要给 PLC 配置模拟量输入/输出模块，并且需要编写 PID 控制程序，初期投资大，编程复杂。

（2）PLC+PID 调节器+变频器。该控制方法是将压力设定信号和压力反馈信号送入 PID 回路调节器，由 PID 回路调节器在调节器内部进行运算后，输出给变频器一个转速控制信号，如图 4-41 所示虚线。这种方法 PLC 只需要配置为开关量输入输出的 PLC 即可，目前，我国有一部分恒压供水系统就是采用的这种方法。

（3）PLC+变频器（具有内置 PID 功能）。该控制方法是利用变频器的内置 PID 功能完成水泵的 PID 调节，PLC 只是根据压力信号的变化控制水泵的投放台数。这种方法是目前恒压变频供水中最为常用的方法。

（4）水泵专用变频器。该控制方法是将 PID 调节器及简易 PLC 的功能都集成到变频器内，可以控制多个水泵的接触器，实现了单台变频器的多泵控制恒压供水功能。近年来，国内外不少生产厂家纷纷推出了一系列水泵专用变频器，如西门子的 MM430 系列、三菱公司的 F700 系列、丹麦丹佛斯公司的 VLT7000 系列变频器等。采用这些供水专用的变频器，不需另外配置供水系统的控制器，就可完成 2～6 台水泵组成的供水系统的控制，使用相当方便。

任 务 实 施

【训练工具、材料和设备】

西门子 MM440 变频器 1 台、西门子 CPU226AC/DC/RLY 的 PLC1 台、EM235 扩展模块、三相异步电动机 3 台、安装有 STEP7-Micro/WIN 软件的电脑 1 台、PC/PPI 编程电缆 1 根、接触器若干、按钮若干、《西门子 MM440 通用变频器使用手册》、通用电工工具 1 套。

1. 硬件电路

根据系统的控制要求，采用 PLC（配 PID 控制程序）+模拟量输入/输出模块+变频器的控制方案。该控制系统需配置西门子 CPU226 继电器输出型 PLC，EM235 模拟量扩展模块，变频器采用西门子 MM440 变频器，恒压供水控制的 I/O 分配如表 4-13 所示。

表 4-13　　　　　　　　　　　　　　恒压供水控制的 I/O 分配

输　　入			输　　出		
输入地址	输入元件	作　　用	输出地址	输出元件	作　　用
I0.0	SB1	启动	Q0.1	KM1	变频器运行
I0.1	SB2	停止	Q0.2	KM2	M1 变频运行
I0.2	19、20 端	变频器下限频率	Q0.3	KM3	M1 工频运行
I0.3	21、22 端	变频器上限频率	Q0.4	KM4	M2 变频运行
I0.4	FR1、FR2、FR3	过载保护	Q0.5	KM5	M2 工频运行
AIW0	SP	压力变送器	Q0.6	KM6	M3 变频运行
			AQW0	3、4 端子	压力模拟输出

　　恒压供水控制系统的主电路如图 4-38 所示。控制电路如图 4-42 所示，图中 Q0.1～
Q0.6 分别控制接触器 KM1～KM6，其中接触器 KM1 控制变频器启动，接触器 KM2、
KM4、KM6 分别控制水泵 M1、M2、M3 变频运行，KM3、KM5 分别控制水泵 M2、
M3 工频运行，为了防止出现同一台水泵既接工频电源又接变频电源的情况，设计了电
气互锁，即在 KM2 和 KM3 的线圈回路中以及在 KM4 和 KM5 的线圈回路中分别串联对
方的常闭触点。

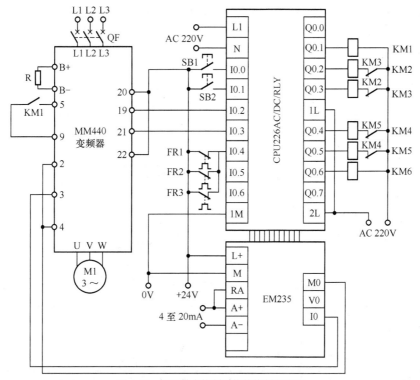

图 4-42　恒压供水控制系统的控制电路图

　　该系统的 PID 调节由 PLC 通过 PID 指令实现，因此，压力变送器输出的 4～20mA 电流
信号接到 EM235 模块的模拟量输入端 A+和 A−上，并且将 RA 和 A+短接，该信号经 A/D 转
换后把压力反馈值转换成数字量存储于 PLC 的 AIW0 中。PID 控制指令根据系统的压力变化，

将运算结果 AQW0 经 D/A 转换后从 EM235 的 I0、M0 端输出 0～20mA 的电流信号，送到变频器的模拟量输入 3、4 端，从而控制变频器的输出频率。

频率检测的上下限信号分别通过变频器的输出继电器 1 的 19、20 端子和输出继电器 2 的 21、22 端子连接到 PLC 的 I0.2、I0.3 上，作为 PLC 加泵和减泵的控制信号。系统减泵的关键是变频器在输出频率为下限时（这里设置 P1080=20Hz），能送出一个信号给 PLC，故只需设置变频器的输出继电器 1 的参数 P0731=53.2（变频器频率低于最小频率 P1080），这样设置后，只要变频器的运行频率小于 P1080 的设定值 20Hz，则输出继电器 1 动作，其常开触点 19、20 闭合，接通 PLC 的输入继电器 I0.2，从而控制接触器动作，实现减泵控制。系统加泵的关键是变频器输出频率为 50Hz 时，能送出一个信号给 PLC，故只需设置变频器的输出继电器 2 的参数 P0732=53.4（实际频率大于比较频率 P2155），门限频率 P2155=49.5Hz，这样设置后，只要变频器的运行频率大于 49.5Hz，则输出继电器 2 动作，其常开触点 21、22 闭合，接通 PLC 的输入继电器 I0.3，从而控制接触器动作，实现加泵控制。

2．参数设置

恒压供水的参数设置如表 4-14 所示。

表 4-14　　　　　　　　　　　恒压供水的参数设置

参数号	参数名称	出厂值	设定值	说　明
P0003=1，设用户访问级为标准级				
P0004=7，命令和数字 I/O				
P0700[0]	选择命令给定源（启动/停止）	2	2	命令源选择由端子排输入
P0003=2，设用户访问级为扩展级				
P0004=7，命令和数字 I/O				
P0701[0]	设置端子 5	1	1	ON 接通正转，OFF 停止
P0731[0]	选择数字输出 1 的功能	52.3	53.2	变频器频率低于最小频率 P1080
P0732[0]	选择数字输出 2 的功能	52.7	53.4	实际频率大于比较频率 P2155
P0003=3，设用户访问级为专家级				
P0004=7，命令和数字 I/O				
P0748	数字输出反相	0	0	数字输出不反相
P0003=1，用户访问级为标准级				
P0004=10，设定值通道和斜坡函数发生器				
P1000[0]	设置频率给定源	2	2	选择 AIN1 给定频率
*P1080[0]	下限频率	0	20	电动机的最小运行频率（0Hz）
*P1082[0]	上限频率	50	50	电动机的最大运行频率（50Hz）
*P1120[0]	加速时间	10	5	斜坡上升时间（5s）
*P1121[0]	减速时间	10	5	斜坡下降时间（5s）
P0003=2，用户访问级为标准级				
P0004=8，模拟 I/O				
P0756[0]	设置 ADC1 的类型	0	2	AIN1 通道选择单极性电流输入，同时将 I/O 板上的 DIP1 开关置于 ON 位置
P0757[0]	标定 ADC1 的 x_1 值	0	0	设定 AIN1 通道给定电压的最小值 0mA
P0758[0]	标定 ADC1 的 y_1 值	0.0	0.0	设定 AIN1 通道给定频率的最小值 0Hz 对应的百分比 0
P0759[0]	标定 ADC1 的 x_2 值	10	20	设定 AIN1 通道给定电流的最大值 20mA
P0760[0]	标定 ADC1 的 y_2 值	100.0	100.0	设定 AIN1 通道给定频率的最大值 50Hz 对应的百分比 100%
P0761[0]	死区宽度	0	0	标定 ADC 死区宽度

续表

参数号	参 数 名 称	出厂值	设定值	说　　　明
P0003=2，用户访问级为标准级				
P0004=20，通信				
P2000[0]	基准频率	50.00	50.00	基准频率设为 50Hz
P0003=3，用户访问级为专家级				
P0004=21，报警、警告和监控				
P2155	门限频率 f_1	30	49.5	变频器运行在 50Hz 时，进行减泵切换，因此将门限频率设定为 49.5Hz 为宜

3．程序设计

　　该控制系统的 PID 调节是通过 PLC 中的 PID 指令实现的，因此在编写程序时采用主程序、子程序、中断程序的结构形式，可优化程序结构，减少周期扫描时间。主程序主要是加泵和减泵的控制过程，该过程是典型的顺序控制流程，因此采用顺序功能图的编程方法，主程序的顺序功能图如图 4-43 所示。

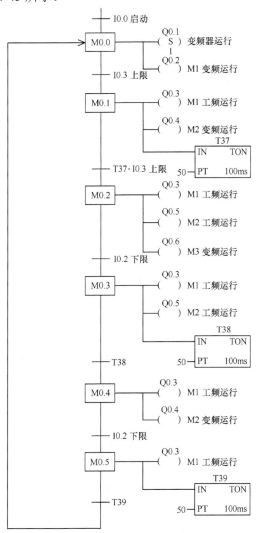

图 4-43　主程序的顺序功能图

　　将图 4-43 的顺序功能图转换成梯形图，得到恒压供水的完整程序如图 4-44 所示。

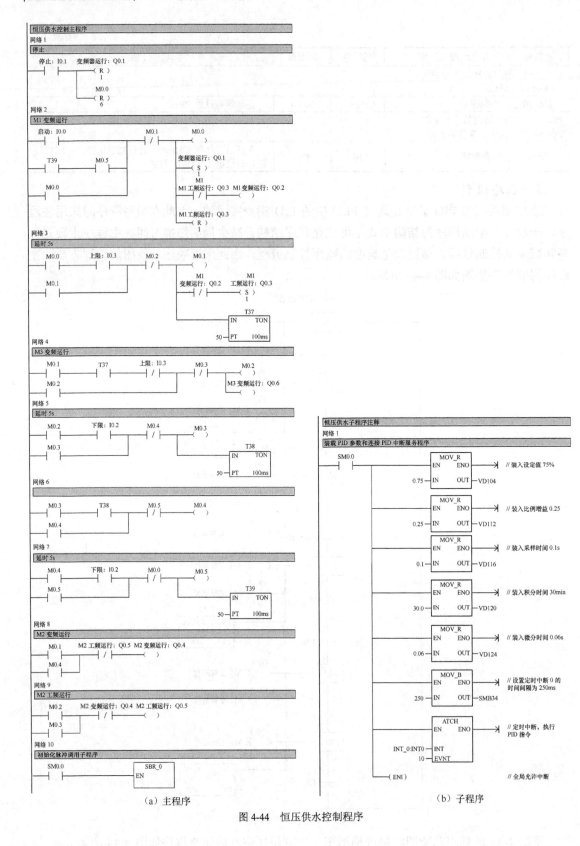

（a）主程序　　　　　　　　　　　　（b）子程序

图 4-44　恒压供水控制程序

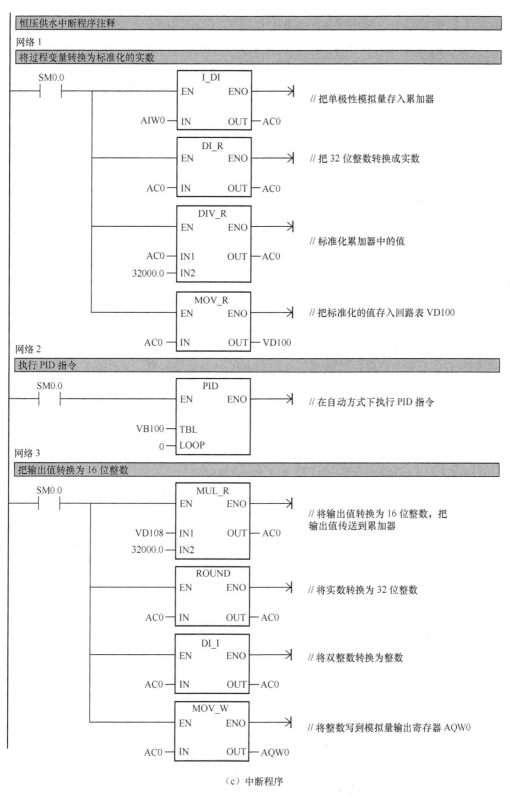

（c）中断程序

图 4-44　恒压供水控制程序（续）

在图 4-44（b）所示的子程序中，先进行编程的初始化工作，将 5 个固定值的参数（设

定值 SP_n、比例增益 K_c、采用时间 T_s、积分时间 T_I、微分时间 T_D）填入回路表，然后再设置定时中断，以便周期地执行 PID 指令。

在图 4-44（c）所示的中断程序中，先将模拟量输入模块提供的过程变量 PV_n 转化成标准化的实数（0.0～1.0 之间的实数）并填入回路表。设置手动/自动执行方式，然后将 PID 运算输出的标准化实数值 M_n 先刻度化，再转换成有符号整数，最后送至模拟量输出模块，以实现对变频器的控制。

4．运行操作

（1）给 PLC 上电，把图 4-44 所示的程序下载到 PLC 中，合上 QF，把表 4-14 中的参数写入变频器中。单击 STEP7 编程软件工具栏中的运行图标，使 PLC 处于"RUN"状态，PLC上的 RUN 指示灯点亮。

（2）加泵过程。按下启动按钮 I0.0，Q0.1 为"1"，接触器 KM1 得电，其常开触点闭合，接通变频器的 5 端子，M1 水泵开始变频运行。在变频器运行过程中，逐渐增加用水量，此时压力传感器检测的压力下降，给定值与反馈值的偏差变大，通过 PID 调节，PID 回路输出值控制变频器增加频率，当变频器的速度增加到 50Hz 时，如果压力继续下降，则将 M1 水泵切换为工频运行，M2 水泵开始变频运行。继续增加用水量，PID 调节器会让变频器继续增加频率，当达到 50Hz 时，M2 水泵切换为工频运行，M3 水泵开始变频运行，此时 3 台水泵，2 台工频运行，1 台变频运行，满足供水控制系统的最大需求量。

（3）减泵过程。在变频器运行过程中，如果减小用水量，则压力传感器测得的反馈值变大，给定值与反馈值的偏差变小，经过 PID 调节，输出一个控制信号使变频器的频率下降，当变频器的频率下降到 20Hz 时，PLC 输出切换信号，将水泵 M3 切除，把水泵 M2 变为变频运行，如果此时继续减小用水量，则变频器的频率继续下降，当变频器的频率下降到 20Hz时，PLC 将水泵 M2 切除，将水泵 M1 变为变频运行。

（4）停止。按下停止按钮 I0.1，首先对 Q0.1 和以 M0.0 开始的 6 个辅助继电器复位，系统停止运行。

知 识 拓 展

一、变频器的抗干扰措施

1．变频器的干扰

由于在变频器的整流电路和逆变电路中使用了半导体开关器件，故在其输入输出电路中除了基波之外，还含有一定的高次谐波成分，而这些高次谐波的存在将给变频器的周边设备带来不同程度的影响。

（1）引起电网电源波形的畸变，影响周围机器设备的正常工作，使它们因接收错误信号而产生误动作，或因影响传感器电路的检测而引起错误判断。

（2）产生电磁干扰波，影响无线电设备的正常接收。

2．变频器的干扰传播方式

干扰信号的传播方式主要有以下几种。

（1）空中辐射方式。频率很高的谐波分量向空中以电磁波的方式向外辐射，从而对其他设备形成干扰。

（2）电磁感应方式。这是电流干扰信号的主要传播方式，由于变频器的输入电流和输出电流中的高频成分会产生高频磁场，该磁场的高频磁力线穿过其他设备的控制线路而产生感应干扰电流。

（3）静电感应方式。这是电压干扰信号的主要传播方式，是变频器输出的高频电压波通过线路的分布电容传播给主电路。

（4）线路传导方式。通过相关线路传播干扰信号，变频器输入电流干扰信号通过电源网络传播，变频器输出侧干扰信号通过漏电流的形式传播。

3．变频器的抗干扰措施

针对上述的干扰信号的不同传播方式，可以采取各种相应的抗干扰措施，主要有以下几种。

（1）变频器侧。

① 对于通过感应方式（包括电磁感应和静电感应）传播的干扰信号，主要通过正确地布线和采用屏蔽线来削弱。

② 对于通过线路传播的干扰信号，主要通过增大线路在干扰频率下的阻抗来削弱，实际上，可以串入一个小电感，它在基频下的阻抗是微不足道的，但对于频率较高的谐波电流，却呈现出很高的阻抗，起到了有效的抑制作用。

③ 对于通过辐射传播的干扰信号，主要通过吸收的方法来削弱。

变频器的输出侧除了和受控电动机相接外，和其他设备之间，极少有线路上的联系。因此，通过线路传播其干扰信号的情形可不予考虑。

在变频器的输出侧和电动机之间串入滤波电抗器，可以削弱输出电流中的谐波成分。这样既可以抗干扰，还减少了电动机的谐波电流引起的附加转矩，改善了电动机的运行特性。

必须注意，在变频器的输出侧，是绝对不允许用电容器来吸收谐波电流的。否则，在逆变管导通瞬间，会出现峰值很大的充电电流或放电电流，使逆变管损坏。

（2）仪器侧

① 电源隔离法。因为从变频器输入侧的谐波电流常常从电源侧进入各种仪器，成为许多仪器的干扰源。针对这种情况，应在受干扰仪器的电源侧采取有效的隔离措施。为了进一步滤去电源电压中的谐波成分，在隔离变压器的两侧，还可以接入各种滤波电路。

② 信号隔离法。在某些传感器传输线较长，并采用电流信号的场合，还可以考虑在信号侧用光耦合器进行隔离。但要注意：所用光耦合器应是传输比为 1 的线性光耦合器；光耦合器两侧的电容器对传输信号应无衰减作用，直流信号时，电容量可大一些；脉冲信号，则应根据脉冲频率的大小适当选择。

二、变频器的测量

变频器主电路测量主要是对整流桥、直流中间电路和逆变桥部分的大功率晶体管（功率模块）的一个测试，工具主要是万用表。

（1）拆下与变频器外部连接的电源线（L1、L2、L3）和电动机连接线（U、V、W）。

（2）确认直流母线电压为 0V。

（3）使用指针式万用表 R×100Ω 电阻挡，在图 4-45 所示的变频器端子 L1、L2、L3、U、

V、W、P 和 N 处，交换万用表的极性，测量它们的导通状态，便可判断其是否良好。变频器的端子状态如表 4-15 所示。如果用数字式万用表，测量结果与表 4-15 相反。

整流电路主要是对整流二极管的一个正反向的测试来判断它的好坏，如图 4-45 所示，找到变频器直流输出端的"P"与"N"，然后使用万用表 R×100Ω 电阻挡，将万用表的黑表笔接"P"，红表笔分别接变频器的输入端 L1、L2、L3 端，万用表应显示无穷大；调换红、黑表笔的位置，将红表笔接"P"，黑表笔分别接变频器的输入端 L1、L2、L3 端，则万用表显示几十欧的阻值，且基本平衡，说明整流桥的上半桥是完好的。下半桥的测量与此相同。如果有以下结果，可以判定电路已出现异常：①阻值三相不平衡，可以说明整流桥故障；②红表笔接"P"端时，电阻无穷大，可以断定整流桥故障或启动电阻出现故障。直流中间回路主要是对滤波电容 C 的容量及耐压的测量，我们也可以观察电容上的安全阀是否爆开、有否漏液现象等来判断它的好坏；还可以上电测量其直流输出端"P"和"N"之间是否有大约 530V 高压，注意有时万用表显示几十伏电压，它是变频器内部感应出来的，说明整流电路没有工作，它正常工作时会输出 530V 左右的高压。若没有 530V 左右高压，这时往往是电源板有问题。功率模块的好坏判断主要是对功率模块内的续流二极管的判断。将万用表调到 R×100Ω 挡，将黑表笔接"P"，红表笔分别接变频器的输出端 U、V、W，此时应为无穷大，反向应该有几十欧的阻值。反之将黑表笔接到"N"重复上述过程，应得到表 4-15 的结果。对于 IGBT 模块我们还需判断在有触发电压的情况下能否导通和关断。导通时根据模块型号、万用表种类等的不同指示从几 Ω 到几十 Ω 不同，如果所测量的数据几乎相同，此模块是没问题的。

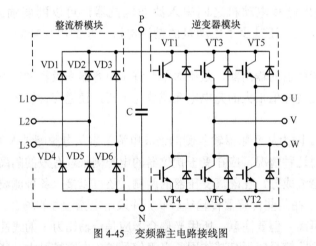

图 4-45 变频器主电路接线图

表 4-15　　　　　　　　　　　　　　　　变频器端子导通状态

		万用表极性		测量值		万用表极性		测量值
		⊕	⊖			⊕	⊖	
整流桥模块	VD1	L1	P	不导通	VD4	L1	N	导通
		P	L1	导通		N	L1	不导通
	VD2	L2	P	不导通	VD5	L2	N	导通
		P	L2	导通		N	L2	不导通
	VD3	L3	P	不导通	VD6	L3	N	导通
		P	L3	导通		N	L3	不导通

		万用表极性		测量值		万用表极性		测量值
		⊕	⊖			⊕	⊖	
逆变桥模块	VT1	U	P	不导通	VT4	U	N	导通
		P	U	导通		N	U	不导通
	VT3	V	P	不导通	VT6	V	N	导通
		P	V	导通		N	V	不导通
	VT5	W	P	不导通	VT2	W	N	导通
		P	W	导通		N	W	不导通

三、变频器常见故障处理

1．检查数字输入的接线

当检查参数 r0722 时，其参数值如图 4-46 的 7 段数码管显示，r0722 是一个位参数，每一位表示一个数字输入，如果数字输入端的开关闭合时，其相应位笔画点亮。如果发现一数字输入得电时，而 r0722 相应位的状态没有发生变化，那么需要检查外部接线。

例如，数字输入 1 和数字输入 4 连接的开关闭合时，将看到图 4-47 所示的状态。

图 4-46　显示数字输入的状态　　　　　　　　　图 4-47　数字输入状态实例

2．检查模拟输入的接线

首先可以通过检查变频器中 r0752（ADC 的实际输入[V]或[mA]）来判断模拟输入接线是否正确。r0752[0]：模拟输入 1；r0752[1]：模拟输入 2。

其次，可以通过 r0722 的第 6 位和第 7 位来判断两路模拟输入，如果模拟信号低于 2V，这位是熄灭的，如果模拟输入高于 4V，这一位是点亮的，如图 4-48 所示。

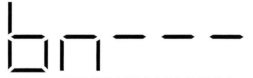

图 4-48　当两路模拟量都有高电平信号时的状态

3．变频器常见故障

变频器部分常见故障原因及处理方法如表 4-16 所示。详细的故障原因及处理办法参考西门子 MM440 变频器的使用手册。

表 4-16　　　　　　　　　　　变频器常见故障原因及处理方法

故障/报警	故障原因	故障诊断和应采取的措施
F0001 过电流	• 启动提升电压 P1310 过高 • 斜坡上升时间 P1120 太短 • 变频器输出端发生短路或接地故障 • 电动机的功率（P0307）与变频器的功率（P0206）不对应 • 电动机电缆太长 • 有接地故障	① 减少提升电压 P1310 的数值 ② 增加斜坡上升时间 P1120 ③ 电动机的电缆和电动机内部不得有短路或接地故障 ④ 电动机的功率（P0307）必须与变频器的功率（P0206）相对应 ⑤ 电缆的长度不得超过允许的最大值 ⑥ 电动机的冷却风道必须通畅，电动机不得过载

续表

故障/报警	故 障 原 因	故障诊断和应采取的措施
F0002 过电压	• 禁止直流回路电压控制器（P1240=0） • 直流回路的电压（r0026）超过了跳闸电平（P2172） • 由于供电电源电压过高，或者电动机处于再生制动方式下引起过电压 • 斜坡下降过快，或者电动机由大惯量负载带动旋转而处于再生制动状态下	① 电源电压（P0210）必须在变频器铭牌规定的范围以内 ② 直流回路电压控制器必须有效（P1240），而且正确地进行了参数化 ③ 斜坡下降时间（P1121）必须与负载的惯量相匹配 ④ 要求的制动功率必须在规定的限定值以内 注意：负载的惯量越大需要的斜坡时间越长
F0003 欠电压	• 供电电源故障 • 冲击负载超过了规定的限定值	① 电源电压（P0210）必须在变频器铭牌规定的范围以内 ② 检查电源是否短时掉电或有瞬时的电压降低能动态缓冲（P1240=2）
F0004 变频器过温	• 冷却风量不足 • 环境温度过高	① 负载的情况必须与工作/停止周期相适应 ② 变频器运行时冷却风机必须正常运转 ③ 调制脉冲的频率必须设定为缺省值 ④ 环境温度可能高于变频器的允许值 故障值 P0949 = 1：整流器过温 P0949 = 2：运行环境过温 P0949 = 3：电子控制箱过温
F0005 变频器 I²T 过热保护	• 变频器过载 • 工作/间隙周期时间不符合要求 • 电动机功率（P0307）超过变频器的负载能力（P0206）	① 负载的工作/间隙周期时间不得超过指定的允许值 ② 电动机的功率（P0307）必须与变频器的功率（P0206）相匹配
A0501 电流限幅	• 电动机的功率与变频器的功率不匹配 • 电动机的连接导线太短 • 接地故障	① 电动机的功率（P0307）必须与变频器功率（P0206）相对应 ② 电缆的长度不得超过最大允许值 ③ 电动机电缆和电动机内部不得有短路或接地故障 ④ 输入变频器的电动机参数必须与实际使用的电动机一致 ⑤ 定子电阻值（P0350）必须正确无误 ⑥ 电动机的冷却风道是否堵塞，电动机是否过载 • 增加斜坡上升时间 • 减少"提升"的数值
A0502 过压限幅	• 达到了过压限幅值 • 斜坡下降时如果直流回路控制器无效（P1240＝0）就可能出现这一报警信号	① 电源电压（P0210）必须在铭牌数据限定的数值以内 ② 禁止直流回路电压控制器（P1240=0），并正确地进行参数化 ③ 斜坡下降时间（P1121）必须与负载的惯性相匹配 ④ 要求的制动功率必须在规定的限度以内
A0503 欠压限幅	• 供电电源故障 • 供电电源电压（P0210）和与之相应的直流回路 • 电压（r0026）低于规定的限定值（P2172）	① 电源电压（P0210）必须在铭牌数据限定的数值以内 ② 对于瞬间的掉电或电压下降必须是不敏感的使能动态缓冲（P1240=2）
A0504 变频器过温	变频器散热器的温度（P0614）超过了报警电平，将使调制脉冲的开关频率降低和/或输出频率降低（取决于（P0610）的参数化）	① 环境温度必须在规定的范围内 ② 负载状态和"工作 - 停止"周期时间必须适当 ③ 变频器运行时，风机必须投入运行 ④ 脉冲频率（P1800）必须设定为缺省值
A0505 变频器 I²T 过温	如果进行了参数化（P0290），超过报警电平（P0294）时，输出频率和/或脉冲频率将降低	① 检查"工作 - 停止"周期的工作时间应在规定范围内 ② 电动机的功率（P0307）必须与变频器的功率相匹配

思考与练习

1．"一控一"和"一控多"各有哪些优缺点？

2．在多泵恒压供水系统中，PLC 是根据什么信号加泵和减泵的？叙述加泵和减泵的控制过程。

3．该任务中恒压供水控制系统是采用"PLC+PID 调节器+变频器"的方法实现的，需要在 PLC 中编写 PID 控制程序，编程较为复杂，还需要用到模拟量扩展模块 EM235，硬件投资大。如果采用"PLC+变频器（具有内置 PID 功能）"的方法实现恒压供水控制，利用变频器内置的 PID 功能实现 PID 的调节作用，PLC 只需要进行三台水泵的工频和变频切换，压力变频器只需要将转换后的电流信号送到变频器的 10、11 端子即可，这样控制系统就不需要 EM235 模拟量扩展模块，编程简单，成本降低。试用"PLC+变频器（具有内置 PID 功能）"的方法实现恒压供水控制的要求，画出系统的硬件电路图，进行变频器参数设置并进行程序设计。

项目 5
步进电机的应用

学习目标

1. 了解步进电机的工作原理。
2. 掌握步进驱动器的端子功能。
3. 学会设置步进驱动器的工作电流（动态电流）、细分精度和静态电流。
4. 掌握 PLC 控制步进电机的硬件接线图。
5. 学会用西门子的高速脉冲输出指令及位置向导编写步进电机的控制程序。

| 任务 5.1 步进电机的正反转控制 |

任 务 导 入

工业常用控制电机有步进电机和伺服电机。控制电机的主要任务是转换和传递控制信号。步进电机是将电脉冲信号转变为角位移或线位移的开环控制元件，通过控制步进电机的电脉冲频率和脉冲数，可以很方便地控制其速度和角位移，且步进电机的误差不积累，可以达到精确定位的目的，因此它广泛应用在经济型数控机床、雕刻机、贴标机和机械手等定位控制系统中。

现有一台三相步进电机，步距角是 1.5°，假设步进电机的运行速度为 1 000Hz，旋转一周需要 5 000 个脉冲，电机的额定电流是 2.1A。控制要求：利用 PLC 控制步进电机顺时针转 2 周，再逆时针转 3 周，如此循环进行，按下停止按钮，电机马上停止（电机的轴锁住）。

相 关 知 识

一、步进电机

步进电机是一种将电脉冲转化为角位移的执行机构，是一种专门用于速度和位置精确控制的特种电机。由于步进电机的转动是每输入一个脉冲，步进电机前进一步，所以叫作步进电机。一般电动机是连续旋转的，而步进电机的转动是一步一步进行的。在非超载的情况下，步进电机的转速、停止的位置只取决于脉冲信号的频率和脉冲数，而不受负载变化的影响，即给步进电机加一个脉冲信号，步进电机则转过一个角度。脉冲数越多步进电机转动的角度越大。脉冲的频率越高步进电机的转速越快，但不能超过最高频率，否则步进电机的力矩会迅速减小，电机不转。

1. 步进电机的工作原理

下面以一台最简单的三相反应式步进电动机为例，介绍步进电机的工作原理。

图 5-1 是一台三相反应式步进电动机的原理图。定子铁心为凸极式，共有三对（6 个）磁极，每两个空间相对的磁极上绕有一相控制绕组。转子用软磁性材料制成，也是凸极结构，只有 4 个齿，齿宽等于定子的极宽。

扩展视频：步进电机

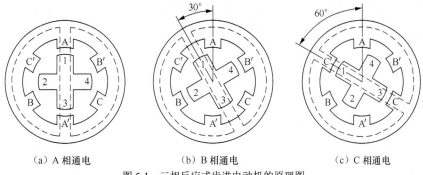

（a）A 相通电　　　　　　　（b）B 相通电　　　　　　　（c）C 相通电

图 5-1　三相反应式步进电动机的原理图

当 A 相定子绕组通电，其余两相均不通电，电机内建立以定子 A 相极为轴线的磁场。由于磁通具有力图走磁阻最小路径的特点，使转子齿 1、3 的轴线与定子 A 相极轴线对齐，如图 5-1（a）所示。若 A 相定子绕组断电、B 相定子绕组通电时，转子在反应转矩的作用下，逆时针转过 30°，使转子齿 2、4 的轴线与定子 B 相极轴线对齐，即转子走了一步，如图 5-1（b）所示。若在断开 B 相，使 C 相定子绕组通电，转子逆时针方向又转过 30°，使转子齿 1、3 的轴线与定子 C 相极轴线对齐，如图 5-1（c）所示。如此按 A→B→C→A 的顺序轮流通电，转子就会一步一步地按逆时针方向转动。

步进电机的转速取决于各相定子绕组通电与断电的频率，旋转方向取决于定子绕组轮流通电的顺序。若按 A→C→B→A 的顺序通电，则电动机按顺时针方向转动。

（1）三相单三拍工作方式。"三相"是指定子绕组有 3 组；"单"是指每次只能一相绕组通电；"三拍"指通电三次完成一个通电循环。把每一拍转子转过的角度称为步距角。三相单三拍运行时，步距角为 30°。

正转：A→B→C→A；

反转：A→C→B→A。

（2）三相单、双六拍工作方式。即一相通电接着二相通电间隔地轮流进行，完成一个循环需要经过 6 次改变通电状态，其步距角为 15°。

正转：A→AB→B→BC→C→CA→A；

反转：A→AC→C→CB→B→BA→A。

（3）三相双三拍工作方式。"双"是指每次有两相绕组通电，每通入一个电脉冲，转子也是转 30°，即步距角为 30°。

正转：AB→BC→CA→AB；

反转：AC→CB→BA→AC。

2．步进电机的结构

步进电机的外形如图 5-2（a）所示，步进电机由转子（转子铁心、永磁体、转轴、滚珠轴承），定子（绕组、定子铁心），前后端盖等组成，如图 5-2（c）所示。

  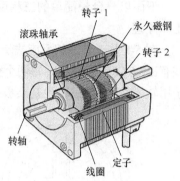

（a）步进电机外形　　　　　　（b）实际步进电机结构　　　　　（c）步进电机结构剖面图

图 5-2　步进电机的结构示意图

不管是三相单三拍步进电机还是三相单双六拍步进电机，它们的步距角都比较大，若用它们作为传动设备的动力源时往往不能满足精度要求。为了减小步距角，实际的步进电机通常在定子凸极和转子上开很多小齿，如图 5-2（b）和 5-2（c）所示，这样就可以大大减小步距角，提高步进电机的控制精度。最典型两相混合式步进电机的定子有 8 个大齿，40 个小齿，转子有 50 个小齿；三相电机的定子有 9 个大齿，45 个小齿，转子有 50 个小齿。

步进电机的步距角一般为 1.8°、0.9°、0.72°、0.36°等。步距角越小，则步进电机的控制精度越高，根据步距角可以控制步进电机行走的精确距离。比如说，步距角为 0.72°的步进电机，每旋转一周需要的脉冲数为 360/0.72=500 脉冲，也就是对步进电机驱动器发出 500 个脉冲信号，步进电机才旋转一周。

步进电机的机座号主要有 35、39、42、57、86 和 110 等。

3．步进电机的分类

按励磁方式的不同，步进电动机可分为反应式（Variable Reluctance，VR）、永磁式（Permanent Magnet，PM）和混合式（Hybrid Stepping，HB）三类。

按定子上绕组来分，分为二相、三相和五相等系列。最受欢迎的是两相混合式步进电机，约占 97% 以上的市场份额，其原因是性价比高，配上细分驱动器后效果良好。该种电机的基本步距角为 1.8°/步，配上半步驱动器后，步距角减少为 0.9°，配上细分驱动器后其步距角可细分达 256 倍（0.007°/微步）。由于摩擦力和制造精度等原因，实际控制精度略低。同一步进电机可配不同细分的驱动器以改变精度和效果。

4．步进电机的重要参数

（1）步距角。步进电机每接收一个步进脉冲信号，电机就旋转一定的角度，该角度称为步距角。电机出厂时给出了一个步距角的值，如 57BYG46403 型电机给出的值为 0.9°/1.8°（表示半步工作时为 0.9°、整步工作时为 1.8°），这个步距角可以称之为"电机固有步距角"，它不一定是电机实际工作时的真正步距角，真正的步距角和驱动器有关。步距角满足如下公式：

$$\theta = 360°/ZKm$$

式中，Z 为转子齿数；K 为通电系数，当前后通电相数一致时，$K=1$，否则，$K=2$；m 为相数。

（2）步进电机的速度。步进电机的转速取决于各相定子绕组通入电脉冲的频率，其速度为

$$n = 60f/KmZ = \theta f/6$$

式中，f——电脉冲的频率，即每秒脉冲数（简称 PPS）；

　　　Z——转子齿数；

　　　K——通电系数。

（3）相数。步进电动机的相数是指电机内部的线圈组数，常用 m 表示。目前常用的有二相、三相、四相、五相、六相、八相步进电机。电机相数不同，其步距角也不同，一般二相电机的步距角为 0.9°/1.8°、三相的为 0.75°/1.5°、五相的为 0.36°/0.72°。在没有细分驱动器时，用户主要靠选择不同相数的步进电机来满足自己步距角的要求。如果使用细分驱动器，则"相数"将变得没有意义，用户只需在驱动器上改变细分数，就可以改变步距角。

（4）拍数。完成一个磁场周期性变化所需脉冲数或导电状态，用 n 表示，或指电机转过一个齿距角所需脉冲数。以四相电机为例，有四相双四拍运行方式即 AB→BC→CD→DA→AB，四相单双八拍运行方式即 A→AB→B→BC→C→CD→D→DA→A。步距角对应一个脉冲信号，电动机转子转过的角位移用 θ 表示。$\theta = 360°/$（转子齿数×运行拍数），以常规二、四相为例，转子齿数为 50 齿电动机为例。四拍运行时步距角为 $\theta = 360°/$（50×4）=1.8°（俗称整步），八拍运行时步距角为 $\theta = 360°/$（50×8）=0.9°（俗称半步）。

（5）保持转矩。保持转矩是指步进电机通电但没有转动时，定子锁住转子的力矩。它是步进电机最重要的参数之一，通常步进电机在低速时的力矩接近保持转矩。由于步进电机的输出力矩随速度的增大而不断衰减，输出功率也随速度的增大而变化，所以保持转矩就成为了衡量步进电机最重要的参数之一。比如，当人们说 2N·m 的步进电机，在没有特殊说明的情况下是指保持转矩为 2N·m 的步进电机。

二、步进控制系统的组成

步进电机控制系统由控制器、步进驱动器和步进电机构成，如图 5-3 所示。控制器发出控制信号，步进电机驱动器在控制信号作用下输出较大电流（1.5～6A，不同型号有区别）驱动步进电机，按控制要求对机械装置准确实现位置控制或速度控制。

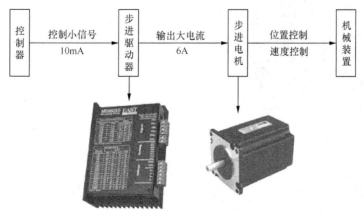

图 5-3　步进电机控制系统框图

步进电机的运动方向与其内部绕组的通电顺序有关，改变输入脉冲的相序就可以改变电机转向。转速则与输入脉冲信号的频率成正比，转动角度或位移与输入的脉冲数成正比。改变脉冲信号的频率就可以在很宽的范围内改变步进电机的转速，并能快速启动、制动和反转，因此，可用控制脉冲数量、频率及电动机各相绕组的通电顺序来控制步进电机的转动。

控制器可以是内置运动卡的计算机、单片机和PLC。该教材主要讲述PLC控制步进电机的方式。

三、步进驱动器

步进电机的运行要有一电子装置进行驱动，这种装置就是步进电机驱动器，它是把控制系统发出的脉冲信号，加以放大来驱动步进电机。步进电机的转速与脉冲信号的频率成正比，控制步进电机脉冲信号的频率，可以对电机精确调速；控制步进脉冲的个数，可以对电机精确定位。

视频 33. 步进驱动器

1. 步进驱动器的外部端子

从步进电机的转动原理可以看出，要使步进电机正常运行，必须按规律控制步进电机的每一相绕组得电。步进驱动器有 3 种输入信号，分别是脉冲信号（PUL）、方向信号（DIR）和使能信号（ENA）。步进电机在停止时，通常有一相得电，电机的转子被锁住，所以当需要转子松开时，可以使用使能信号。

3ND583 是雷赛公司最新推出的一款采用精密电流控制技术设计的高细分三相步进驱动器，适合驱动 57～86 机座号的各种品牌的三相步进电机，3ND583 步进驱动器的外形如图 5-4所示，步进驱动器的外部接线端如图 5-5 所示。外部接线端的功能说明如表 5-1 所示。

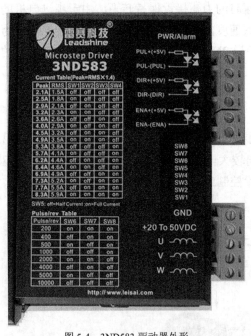

图 5-4 3ND583 驱动器外形

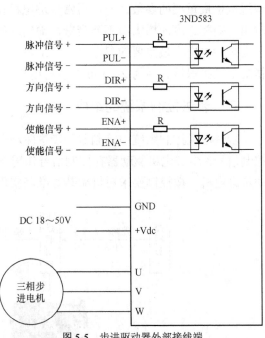

图 5-5 步进驱动器外部接线端

表 5-1 步进驱动器外部接线端功能说明

接 线 端	功 能 说 明
PUL+（+5V）	脉冲控制信号输入端：脉冲上升沿有效；PUL-高电平时 4～5V，低电平时 0～0.5V。
PUL−	为了可靠响应脉冲信号，脉冲宽度应大于 1.2μs。如采用+12V 或+24V 时需串电阻

续表

接 线 端	功 能 说 明
DIR+（+5V）	方向信号输入端：高/低电平信号，为保证电机可靠换向，方向信号应先于脉冲信号至少 5μs 建立。电机的初始运行方向与电机的接线有关，互换三相绕组 U、V、W 的任何两根线可以改变电机初始运行的方向，DIR-高电平时 4～5V，低电平时 0～0.5V
DIR−	
ENA+（+5V）	使能信号输入端：此输入信号用于使能或禁止。ENA+接+5V，ENA-接低电平（或内部光耦导通）时，驱动器将切断电机各相的电流使电机处于自由状态，此时步进脉冲不被响应。当不需要此功能时，使能信号端悬空即可
ENA−	
U、V、W	三相步进电机的接线端
+V	驱动器直流电源输入端正极，+18V～+50V 间任何值均可，但推荐值+36VDC 左右
GND	驱动器直流电源输入端负极

2．步进驱动器的外部典型接线

3ND583 步进驱动器采用差分式接口电路可适用差分信号、单端共阴极及共阳极等接口，内置高速光电耦合器，允许接收差分信号、NPN 三极管输出电路信号和 PNP 三极管输出电路信号。图 5-6（a）为 3ND583 步进驱动器与三菱 FX2N-32MT（NPN 输出型）的接线图，图 5-6（b）为 3ND583 步进驱动器与西门子 CPU226DC/DC/DC（PNP 输出型）的接线图。

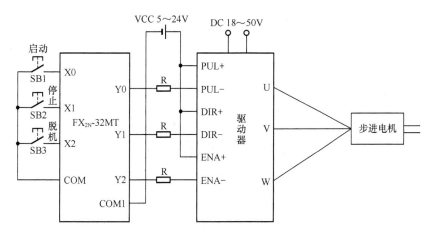

（a）3ND583 步进驱动器与三菱 PLC 的接线图（共阳极）

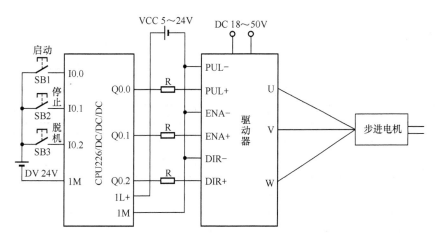

（b）3ND583 步进驱动器与西门子 PLC 的接线图（共阴极）

图 5-6 步进驱动器与 PLC 的典型接线

> ⚠ **注　意**
>
> 在图 5-6 中, 如果 VCC 是 5V, 则不串电阻, 如果 VCC 是 12V 时, 串联 R 为 1kΩ, 大于 1/8W 电阻; 如果 VCC 是 24V 时, R 为 2kΩ, 大于 1/8W 电阻; R 必须接在控制器信号端。

3. 步进驱动器的细分设置

步进电机驱动器除了给步进电机提供较大驱动电流外, 更重要的作用是"细分"。在没有步进驱动器时, 由于步进电机的步距角在 1° 左右, 角位移较大, 不能进行精细控制。如果使用步进驱动器, 只需在驱动器上设置细分步数, 就可以改变步距角的大小, 例如, 若设置细分步数为 10 000 步/转, 则步距角只有 0.036°, 可以实现高精度控制。

3ND583 步进驱动器的侧面连接端子中间有 8 个 SW 拨码开关, 用来设置工作电流(动态电流)、静态电流、细分精度。图 5-7 所示为拨码开关。其中 SW1～SW4 是设置步进驱动器输出电流的(根据步进电机的工作电流, 去调节驱动器输出电流, 电流越大, 力矩越大); SW6～SW8 是设置细分的; SW5 是选择半流/全流工作模式的。

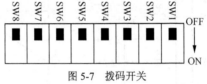

图 5-7　拨码开关

(1) 动态电流设定。用 SW1～SW4 的 4 位拨码开关设置工作电流, 一共可设置 16 个电流级别, 如表 5-2 所示。"1" 表示 ON, "0" 表示 OFF。

表 5-2　　　　　　　　　　　　　工作电流设置表

输出峰值电流(A)	输出有效值电流(A)	SW1	SW2	SW3	SW4
2.1	1.5	0	0	0	0
2.5	1.8	1	0	0	0
2.9	2.1	0	1	0	0
3.2	2.3	1	1	0	0
3.6	2.6	0	0	1	0
4.0	2.9	1	0	1	0
4.5	3.2	0	1	1	0
4.9	3.5	1	1	1	0
5.3	3.8	0	0	0	1
5.7	4.1	1	0	0	1
6.2	4.4	0	1	0	1
6.4	4.6	1	1	0	1
6.9	4.9	0	0	1	1

续表

输出峰值电流（A）	输出有效值电流（A）	SW1	SW2	SW3	SW4
7.3	5.2	1	0	1	1
7.7	5.5	0	1	1	1
8.3	5.9	1	1	1	1

（2）细分设定。细分精度由 SW6～SW8 三位拨码开关设定，如表 5-3 所示。"1"表示 ON，"0"表示 OFF。

表 5-3　　　　　　　　　　　　细分设置表

步/转	SW6	SW7	SW8
200	1	1	1
400	0	1	1
500	1	0	1
1000	0	0	1
2000	1	1	0
4000	0	1	0
5000	1	0	0
10000	0	0	0

（3）静态电流设置。

静态电流可用 SW5 拨码开关设定，OFF 表示静态电流设为动态电流的一半，ON 表示静态电流与动态电流相同。如果电机停止时不需要很大的保持力矩，建议把 SW5 设成 OFF，使得电机和驱动器的发热减少，可靠性提高。脉冲串停止后约 0.4s，电流自动减至一半左右（实际值的 60%），发热量理论上减至 36%。

四、西门子 PLC 的高速脉冲输出 PTO

西门子 S7-200 PLC 提供两个高速脉冲输出点（Q0.0 和 Q0.1），用来驱动步进电机和伺服电机，实现速度和位置的开环控制。

S7-200 有两个 PTO/PWM 发生器，它们可以产生一个高速脉冲串（PTO）或者一个脉宽调制信号（PWM）波形。一个生成器分配给数字输出点 Q0.0，另一个生成器分配给数字输出点 Q0.1。当 Q0.0 或 Q0.1 设定为 PTO 或 PWM 功能时，其他操作均失效。不使用 PTO/PWM 发生器时，Q0.0 或 Q0.1 作为普通输出端子使用。通常在启动 PTO 或 PWM 操作之前，用复位 R 指令将 Q0.0 或 Q0.1 清 0。

PTO 是指按照给定的脉冲个数和周期从 Q0.0 或 Q0.1 输出一串脉冲序列（50%占空比），如图 5-8 所示，PTO 主要用于步进电机或伺服电机的速度和位置的开环控制，用户可以控制脉冲的周期（频率）和个数，其范围如下。

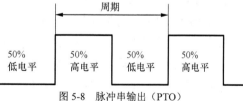

图 5-8　脉冲串输出（PTO）

- 脉冲个数：脉冲的数量为 32 位数据，可分别设定为 1～4 294 967 295 个。
- 周期范围：周期值为 16 位无符号数据，周期范围为 10～65 535μs 或 2～65 535ms。

PTO 功能允许脉冲串"排队"，以保证脉冲输出的连续进行。PTO 功能也支持在未发完脉冲串时，立刻终止脉冲输出。

> ⚠ **注 意**
>
> 如果要控制输出脉冲的频率（如步进电机的速度/频率控制），需将频率换算为周期，为保证占空比为 50%，请设定周期值为偶数，否则会引起输出波形占空比的失真。

PTO 支持以下两种工作模式。

- 单段管线：每次用特殊寄存器设定规格后输出一个脉冲串。单段管线支持排队，可以在发送当前脉冲串时，为下一个脉冲串重新定义特殊寄存器。队列中只能有一个脉冲串在等待。

- 多段管线：CPU 自动从 V 存储器区的包络表中读出多个脉冲串的特性并顺序发送脉冲。包络表使用 8 字节保存一个脉冲串的属性，包括一个字长的起始周期值，一个字长的周期增量值和一个双字长的脉冲个数。一个包络表可以包含 1~255 个脉冲串。

1．脉冲输出指令 PLS

PLS 指令用于 S7-200 CPU 集成点 Q0.0 和 Q0.1 的高速脉冲输出，其指令格式及功能如表 5-4 所示。

表 5-4   PLS 指令功能表

梯形图 LAD	语句表 STL		功 能
	操作码	操作数	
PLS EN ENO Q0.X	PLS	Q0.X	当使能端 EN 有效时，PLC 首先检测脉冲输出为 Q0.X 设置的特殊存储器位，然后激活由特殊存储器位定义的脉冲操作

说明：

① 高速脉冲串输出 PTO 和宽度可调脉冲输出 PWM 都由 PLS 指令来激活输出；

② 操作数 Q 为字型常数 0 或 1，0 为 Q0.0 输出，1 为 Q0.1 输出；

③ 高速脉冲串输出 PTO 可采用中断方式进行控制，而宽度可调脉冲输出 PWM 只能由指令 PLS 来激活。

2．使用 SM 来配置和控制 PTO 操作

每个 PTO/PWM 发生器有一个控制字节 SMB67（8 位）或 SMB77（8 位）、16 位无符号的周期时间值（SMW68 或 SMW78）和脉宽值（SMW70 或 SMW80）各一个，还有一个 32 位无符号的脉冲计数值（SMD72 或 SMD82）。这些值全部存储在指定的特殊寄存器中。如果要装入新的脉冲数、脉冲宽度和周期，应该在执行 PLS 指令前装入这些值和控制寄存器，然后 PLS 指令会从特殊存储器 SM 中读取数据，并按照存储值控制 PTO/PWM 发生器。

PTO/PWM 寄存器由 SMB65~SMB85 组成，它们的作用是监视和控制脉冲输出 PTO 和脉宽调制 PWM 功能。SMB67 控制 PTO0 或者 PWM0，SMB77 控制 PTO1 或者 PWM1，各寄存器的字节值和位值的意义如表 5-5 所示。

表 5-5   PTO/PWM 控制寄存器的 SM 标志

Q0.0	Q0.1	状 态 位
SM66.4	SM76.4	PTO 包络被中止（增量计算错误）（0：无错 1：中止）
SM66.5	SM76.5	由于用户中止了 PTO 包络（0：不中止；1：中止）

Q0.0	Q0.1	状 态 位
SM66.6	SM76.6	PTO/PWM 管线上溢/下溢（0：无溢出；1：溢出/下溢）
SM66.7	SM76.7	PTO 空闲（0：运行中；1：PTO 空闲）
Q0.0	**Q0.1**	**控制字节**
SM67.0	SM77.0	PTO/PWM 刷新周期值（0：不刷新；1：刷新）
SM67.1	SM77.1	PWM 刷新脉冲宽度值（0：不刷新；1：刷新）
SM67.2	SM77.2	PTO 刷新脉冲计数值（0：不刷新；1：刷新）
SM67.3	SM77.3	PTO/PWM 时基选择（0：1μs；1：1ms）
SM67.4	SM77.4	PWM 更新方法（0：异步更新；1：同步更新）
SM67.5	SM77.5	PTO 操作（0：单段操作；1：多段操作）
SM67.6	SM77.6	PTO/PWM 模式选择（0：选择 PTO；1：选择 PWM）
SM67.7	SM77.7	PTO/PWM 允许（0：禁止；1：允许）
Q0.0	**Q0.1**	**其他 PTO/PWM 寄存器**
SMW68	SMW78	PTO/PWM 周期数值范围：2 到 65 535
SMW70	SMW80	PWM 脉宽数值范围：0 到 65 535
SMD72	SMD82	PTO 脉冲计数数值范围：1 到 4 294 967 295
SMB166	SMB176	进行中的段数（仅用在多段 PTO 操作中）
SMW168	SMW178	包络表的起始位置，用从 V0 开始的字节偏移表示（仅用在多段 PTO 操作中）

表 5-5 中，SMB66 为 Q0.0 的状态字节，如果 SM66.7 为 0，就说明 PTO 在执行中，如果 SM66.7 为 1，就说明 PTO 脉冲输出已经完成。SMB67 为 Q0.0 的控制字节，如需在下次 PTO 输出时更新周期，就需要将 SM67.0 置为"1"，然后再将周期值装入 SMW68 中。根据表 5-5，可以得出控制字节取值快速参考表，即表 5-6，用其中的数值作为 PTO 控制寄存器的值来实现需要的操作。

表 5-6   PTO 控制字节参考

控制接触器（十六进制）	允许	执行 PLS 指令的结果				
		模式选择	PTO 段操作	时基	脉冲数	周期
16#81	是	PTO	单段	1μs/周期		装载
16#84	是	PTO	单段	1μs/周期	装载	
16#85	是	PTO	单段	1μs/周期	装载	装载
16#89	是	PTO	单段	1 ms/周期		装载
16#8C	是	PTO	单段	1 ms/周期	装载	
16#8D	是	PTO	单段	1 ms/周期	装载	装载
16#A0	是	PTO	多段	1μs/周期		
16#A8	是	PTO	多段	1 ms/周期		

在表 5-6 中，如果希望在设置单段 PTO 脉冲时只装入周期值，就可以取值 16#81；需要同时装入周期和脉冲个数时，就可以取值 16#85。

用户可以通过修改 SM 存储区（包括控制字节），然后执行 PLS 指令来改变 PTO 信号波形的特性。用户可以在任意时刻禁止 PTO 或者 PWM 信号波形，方法为：首先将控制字节中的使能位（SM67.7 或者 SM77.7）清 0，然后执行 PLS 指令。

PTO 状态字节中的空闲位（SM66.7 或者 SM76.7）标志着脉冲串输出完成。另外，在脉冲串输出完成时，用户可以执行一段中断程序。如果使用多段操作，可以在整个包络表完成之后执行中断程序。

3．PTO 编程

对单段管线，请遵循如下步骤。

（1）用初次扫描存储器位 SM0.1 复位输出 Q0.0 或 Q0.1 为 0，并调用初始化操作的子程序。由于采用了这样的子程序调用，后续扫描不会再调用这个子程序，从而减少了扫描时间，也提供了一个结构优化的程序。

（2）初始化子程序中，设置 PTO 控制字节，即把表 5-6 中的控制字节（例如 16#85）送入 SMB67，目的是允许 PTO 功能，选择 PTO 操作，选择微秒或毫秒为时间基准，选择更新脉冲数和周期值。

（3）向 SMW68 或 SMW78 写入所希望的周期值。

（4）向 SMD72 或 SMD82 写入所希望的脉冲数。

（5）可选步骤。如果你想在一个脉冲串输出（PTO）完成时立刻执行一个相关功能，则可以编程，使脉冲串输出完成中断事件（事件号 19 或 20）调用一个中断子程序，并执行全局中断运行指令。

（6）执行 PLS 指令，使 S7-200 对 PTO 发生器编程。

（7）退出子程序。

如果要修改 PTO 的周期、脉冲数，可以在子程序或中断程序中执行。

（1）根据要修改的内容，写入相应的控制字节值。

（2）写入新的周期、脉冲数。

（3）执行 PLS 指令，使 S7-200CPU 确认设置。

对于多段 PTO 操作，可在主程序中调用初始化子程序。在子程序中：

（1）写入包络表起始地址到相应特殊寄存器（包络表的具体内容可另行计算、编写）；

（2）连接中断事件和程序，允许中断（可选）；

（3）执行 PLS 指令，使 S7-200CPU 确认设置。

如果要在脉冲输出执行过程中，停止脉冲输出：

（1）设置控制字节，将 PTO 使能位置为 0；

（2）执行 PLS 指令，使 S7-200CPU 确认设置。

【例 5-1】 现有一台三相步进电机，步距角是 1.5°，假设步进电机的运行速度为 1 000Hz，旋转一周需要 5 000 个脉冲。它拖动机械手运动，如图 5-9（a）所示，其旋转一周行走 0.5cm。当闭合控制开关 SA 时，机械手从原点位置沿 X 轴右行 10cm 至 SQ1 停止；当断开控制开关 SA 时，步进电机回到原点位置，电动机的运行轨迹如图 5-9（b）所示。

解：（1）硬件电路图。

根据控制要求，采用 CPU226DC/DC/DC 为系统控制器，步进驱动器选用 3ND583，系统的 I/O 分配如表 5-7 所示。

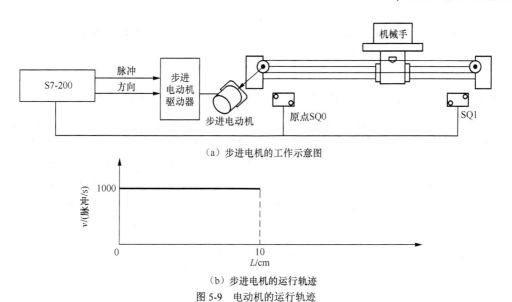

（a）步进电机的工作示意图

（b）步进电机的运行轨迹

图 5-9　电动机的运行轨迹

表 5-7　　　　　　　　　　　　　　　　系统的 I/O 分配

输　入			输　出		
输入继电器	输入元件	作　用	输出继电器	输出元件	作　用
I0.0	SA	手动控制开关	Q0.0	PUL+	脉冲信号
I0.1	SQ0	原点位置	Q0.2	DIR+	方向控制 Q0.2=0，右行 Q0.2=1，左行
I0.2	SQ1	右限位	Q0.3	ENA+	脱机控制 Q0.3=0，步进电机轴抱死 Q0.3=1，步进电机轴松开

　　系统的接线图如图 5-10 所示。步进驱动器的控制信号是 5V，而西门子晶体管输出型 PLC 的输出信号是 24V，因此在 PLC 与步进驱动器之间串联一只 2kΩ 的电阻，起分压作用。PLC 的输出 Q0.0、Q0.2、Q0.3 分别接步进驱动器的 PUL+、DIR+、ENA+，将 PUL-、DIR-、ENA- 连接在一起接 24 电源的负极、24V 电源的正极接 PLC 的 1L+，将 PLC 的 1M 接到步进驱动器的共阴极的公共端上。

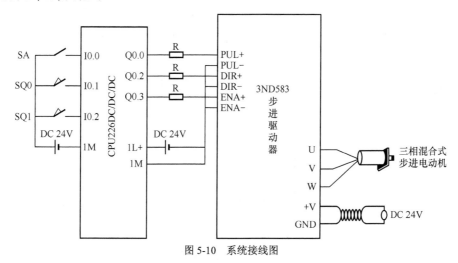

图 5-10　系统接线图

步进电机旋转一周需要 5 000 个脉冲。因此按照表 5-3，将步进驱动器 3ND583 的细分选择开关 SW6、SW7、SW8 分别置为 "1"、"0"、"0"。

（2）程序设计。

由于步进电机旋转一周需要 5 000 个脉冲，其旋转一周行走 0.5cm，那么机械手行走 10cm 需要 100 000 个脉冲，将其送入 SMD72 中，就可以控制步进电机的定位；步进电机的运行速度为 1 000Hz，而与 PTO 周期值相关的特殊寄存器 SMW68 是周期值，因此需要将 1 000Hz 的频率值转换成周期值 1/1 000=0.001s=1ms，从而控制步进电机的速度，系统控制程序如图 5-11 所示。

网络 1 是初始化程序，首先对 Q0.0 进行复位操作，然后设置控制字节 SMB67=16#8D，其含义是允许 PTO、选择 PTO 模式、单段操作、时间基准为毫秒、PTO 脉冲和周期值均更新，同时将脉冲周期 1ms 送入 SMW68 中，将脉冲数 0 送入 SMD72 中。

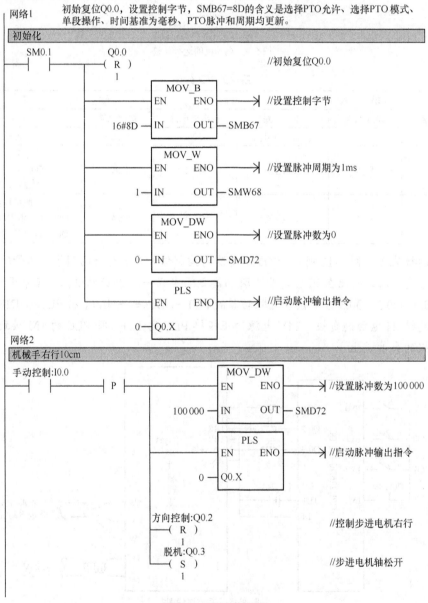

图 5-11　系统控制程序

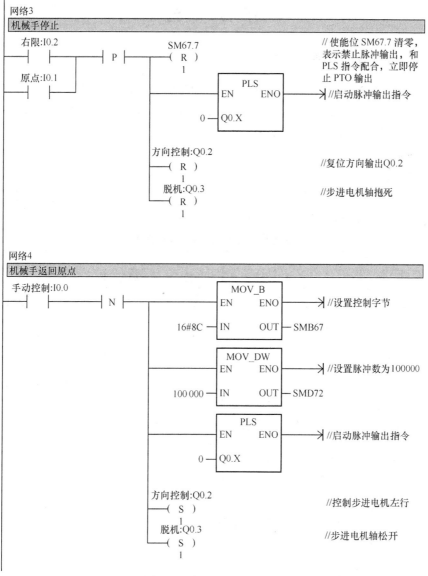

图 5-11 系统控制程序（续）

网络 2 是控制机械手右行程序，将 100 000 送入 SMD72 中，同时启动脉冲输出指令 PLS，使 Q0.0 输出周期为 1ms，脉冲数为 100 000 个的脉冲，从而控制机械手右行 10cm，复位 Q0.2 是保证步进电机右行，置位 Q0.3（为 "1"）是让步进电机的轴松开。

网络 3 是停止程序，当机械手右行至 SQ1（I0.2）或左行至 SQ0（I0.1）的位置时，使能位 SM67.7 清零，然后执行 PLS 指令，便可立即停止 PTO 输出，控制步进电机停止，复位 Q0.3 是让步进电机的轴抱死。

网络 4 是控制机械手返回原点程序，将 16#8C 送入 SMB67 中，其含义是允许 PTO、选择 PTO 模式、单段操作、时间基准为毫秒、只更新 PTO 脉冲值，同时将脉冲数 100 000 送入 SMD72 中，Q0.2=1，控制机械手左行 10cm，此时，Q0.3 为 1，将步进电机的轴松开。

任 务 实 施

【训练工具、材料和设备】

西门子 CPU226DC/DC/DC 的 PLC1 台、雷塞科技 3ND583 步进驱动器 1 台、三相 573s15 步进电机 1 台、安装有 STEP7-Micro/WIN 软件的电脑 1 台、PC/PPI 编程电缆 1 根、开关、按钮若干、2kΩ 电阻 3 个、通用电工工具 1 套。

1．硬件电路

（1）I/O 接线图。

根据系统的控制要求，采用西门子晶体管输出型 PLC 控制雷塞科技的步进驱动器完成步进电机的正反转循环控制。其 I/O 分配如表 5-8 所示。

表 5-8　　　　　　　　　　步进电机正反转控制的 I/O 分配

输　入			输　出		
输入继电器	输入元件	作　用	输出继电器	输出元件	作　用
I0.0	SB1	启动按钮	Q0.0	PUL+	脉冲信号
I0.1	SB2	停止按钮	Q0.2	DIR+	方向控制 Q0.2=0，正转 Q0.2=1，反转
			Q0.3	ENA+	脱机控制 Q0.3=0，步进电机轴抱死 Q0.3=1，步进电机轴松开

根据表 5-8，可以画出其 I/O 接线图，如图 5-12 所示。

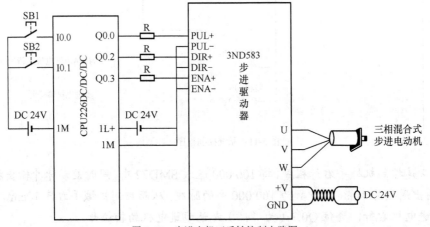

图 5-12　步进电机正反转控制电路图

（2）设置步进驱动器的细分和电流。参照表 5-3 所示的细分表，设置 5 000 步/转，需将控制细分的拨码开关 SW6～SW8 设置为 ON、OFF、OFF；设置工作电流为 2.1A 时，需将控制工作电流的拨码开关 SW1～SW4 设置为 OFF、ON、OFF、OFF；SW5 设置为 OFF，选择半流。8 个拨码开关的位置如图 5-13 所示。

（3）三相电机的接线。

三相电机有 6 根接线，应该按照图 5-14 所示接线。

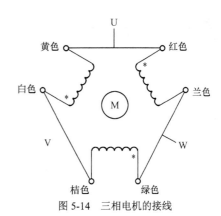

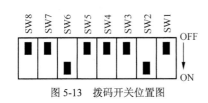

图 5-13 拨码开关位置图   图 5-14 三相电机的接线

2．程序设计

根据控制要求知，步进电机需要顺时针转 2 周，再逆时针转 3 周，每旋转一周需要 5 000 个脉冲，因此步进电机旋转 2 周需要 10 000 个脉冲，旋转 3 周需要 15 000 个脉冲，步进电机正转时需要把 10 000 送到 SMD72 中，反转时需要把 15 000 送到 SMD72 中。步进电机的速度为 1 000Hz，即脉冲周期值为 1ms。其控制程序如图 5-15 所示。它包括主程序、步进电机正转子程序、步进电机反转子程序、步进电机停止子程序。

图 5-15（a）所示的主程序中，网络 1 是初始化程序，首先对脉冲输出口 Q0.0 进行复位操作，同时将控制字 16#8D 送到 SMB67 中，周期值 1ms 送到 SMW68 中。

网络 2 是将启动标志保存在 M0.0 中。

网络 3 通过启动标志 M0.0 的常开触点，置位 Q0.3，使步进驱动器的脱机信号有效，在步进电机运行时将轴松开。

网络 4 是调用步进电机正转子程序 SBR_0，只有当按下启动按钮 I0.0 时，调用步进电机正转子程序 SBR_0；或者当步进电机反转结束，SM66.7 为 1，并且电机在启动状态 M0.0 为 1，方向控制 Q0.2 为 1 时，也可以调用步进正转子程序 SBR_0，继续下一个周期的运行。

网络 5 是调用步进电机反转子程序 SBR_1，当步进电机正转结束，SM66.7 为 1，并且电机在启动状态 M0.0 为 1，方向控制 Q0.2 为 0 时，开始调用步进反转子程序 SBR_1。

网络 6 是调用步进电机停止子程序 SBR_2。

图 5-15（b）所示是步进电机正转子程序，把控制字 16#8C 送入 SMB67 中，其含义是允许 PTO，选择 PTO 模式，单段操作，选择时间基准是毫秒，只更新脉冲数。将正转所需脉冲 10 000 个送入 SMD72 中，并启动脉冲输出指令 PLS，使其输出 10 000 个周期为 1ms 的脉冲串，控制步进电机旋转 2 周。当步进电机正转时，Q0.2 为 0。

图 5-15（c）所示是步进电机的反转子程序，它与正转子程序类似，区别就在于反转的脉冲数是 15000，反转时，方向控制 Q0.2 为 1。

图 5-15（d）所示是步进电机的停止子程序。网络 1 使 SM67.7=0，禁止 PTO 操作，停止步进电机；同时复位方向控制 Q0.2 和脱机信号 Q0.3，使步进电机在停止时将轴抱死。复位启动标志 M0.0。网络 2 送入新的控制字 16#8D、周期值 1ms、脉冲数 10 000（正转），为下一次启动步进电机做准备。

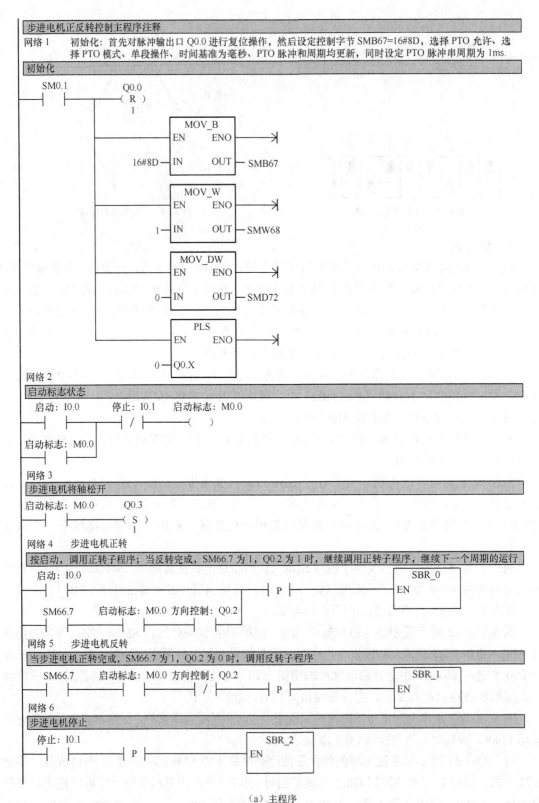

（a）主程序

图 5-15　步进电机正反转控制程序

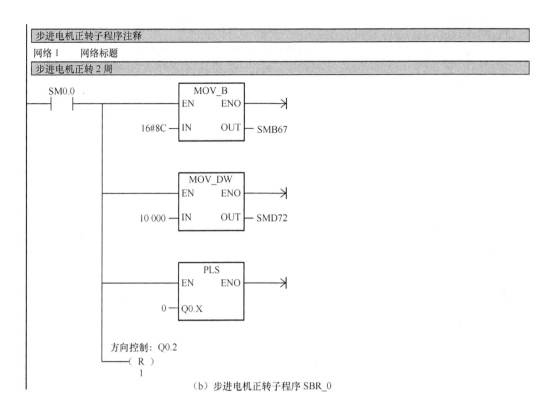

（b）步进电机正转子程序 SBR_0

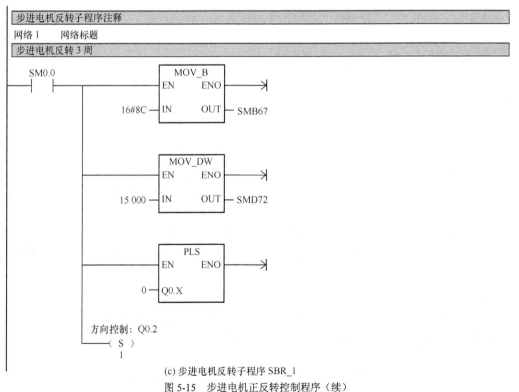

(c) 步进电机反转子程序 SBR_1

图 5-15　步进电机正反转控制程序（续）

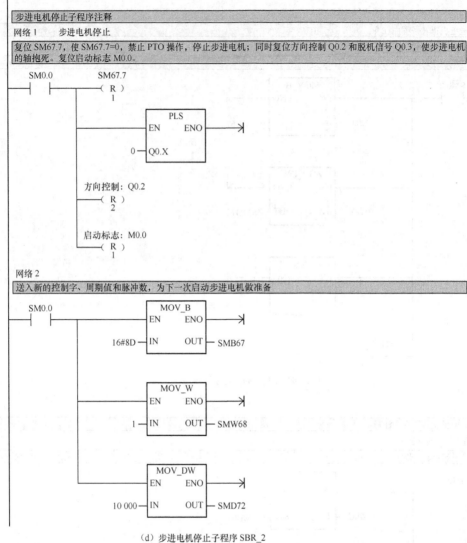

（d）步进电机停止子程序 SBR_2

图 5-15　步进电机正反转控制程序（续）

3．操作运行

（1）首先完成图 5-12 中 PLC 和步进驱动器的接线，然后按照图 5-13 设置步进电机的工作电流、细分设置等。

（2）给 PLC 和步进驱动器上电，将图 5-15 所示的程序下载到 PLC 中。

（3）按下启动按钮，观察步进电机的运行情况，是否达到正转 2 周，再反转 3 周，反复运行；按下停止按钮，步进电机停止。

（4）如果步进电机运行过程中，电机的旋转圈数不满足控制要求，检查步进电机驱动器的细分设置是否正确，检测 SMD72 中的数值是否为 10 000 或 15 000；如果步进电机不运行，首先检查程序是否输入有误，然后检查控制系统的接线是否正确。

知识拓展——步进电机的调速控制

在西门子 S7-200 PLC 中，PTO 的脉冲周期存储于特殊寄存器 SMW68 或 SMW78 中，因此要改变步进电机的转速，必须改变 SMW68 或 SMW78 中的脉冲周期。但在 PTO 脉冲串执行过程中，不能通过 PLS 指令改变当前运行时的周期值，必须 PTO 停止后才能更改。因此，为了使步进电机的速度立即改变，在改变 SMW68 或 SMW78 中的脉冲周期之前，必须先将步进电机停止，这是至关重要的。下面用一个例子来说明如何对步进电机进行调速控制。

【例 5-2】　某步进电机控制系统有两个运行速度，闭合速度开关 1，选择周期值为 500ms 的速度运行，闭合速度开关 2，选择周期值为 200ms 的速度运行，控制系统的 I/O 分配如表 5-9 所示。试编写步进电机调速控制程序。

表 5-9　　　　　　　　　　　步进电机调速控制的 I/O 分配

输　入			输　出		
输入继电器	输入元件	作　用	输出继电器	输出元件	作　用
I0.0	SB1	启动按钮	Q0.0	PUL+	脉冲信号
I0.1	SB2	停止按钮	Q0.2	DIR+	方向控制 Q0.2=0，正转 Q0.2=1，反转
I0.2	SA1	速度选择 1	Q0.3	ENA+	脱机控制 Q0.3=0，步进电机轴抱死 Q0.3=1，步进电机轴松开
I0.3	SA2	速度选择 2			
I0.4	SA3	方向选择			

解：根据控制要求，读者可参考图 5-12 的接线方法连接 PLC 和步进驱动器，编写的步进电机调速控制程序如图 5-16 所示。在图 5-16（a）的主程序中，网络 5 和网络 6 分别通过速度选择开关调用速度控制子程序，网络 7 是停止程序，注意，在按下停止按钮 I0.1 时，除了立即停止步进电机之外，还在网络 1 中，把控制字和脉冲数送入相应的特殊寄存器，以便为下一次运行做准备。图 5-16（b）和 5-16（c）中，子程序的开始首先执行停止输出，然后再执行 PLS 指令，才能更改脉冲串的周期值，从而改变步进电机的速度。

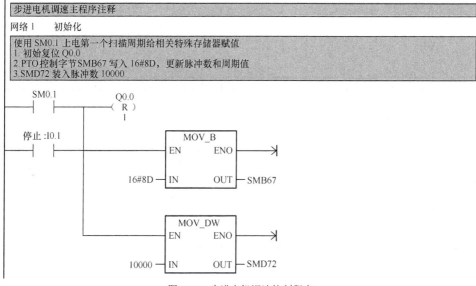

图 5-16　步进电机调速控制程序

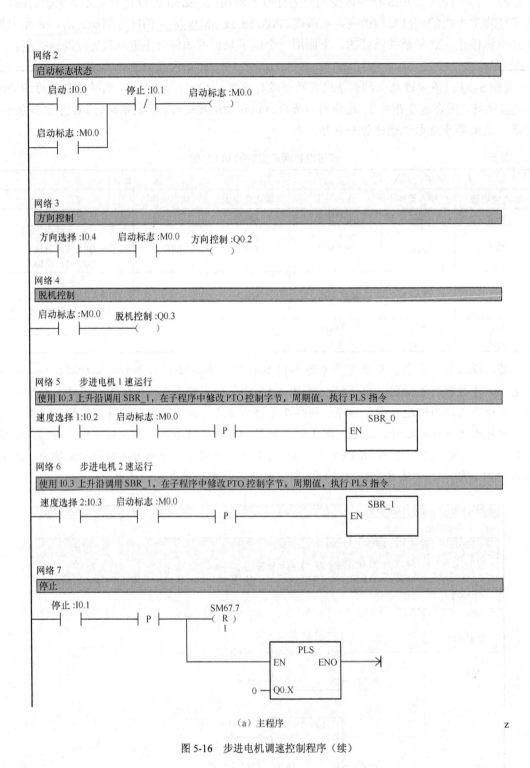

（a）主程序

图 5-16　步进电机调速控制程序（续）

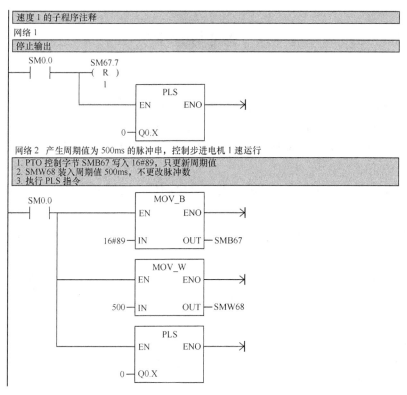

（b）1 速运行子程序 SBR_0

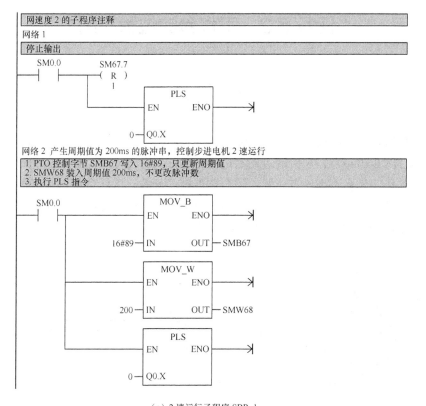

（c）2 速运行子程序 SBR_1

图 5-16　步进电机调速控制程序（续）

思考与练习

一、填空题

1. 步进电机是将_____信号转变为角位移或线位移的开环控制元件。

2. 步进电机每接收一个步进脉冲信号，电机就旋转一定的角度，该角度称为_____。

3. 步进电动机的输出角位移与其输入的_____成正比，步进电动机的速度与脉冲的_____成正比。

4. 有一个三相六极转子上有 40 齿的步进电动机，采用单三拍供电，则电动机步矩角为_____。

5. 步进驱动器有 3 种输入信号，分别是_____信号、_____信号和_____信号。

6. 西门子 S7-200 PLC 中，采用 PTO 高速脉冲输出控制步进电机时，脉冲串的周期值存入特殊寄存器_____、脉冲数存入特殊寄存器_____，当 PTO 脉冲输出完成后，特殊寄存器_____为 1。

二、分析题

有一台步进电机，其步距角为 3°，运行速度为 5 000Hz，旋转 10 圈，若用 CPU226 控制，请画出接线图，并编写控制程序。

| 任务 5.2 工作台的位置控制 |

任 务 导 入

步进电机拖动工作台的位置控制示意图如图 5-17 所示，当工作台位于原点位置时，按下启动按钮，工作台以 20 000 脉冲/s 的速度向右运行，运行到右限位时（需要 500 000 个脉冲），工作台停止。如果工作台不在原点位置，闭合寻零模式开关，工作台将以 8 000 脉冲/s 的速度向原点位置移动，碰到原点开关后，改变步进电机旋转方向，并将寻原点速度降为 500 脉冲/s，反方向回来再碰到原点开关的下降沿后立即停止。

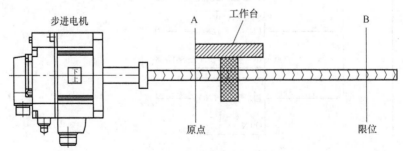

图 5-17 工作台位置控制示意图

相 关 知 识

一、S7-200 PLC 运动控制实现方式

S7-200 PLC 可使用以下方式实现运动控制功能。

（1）S7-200CPU 本体的高速脉冲输出。

① 使用 PLS 指令编程。

② 使用 PTO 位控向导。

③ 使用 MAP 库。

（2）EM253 位置控制模块。

 注　意

S7-200 PLC 能控制哪些类型的步进或伺服驱动器？

S7-200 CPU 除 CPU224 XPSi 以外，都只能接 PNP 输入信号的步进或伺服驱动器。

CPU224 XPSi 可以接 NPN 输入信号的步进或伺服驱动器。

EM253 可以接 NPN 或者差分输入信号的步进或伺服驱动器。

二、PTO 位置控制向导功能

使用 PTO 向导控制 S7-200 CPU 集成点 Q0.0 和 Q0.1 的脉冲输出更加容易。PTO 向导具有以下主要功能。

（1）手动运行。

（2）包络运动。S7-200 CPU 最多允许 25 个包络，一个包络表可以包含 1～29 个步。包络运动可选以下两种操作模式。

① 单速连续运转。

② 相对位置。

（3）停止当前的连续运动包络，并增加向导包络定义中指定的脉冲数。

（4）改变当前位置为指定的新位置。

三、位置控制向导的基本信息

1．最大速度（MAX_SPEED）和启动/停止速度（SS_SPEED）

步进电机在运行过程中的运动轨迹如图 5-18 所示，AB 段是加速过程，BC 端是恒速运行过程，CD 段是减速过程。

（1）最大速度 MAX_SPEED：在电机力矩能力范围内，允许的步进电机操作速度的最大值。计算公式为

最高电机速度（脉冲/s）= 电机额定转速（r/s）×

电机每转一圈所需脉冲数（脉冲/r）

（2）启动/停止速度 SS_SPEED：在电机能力

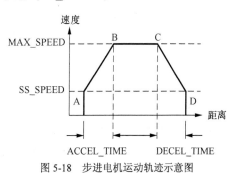

图 5-18　步进电机运动轨迹示意图

范围内输入一个数值，以便以较低的速度驱动负载。如果 SS_SPEED 的数值过低，电机和负载在运动的开始和结束时可能会摇摆或颤动。如果 SS_SPEED 的数值过高，电机会在启动时丢失脉冲，并且负载在试图停止时会使电机超速。通常，启动/停止速度的值是最大速度的 5%～15%。

2．加速时间

（1）加速时间 ACCEL_TIME：电机从 SS_SPEED 加速到 MAX_SPEED 所需要的时间，缺省值=1 000 ms。

（2）减速时间 DECEL_TIME：电机从 MAX_SPEED 减速到 SS_SPEED 所需要的时间，缺省值=1 000 ms。

注　意

电机的加速和减速时间要经过测试来确定。开始时，应输入一个较大的值。逐渐减少这个时间值直至电机开始失速，从而优化您应用中的这些设置。

3．移动包络

移动包络是一个预定义的移动描述，它包括一个或多个速度，影响着从起点到终点的移动。

一个包络由多段组成，每段包含一个达到目标速度的加速/减速过程和以目标速度匀速运行的一串固定数量的脉冲。如果是单段运动控制或者是多段运动控制中的最后一段，还应该包括一个由目标速度到停止的减速过程。

定义一个包络，包括如下几点：选择操作模式；为包络的各步定义指标；为包络定义一个符号名。

（1）选择包络的操作模式：PTO 支持相对位置和单一速度的连续转动。相对位置模式指的是运动的终点位置是起点侧开始计算的脉冲数量。单速连续转动则不需要提供终点位置，PTO 一直持续输出脉冲，直至有其他命令发出，如到达原点要求停发脉冲。图 5-19 所示为不同的操作模式。

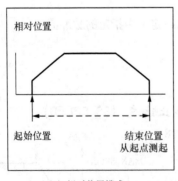
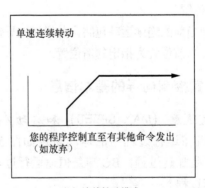

（a）相对位置模式　　　　　　（b）连续转动模式

图 5-19　一个包络的操作模式

（2）包络中的步：一个步是工件运动的一个固定距离，包括加速和减速时间内的距离。PTO 每一包络最大允许 29 个步。

每一步指定目标速度和结束位置或脉冲数目，且每次输入一步。图 5-20 所示为一步、两步、三步和四步包络。注意一步包络只有一个匀速段，两步包络有两个匀速段，依次类推。

步的数目与包络中匀速段的数目一致。

四、位控向导产生的子程序介绍

运动包络组态完成后，向导会为所选的配置生成 4 个项目组件（子程序），分别是 PTOx_CTRL 子程序（控制）、PTOx_RUN 子程序（运行包络）、PTOx_MAN 子程序（手动模式）和 PTOx_LDPOS 子程序（装载位置）。一个由向导产生的子程序就可以在程序中调用，如图 5-21 所示。

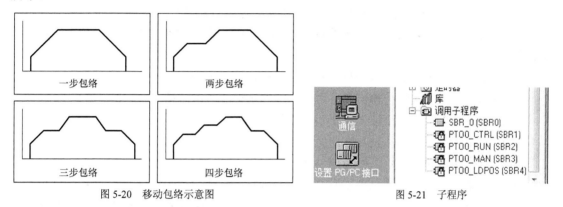

图 5-20　移动包络示意图　　　　　　　图 5-21　子程序

1. PTOx_CTRL 子程序（控制）

PTOx_CTRL 子程序（控制）使能和初始化用于步进电机或伺服电机的 PTO 输出。在程序中仅能使用该子程序一次，并保证每个扫描周期该子程序都被执行。一直使用 SM0.0 作为 EN 的输入，如图 5-22（a）所示。

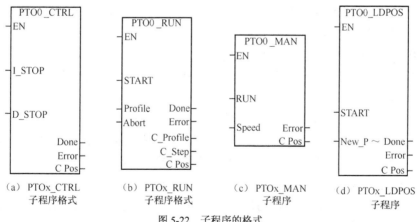

图 5-22　子程序的格式

- I_STOP（立即停止）输入：输入量为一个开关量输入。当输入为低电平时，PTO 功能正常操作。当输入变为高电平时，PTO 立即终止脉冲输出。
- D_STOP（减速停止）输入：输入量为一个开关量输入。当输入为低电平时，PTO 功能正常操作。当输入变为高电平时，PTO 产生一个脉冲串将电机减速到停止。
- Done（完成）输出：开关量输出。当 Done 位为高电平时，表明 CPU 已经执行完子程序。
- Error（错误）参数：包含本子程序的结果。当 Done 位为高电平时，Error 字节以一个无错误代码或错误代码来报告是否正常完成。

2．PTOx_RUN 子程序（运行包络）

命令 PLC 在一个指定的包络中执行运动操作，此包络存储在组态/包络表中，其格式如图 5-22（b）所示。

- EN 位：子程序的使能位。确保 EN 位保持接通，直至 Done 位指示该子程序已完成。
- START 参数：包络执行的启动信号。对于每次扫描，当 START 参数接通且 PTO 当前未激活时，指令激活 PTO。要保证该命令只发一次，使用边沿检测指令以脉冲触发 START 参数接通。
- Profile（包络）参数：包络参数包含该移动包络的号码或符号名。
- Abort（终止）参数命令：接通参数 Abort，命令位控模块停止当前的包络并减速直至电机停下。
- Done（完成）参数：本子程序执行完成时，输出为 ON。
- Error（错误）参数：输出本子程序执行的结果的错误信息，无错误时输出为 0。
- C_Profile 参数：输出位控模块当前执行的包络。
- C_Step 参数：输出目前正在执行的包络步骤。

3．PTOx_MAN 子程序（手动模式）

使 PTO 输出置为手动模式。这可以使电机在向导中指定的范围（从启动/停止速度到最大速度）内以不同速度启动、停止和运行。如果启用了 PTOx_MAN 子程序，除 PTOx_CTRL 子程序外任何其他 PTO 子程序都无法执行，其格式如图 5-22（c）所示。

- RUN（运行/停止）参数：命令 PTO 加速到指定速度（速度参数）。从而允许在电动机运行中更改 Speed 参数的数值。停用 RUN 参数命令 PTO 减速至电机停止。
- Speed 参数：Speed 决定 RUN 使能时的速度。对于超出该范围的 Speed 参数值，速度将限定为启动/停止速度或最大速度。速度是一个每秒多少个脉冲的双整数（DINT）值。电机运行时可以修改该速度参数。

4．PTOx_LDPOS 子程序（装载位置）

改变 PTO 脉冲计数器的当前位置值为一个新值。可以使用该指令为任何一个运动命令建立一个新的零位置，其格式如图 5-22（d）所示。

- EN 位：接通 EN 位使能该指令。确保 EN 位始终保持接通直到 Done 位指示指令完成。
- START 参数：接通 START 参数，以装载一个新的位置值到 PTO 脉冲计数器。每一循环周期，只要 START 参数接通且 PTO 当前不忙，该指令装载一个新的位置给 PTO 脉冲计数器。要保证该命令只发一次，使用边沿检测指令以脉冲触发 START 参数接通。
- New_Pos 参数：提供一个新的值替代报告的当前位置值。位置值用脉冲数表示。
- Done 参数：模块完成该指令时，参数 Done 接通。
- Error 参数：参数 Error 包含指令的执行结果。

任 务 实 施

【训练工具、材料和设备】

西门子 CPU226DC/DC/DC 的 PLC1 台、雷塞科技 3ND583 步进驱动器 1 台、三相步进电机 1 台、安装有 STEP7-Micro/WIN 软件的电脑 1 台、PC/PPI 编程电缆 1 根、开关、按钮若干、2kΩ 电阻 3 个、通用电工工具 1 套。

一、硬件电路

I/O 接线图：根据系统的控制要求，采用西门子晶体管输出型 PLC 控制雷塞科技的步进驱动器完成工作台的位置控制。其 I/O 分配如表 5-10 所示。

表 5-10　　　　　　　　　　工作台位置控制的 I/O 分配

输　入			输　出		
输入继电器	输入元件	作　用	输出继电器	输出元件	作　用
I0.0	SB1	启动按钮	Q0.0	PUL+	脉冲信号
I0.1	SB2	停止按钮	Q0.2	DIR+	方向控制 Q0.2=0，右行 Q0.2=1，左行
I0.3	SA	寻零模式	Q0.3	ENA+	脱机控制 Q0.3=0，步进电机轴抱死 Q0.3=1，步进电机轴松开
I0.4	SQ	原点开关			
其他元件					
元件名称		作用			
V200.0		找到原点标志			
V240.0		寻零功能块完成			
VD222		寻零速度给定			

根据表 5-10，可以画出其 I/O 接线图，如图 5-23 所示。

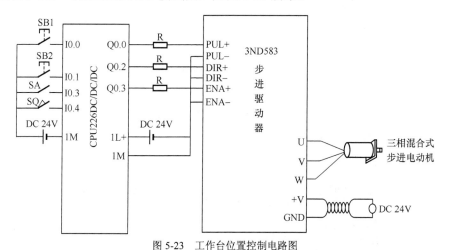

图 5-23　工作台位置控制电路图

二、程序设计

采用位控向导的方法编写控制程序。

1．PTO 向导配置

用户必须先配置 PTO 向导，才能使用 PTO 向导生成的子程序。

（1）用户可在 STEP 7 Micro/Win 编程软件中的【工具】菜单下选择【位置控制向导】命

令，因为要使用 PLC 本体的快速输出 Q0.0 控制步进电机，所以在【位置控制向导】界面选择【配置 S7-200 PLC 内置 PTO/PWM 操作】，如图 5-24 所示。

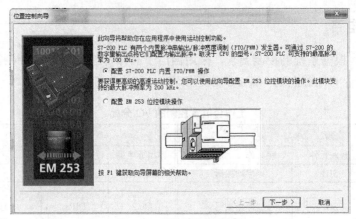

图 5-24 位控向导启动界面

（2）在图 5-24 中单击"下一步"按钮，选择脉冲快速输出为 Q0.0，如图 5-25 所示。

图 5-25 选择配置的快速脉冲

（3）单击图 5-25 中的"下一步"按钮，设置 Q0.0 脉冲输出方式是 PTO 模式，即输出的方波脉冲的占空比为 50%，这是步进电机驱动器能接收的脉冲方式。为了能够监控发出的脉冲，将 HSCO 勾选，如图 5-26 所示。

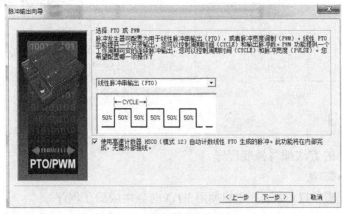

图 5-26 脉冲输出方式选择

（4）单击图 5-26 中的"下一步"按钮，弹出图 5-27 所示的窗口，在这一步中，需要设置脉冲的最大速度和启动/停止速度。太高的电机速度将使步进电机发出啸叫声并且不能正常工作，而启动/停止速度是为防止过低的运行速度导致步进电机运行不稳定，在对应的编辑框中分别设置最大速度为 20 000 脉冲，把电机启动/停止速度设定为 2 000 脉冲。这时如果单击 MIN_SPEED 值对应的灰色框，可以发现，MIN_SPEED 值改为 2 000（MIN_SPEED 值由计算得出），用户不能在此域中输入其他数值。

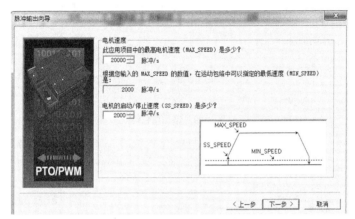

图 5-27　设置电机速度参数

（5）单击图 5-27 中的"下一步"按钮，在弹出的图 5-28 所示的窗口中设置加速时间和减速时间分别为 2 000ms 和 1 500ms，西门子推荐不要将加减速时间设置小于 0.5s。

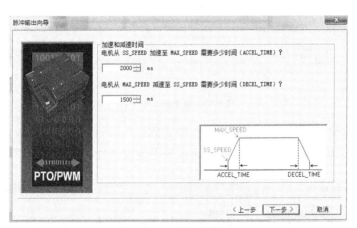

图 5-28　加减速时间设置

（6）单击图 5-28 中的"下一步"按钮，进入配置运动包络的界面，如图 5-29 所示。单击【新包络】按钮添加一个新的运动包络，操作如图 5-29 所示。

（7）单击 5-29 中的"是"按钮，弹出 5-30 所示的窗口。在本步骤中，将设置运动包络的操作模式（此例选择相对位置），然后设置步 0 的目标速度为 20 000 脉冲/s，结束位置为 500 000 个脉冲，设置完毕后单击"绘制包络"按钮，如图 5-30 所示，注意，这个包络只有 1 步。包络的符号名按默认定义（Profile_0）。这样，第 0 个包络的设置就完成了。

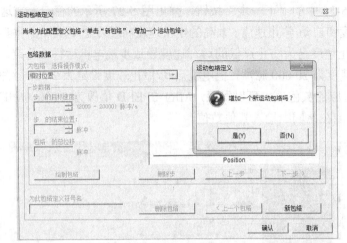

图 5-29 添加新包络

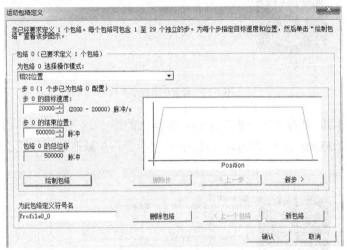

图 5-30 设置第 0 个包络

（8）运动包络编写完成，单击图 5-30 中的"确认"按钮，向导会要求为运动包络指定 V 存储区地址（建议地址为 VB0～VB69），这里采用建议地址，如图 5-31 所示。

图 5-31 选择 V 存储区的地址

（9）单击图 5-31 中的"下一步"按钮，弹出图 5-32 所示的窗口，该窗口显示出 V 存储区的地址、数据页及自动生成的子程序：PTO0_CTRL、PTO0_MAN、PTO0_RUN、PTO0_LDPOS。单击"完成"按钮，向导配置结束。

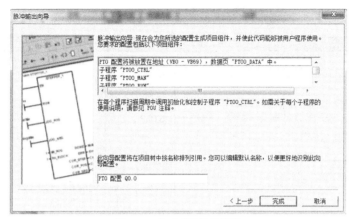

图 5-32　生成项目组件提示

2．程序设计步骤

工作台的位置控制主程序中，首先由手动子程序 PTO0_MAN 功能块完成寻零点的操作，在寻零过程中，先使用高速脉冲将电动机沿正转方向（Q0.2=1）向原点开关移动，碰到原点开关后（下降沿），改变电机旋转方向（Q0.2=0），并将寻原点速度降为低速，反方向回来再碰到原点开关的下降沿立即停止 PTO 的输出（将 PTO0_CTRL 的 I_STOP 输入置为高电平），然后使用 PTO0_LDPOS 将此位置 0，在 PTO0_LDPOS 子程序完成复位 PTO0_CTRL 的 I_STOP 输入，最后完成 PTO0_RUN 功能块在向导中设置的运动路线。

图 5-33 中，网络 1 在上电的第一个周期将 Q0.0 复位为零，并将找到原点标志复位为零，同时将旋转方向设置为正转，为上电后的找原点过程做准备；网络 2 是在自动运行和寻零模式时，都将 Q0.3 置为 1，步进电机将轴松开。

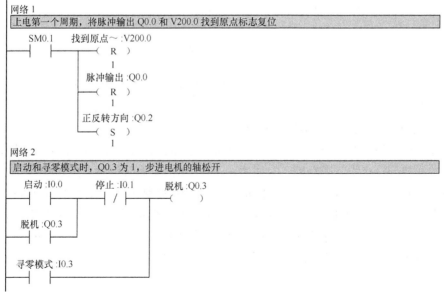

图 5-33　上电初始化程序

网络 3 中调用 PTO0_CTRL 子程序，使用 SM0.0 在 EN 输入端调用此子程序。这个子程序在 S7-200 每次转换为 RUN 模式时，装载组态/包络表，从而实现对位控模块的使能和初始化，是调用其他 PTO 脉冲子程序的基础，在程序中只能调用一次，如图 5-34 所示。

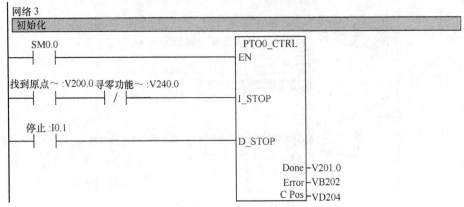

图 5-34 调用 PTO0_CTRL 子程序

网络 4 调用手动子程序开始寻原点。PTO0_MAN 子程序将使 PTO 输出设置为手动模式。这样可以在向导中指定的范围（从启动/停止速度到最大速度）内使步进电机以手动模式运行，程序如图 5-35 所示。

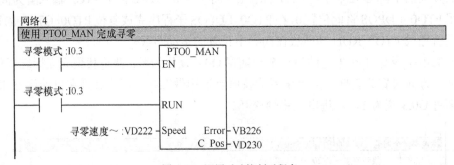

图 5-35 调用手动控制子程序

网络 5 中设置寻原点速度为高速，当 Q0.2 为 1 时，工作台左行，开始回归原点；在网络 6 中碰到原点开关 I0.4 后，改变寻原点方向（Q0.2=0），并将寻原点速度降为低速，这样可以提高寻原点的位置精度，程序如图 5-36 所示。

网络 7 是碰到原点的下降沿，并且寻原点速度为 500 脉冲/秒时，将寻原点标志 V200.0 置为 1。第二次找到原点的下降沿后，立即停止 PTO 输出，然后使用 PTO0_LDPOS 子程序的完成位 V240.0 恢复 PTO 输出。PTO0_LDPOS 改变 PTO0 脉冲计数器的当前位置值为一个新值。找到原点位置（V200.0=1）后，接通 START 参数，保证了在一个寻零周期只执行一次，NEW_Pos 参数提供一个新的值替代当前位置值，其程序如图 5-37 所示。另外，可以使用该子程序为任何一个运动命令建立一个新的零位置。

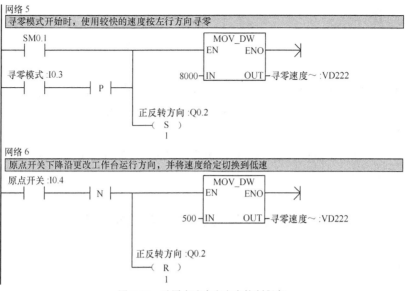

图 5-36　寻原点速度和方向控制程序

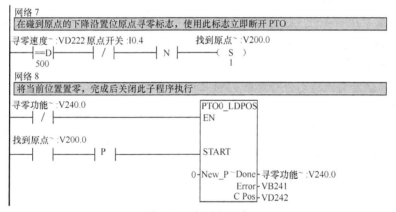

图 5-37　原点完成程序

原点完成后，使用 PTO0_RUN 完成在位置向导设置的运动包络，如图 5-38 所示。此包络由向导产生并存储在组态/包络表中。寻零功能块完成 V240.0 为 1，并且 I0.3=0 时，接通 EN 输入端，使能该子程序。按下启动按钮 I0.0=1，接通 START 参数输入端，执行 PTO0_RUN 子程序，采用边沿检测执行，保证该命令只发一次。该移动包络的名称为 Profile0_0。当按下停止按钮 I0.1 时，停止当前的包络并减速至电机停下。

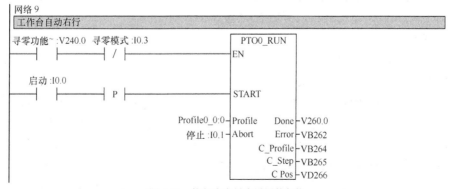

图 5-38　执行在向导中设置的包络

三、运行操作

（1）首先完成图 5-23 中 PLC 和步进驱动器的接线，然后按照图 5-13 设置步进电机的工作电流、细分设置等。

（2）给 PLC 和步进驱动器上电，将图 5-33～图 5-38 所示的程序下载到 PLC 中。

（3）将寻零模式开关 I0.3 置为 1，观察步进电机拖动工作台的寻零过程，直到工作台最后停止在原点位置。

（4）当工作台位于原点位置时，按下启动按钮 I0.0，观察步进电机拖动工作台右行过程，最后停止在工作台的最右端。

知识拓展——双轴步进电机的定位控制

【例 5-3】 某行走机械手可以沿 x 轴和 y 轴方向行走，分别由 2 台步进电机拖动。按下启动按钮，行走机械手从 x 轴原点位置 A 沿 x 轴方向以 1 500 脉冲/秒的速度向右行走，行走到 B 位置后停止，接着机械手从 B 位置开始沿 y 轴方向以 1 500 脉冲/秒的速度向上行走，行走至 C 位置后停止，行走机械手运动曲线如图 5-39 所示。试编写双轴步进电机的定位控制程序。

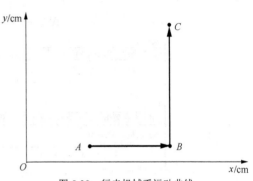

图 5-39 行走机械手运动曲线

解：（1）系统 I/O 分配。根据系统控制要求，系统的 I/O 分配表如表 5-11 所示。

表 5-11　　　　　　　　　行走机械手的 I/O 分配表

输　入			输　出		
输入继电器	输入元件	作　用	输出继电器	输出元件	作　用
I0.0	SA	启动开关	Q0.0	x 轴 PUL+	x 轴脉冲信号
I0.1	SQ1	x 轴原点	Q0.2	x 轴 DIR+	x 轴方向控制
I0.2	SQ2	x 轴限位	Q0.1	y 轴 PUL+	y 轴脉冲信号
I0.3	SQ3	y 轴原点	Q0.3	y 轴 DIR+	y 轴方向控制
I0.4	SQ4	y 轴限位			

（2）系统的接线。系统的接线如图 5-40 所示。

（3）程序设计。

① 通过位控向导给 x 轴和 y 轴的步进电机驱动器分配脉冲，用 Q0.0 控制 x 轴的步进电机，用 Q0.1 控制 y 轴的步进电机。

首先按照前面介绍的位控向导配置中的①～⑨步骤配置 Q0.0 脉冲发生器 PTO0，在图 5-27 中分别设置电机的最高速度为 5 000 脉冲/s，启动/停止速度为 500 脉冲/s；在图 5-28 中分别设置加减速时间为 300ms；在图 5-30 中设定操作模式为"相对位置"，目标速度为 1 500 脉冲/s，目标位置为 20 000 个脉冲，包络定义符号名为 Profile0_0。完成 Q0.0 的配置后，再配置另一个脉冲发生器 PTO1，基本步骤与上述方式一致，只是在选择脉冲发生器的窗口中（见

图 5-25）选择 Q0.1，在图 5-30 中，目标位置为 25 000 个脉冲，将包络定义符号名为 Profile0_1。

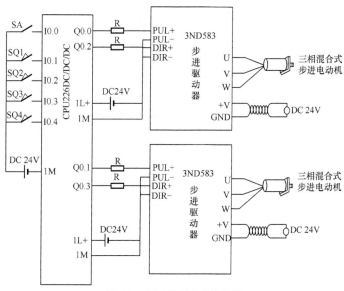

图 5-40 行走机械手的接线图

② 编写程序。行走机械手的控制程序如图 5-41 所示。网络 1 和网络 2 是 x 轴和 y 轴的初始化。网络 3 首先启动 PTO0_RUN 第一个运动包络子程序，控制行走机械手沿 x 轴右行，右行完成后，其 Done 输出端 M0.4 为 1，用 M0.4 启动 PTO1_RUN 第二个运动包络子程序，控制行走机械手沿 y 轴上行，上行完成后停止运行。

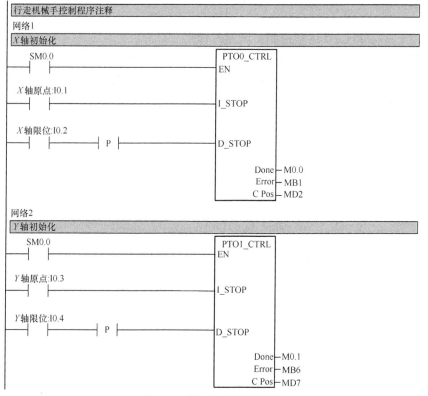

图 5-41 行走机械手控制程序

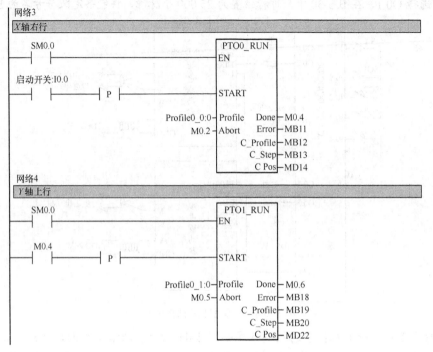

图 5-41　行走机械手控制程序（续）

思考与练习

1．西门子 S7-200 CPU 运动控制实现方式有几种？

2．步进电机最高速度 50 000 脉冲/秒，启动/停止速度 5 000 脉冲/秒，加减速时间 1 000ms，PTO 0 以 8 000 脉冲/秒的目标速度单速连续运行，或者执行相对位置运动以 8 000 脉冲/秒目标速度运行 20 000 脉冲的距离。试用位置控制向导编写步进电机控制程序（含手动控制程序）。

3．用位控向导编写步进电机正转 3 圈，再反转 3 圈，如此反复 3 次后停止。设置正向启动按钮和停止按钮。

项目 6
伺服电机的应用

学习目标

1. 了解伺服电机的工作原理。
2. 掌握伺服驱动器的端子功能。
3. 会使用伺服电机及其驱动器，能够根据要求来对伺服驱动器进行参数设定。
4. 掌握 PLC 控制伺服电机的硬件接线图。
5. 学会编写伺服电机的简单控制程序。

| 任务 6.1 伺服驱动器的认识及试运行 |

任 务 导 入

伺服控制系统，也称为随动系统，是一种能够跟踪输入的指令信号进行动作，从而获得精确的位置、速度及转矩输出的自动控制系统，它用来控制被控对象的转角或位移，使其自动、连续、精确地复现输入指令的变化。

伺服系统是机械装备实现自动化、智能化的重要部件，其主要组成部分为控制器、伺服驱动器、伺服电机和位置检测反馈元件，如图 6-1 所示。伺服驱动器通过执行控制器的指令来控制伺服电机，进而驱动机械装备的运动部件，实现对机械装备运动的速度、载荷和位置的快速、精确和稳定的控制，反馈元件是伺服电机上的光电编码器或旋转编码器，能够将实际机械运动速度、位置等信息反馈至电气控制装置，从而实现闭环控制。

控制器按照系统的给定值和通过反馈装置检测的实际运行值的差，调节控制量，控制器可以是工业控制计算机，也可以是 PLC。

伺服驱动器又称伺服功率放大器，它作为伺服系统的主回路，一方面按控制量的大小将电网中的电能作用到伺服电动机上，调节电动机转矩的大小，另一方面把工频交流电转换为幅度和频率均可变的交流电提供给伺服电动机。

伺服电机是系统的执行元件，它将控制电压转换成角位移或角速度拖动生产机械运转，它可以是步进电机、直流伺服电机或交流伺服电机。

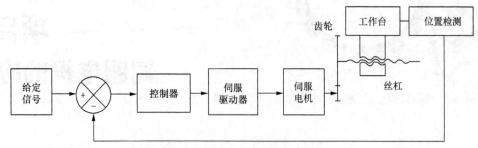

图 6-1　伺服控制系统组成原理图

伺服控制系统最初用于船舶的自动驾驶、火炮控制和指挥仪中，后来逐渐推广到很多领域，特别是高精度数控机床、机器人和其他广义的数控机械，比如纺织机械、印刷机械、包装机械、自动化流水线、各种专用设备等。

相 关 知 识

一、伺服电机

扩展视频：伺服电机

　　伺服电机可以将电压信号转化为角位移和角速度输出以驱动控制对象，其控制速度、位置精度非常准确。伺服电机转子转速受输入信号控制，并能快速反应，在自动控制系统中，用作执行元件，且具有机电时间常数小、线性度高等特性，可把所收到的电信号转换成电动机轴上的角位移或角速度输出。其主要特点是，当信号电压为零时无自转现象，转速随着转矩的增加而匀速下降。

　　伺服电机的分类：分为直流伺服电机和交流伺服电动机两大类。直流伺服电机分为有刷和无刷电机。

1．伺服电机的铭牌和外部结构

　　以 HC-SFS202 为例，伺服电动机铭牌主要包括如图 6-2（a）所示的参数。其中，型号 HC 表示中小功率系列电动机，SFS 表示中等容量、中等惯性时间常数、高转速，20 代表额定输出功率为 2 000W，2 表示输出转速为 2 000r/min。图 6-2（b）给出了三菱伺服电动机外部的基本结构，该伺服电机主要包括 3 部分。

（a）伺服电机的铭牌

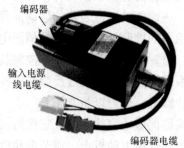

（b）伺服电机的外形

图 6-2　伺服电机

（1）编码器：位于伺服电动机的背面，主要测量电动机的实际速度，并将转速信号转化为脉冲信号。

（2）编码器电缆：从伺服电动机背面的编码器引出一组电缆，主要传输测得的转速信号，并反馈给控制器进行比较。

（3）输入电源线电缆：与电动机内部绕组 U、V、W 连接，还包括一根接地线。

2．伺服电机的内部结构及工作原理

由于交流伺服电机应用的最为广泛，所以下面主要介绍交流伺服电机的结构和工作原理。交流伺服电机通常都是单相异步电动机，有鼠笼形转子和杯形转子两种结构形式。交流伺服电机由定子、转子和编码器构成，如图 6-3 所示。定子上有两个绕组，即励磁绕组和控制绕组，两个绕组在空间相差 90° 电角度。

交流伺服电机的工作原理和单相感应电动机无本质上的差异。交流伺服电动机在没有控制电压时，定子内只有励磁绕组产生的脉动磁场，转子静止不动。当有控制电压时，

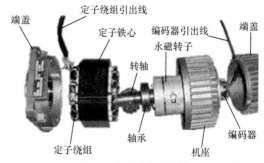

图 6-3 伺服电机的结构

定子内便产生一个旋转磁场，转子沿旋转磁场的方向旋转，在负载恒定的情况下，电动机的转速随控制电压的大小而变化，当控制电压的相位相反时，伺服电动机将反转。

交流伺服电动机的转子通常做成鼠笼式，但为了使伺服电动机具有较宽的调速范围、线性的机械特性，无"自转"现象和快速响应的性能，它与普通电动机相比，应具有转子电阻大和转动惯量小这两个特点。目前应用较多的转子结构有两种形式：一种是采用高电阻率的导电材料做成的高电阻率导条的鼠笼转子，为了减小转子的转动惯量，转子做得细长；另一种是采用铝合金制成的空心杯形转子，杯壁很薄，仅 0.2~0.3mm，为了减小磁路的磁阻，要在空心杯形转子内放置固定的内定子。空心杯形转子的转动惯量很小，反应迅速，而且运转平稳，因此被广泛采用。

二、伺服驱动器的控制模式

伺服驱动器的功能是将工频交流电源转换成幅度和频率均可变的交流电源提供给伺服电机。伺服驱动器主要有 3 种控制模式，分别是位置控制模式、速度控制模式和转矩控制模式。其控制模式可以通过设置伺服驱动器的参数来改变。

扩展视频：伺服驱动器的控制模式

1．位置控制模式

位置控制模式是伺服中最常用的控制方式，它一般是通过外部输入脉冲的频率来确定伺服电机转动的速度，通过脉冲数来确定伺服电机转动的角度，所以一般用于定位装置。

位置控制模式的组成结构如图 6-4 所示。伺服控制器发出控制信号和脉冲信号给伺服驱动器，伺服驱动器输出 U、V、W 三相电源电压给伺服电动机，驱动伺服电动机工作，与伺服电动机同轴旋转的编码器会将电动机的旋转信息反馈给伺服驱动器。伺服控制器输出的脉冲信号用来确定伺服电动机的转数，在驱动器中，该脉冲信号与编码器送来的脉冲信号进行比较，若两者相等，表明电动机旋转的转数已达到要求，电动机驱动的执行部件已移动到指定的位置。控制器发出的脉冲个数越多，电动机会旋转更多的转数。

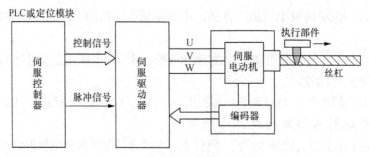

图 6-4 位置控制模式的组成结构图

伺服控制器既可以是 PLC，也可以是定位模块，例如：西门子的 EM253，三菱的 FX2N-10GM 和 FX2N-20GM。

2．速度控制模式

当伺服驱动器工作在速度控制模式时，通过控制输出电源的频率来对电动机进行调速。伺服驱动器无需输入脉冲信号也可以正常工作，故可取消伺服控制器，此时的伺服驱动器类似于变频器。但由于驱动器能接收伺服电动机的编码器送来的转速信息，不但能调节电动机的速度，还能让电动机转速保持稳定。

速度控制模式的组成结构如图 6-5 所示。伺服驱动器输出 U、V、W 三相电源电压给伺服电动机，驱动电动机工作，编码器会将伺服驱动器的旋转信息反馈给伺服驱动器。电动机旋转速度越快，编码器反馈给伺服驱动器的脉冲频率越高。操作伺服驱动器的有关输入开关，可以控制伺服电动机的启动、停止和旋转方向等。调节伺服驱动器的有关输入电位器，可以调节电动机的转速。

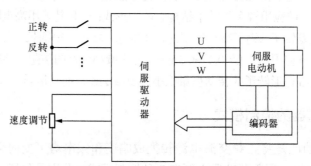

图 6-5 速度控制模式的组成结构图

伺服驱动器的输入开关、电位器等输入的控制信号也可以用 PLC 等控制设备来产生。

3．转矩控制模式

当伺服驱动器工作在转矩控制模式时，通过外部模拟量输入控制电动机的输出转矩大小。伺服驱动器无需输入脉冲信号也可以正常工作，故可取消伺服控制器，通过操作伺服驱动器的输入电位器，可以调节伺服电动机的输出转矩。

转矩控制模式的组成结构如图 6-6 所示。

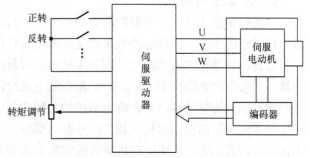

图 6-6 转矩控制模式的组成结构图

三、三菱伺服驱动器的内部结构

视频 34．三菱伺服
驱动器的外部结构

三菱通用 AC 伺服 MELSERVO-JE 系列是以 MELSERVO-J4 系列为基础，在保持高性能的前提下对功能进行限制的 AC 伺服。控制模式有位置控制、速度控制和转矩控制三种。在位置控制模式下最高可以支持 4 Mp/s 的高速脉冲列，还可以选择位置/速度切换控制，速度/转矩切换控制和转矩/位置切换控制。所以本伺服不但可以用于机床和普通工业机械的高精度定位和平滑的速度控制，还可以用于线控制和张力控制等，应用范围十分广泛。

MELSERVO-JE 系列的伺服电机采用拥有 131 072 pulses/rev 分辨率的增量式编码器，能够进行高精度的定位。

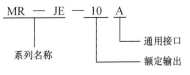

1．铭牌说明

（1）型号名称。三菱伺服驱动器的型号说明如图 6-7 所示。

（2）铭牌。三菱伺服驱动器的铭牌如图 6-8 所示。MR-JE-10A 为中小功率伺服驱动器，10 表示其功率为 100W，A 表示其为通用接口。输入参数包括额定输入电流 0.9A/1.5A、可通入三相或单相电源、输入电压在 200～240V、频率 50/60Hz，输出参数包括输出电压 170V、输出频率 0～360Hz、额定输出电流 1.1A。

记号	[kw]
10	0.1
20	0.2
40	0.4
70	0.75
100	1
200	2
300	3

图 6-7　三菱 MR-JE 系列伺服驱动器的型号

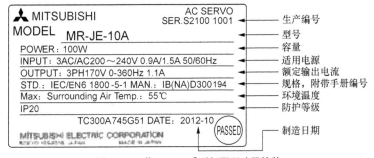

图 6-8　三菱 MR-JE 系列伺服驱动器铭牌

2．内部结构认识

三菱伺服驱动器主要由主电路和控制电路组成，如图 6-9 所示。伺服驱动器的主电路包括整流电路、开机浪涌保护电路、滤波电路、再生制动电路、逆变电路和动态制动电路。伺服驱动器的主电路和变频器的主电路基本相同，唯一的区别是伺服驱动器的主电路配有动态制动电路，它具有在基极断路时，在伺服电机和端子间加上适当的电阻器进行短路消耗旋转能，使之迅速停转的功能。电流检测器用于检测伺服驱动器输出电流大小，并通过电流检测电路反馈给控制系统，以便控制系统随时了解输出电流情况而做出相应控制。有些伺服电动机除了带有编码器外，还带有电磁制动器，在制动线圈未通电时，伺服电动机被抱闸，线圈通电后抱闸松开，电动机可正常运行。

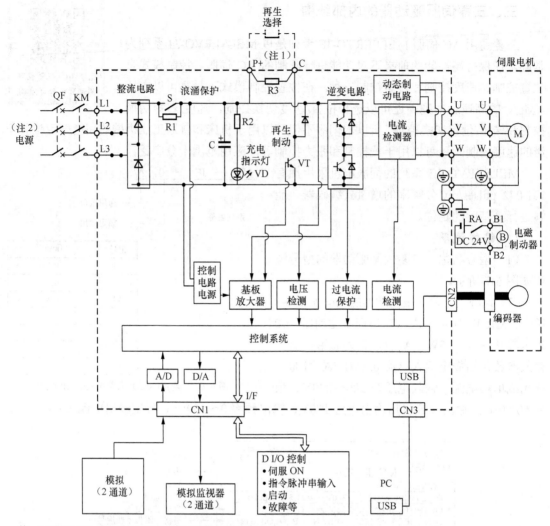

注: 1.MR-JE-10A 以及 MR-JE-20A 中没有内置再生电阻器。
   2. 使用单相 AC 200V~240V 电源时,请将电源连接到 L1 及 L3 上, L2 不接线。

图 6-9 伺服驱动器的功能结构图

　　控制电路有单独的电源电路,它除了为控制系统供电外,对于大功率型号的驱动器,它还要为内置的散热风扇供电。电压检测电路用于检测主电路中的电压,电流检测电路用于检测逆变电路的电流,它们都反馈给控制系统,控制系统根据设定的程序作出相应的控制(如过电压或过电流时,驱动器停止工作)。

　　控制电路通过一些接口电路与驱动器的外接端口(如 CN1、CN2 和 CN3)连接,以便接收外部设备送来的指令,也能将驱动器的有关信息输出给外部设备。

四、三菱伺服驱动器的外部结构

　　MR-JE-100A 以下的三菱伺服驱动器的外部结构如图 6-10 所示,它有 CNP1、CN1、CN2和 CN3 共 4 个接头与外部设备连接,其中 CNP1 是主电路接头,该接头同来连接伺服驱动器的工作电源以及伺服电动机;CN1 是伺服驱动器输入输出信号用连接器,连接数字输入输出信号、模拟输入信号及模拟监视器输出信号；CN2 是编码器连接器；CN3 是 USB 通信用连接器，主要用来和个人电脑连接。

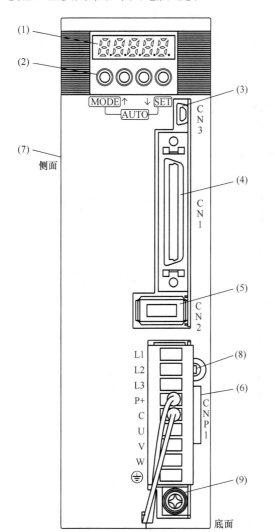

编号	名称·用途
(1)	显示部 在5位7段的LED中显示伺服的状态以及警报编号
(2)	操作部位 对状态显示、诊断、报警及参数进行操作，同时按下"MODE"与"SET"3s以上后，将会进入单键调整模式
(3)	USB 通信用连接器（CN3） 与个人电脑连接
(4)	输入输出信号用连接器（CN1） 连接数字输入输出信号，模拟输入信号以及模拟监视器输出信号
(5)	编码器连接器（CN2） 连接伺服电机编码器
(6)	电源连接器（CNP1） 连接输入电源，内置再生电阻器，再生选件以及伺服电机
(7)	铭牌
(8)	充电指示灯 主电路存在电荷时亮灯。亮灯时请勿进行电线的连接和更换等
(9)	保护接地（PE）端子 接地端子

图 6-10　三菱 MR-JE-100A 以下的伺服驱动器的外部结构

五、三菱伺服驱动器的外围接线

伺服驱动器工作时需要连接伺服电动机、编码器、伺服控制器和电源等设备。三菱 MR-JE 系列的伺服驱动器有大功率和小功率之分，它们的接线端子略有不同，100A 以下的伺服驱动器与外围设备的连接如图 6-11 所示。电源可采用三相电压（L1、L2、L3 端子接 AC200V～240V 三相电源），也可采用单相电压 AC 200V～240V，使用单相电源时，电源请连接 L1、L3，不要连接 L2。

扩展视频：三菱伺服驱动器的外围接线及保护电路

　　断路器用于保护电源线；在电源和伺服放大器的电源（L1、L2、L3）之间，请务必连接电磁接触器，使伺服放大器在发生报警时能够切断电源。若未连接电磁接触器，在伺服放大器发生故障，持续通过大电流时，可能会造成火灾；电抗器用于改善功率因数；线噪声滤波器对伺服放大器的电源或输出侧辐射出的噪声有抑制效果,对高频率的泄漏电流(零相电流)也有抑制效果;U、V、W 端子接伺服电机的三相绕组,伺服电机的编码器电缆接口插到伺服驱动器 CN2 接口上;CN3 接口连接安装有 MR Configurator2 伺服软件的计算机。因为装备了 USB 通信接口,与安装 MR Configurator2 后的个人电脑连接后,能够进行数据设定和试运行,以及增益调整等;CN1 接口是输入、输出连接器接口。

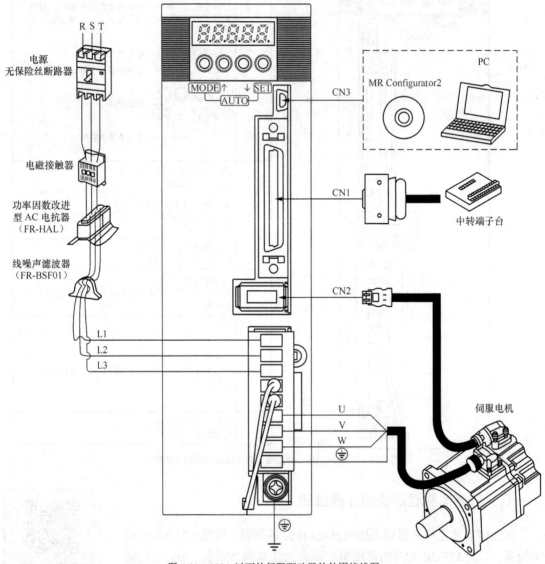

图 6-11　100A 以下的伺服驱动器的外围接线图

六、三菱伺服驱动器的电源及启停保护电路

MR-JE-100A 以下伺服驱动器的电源及启停保护电路的接线如图 6-12 所示。

在伺服驱动器的主电路中,采用接触器控制伺服驱动器上电或失电。其启动过程:合上断路器 QF,按下启动按钮 SB1,接触器线圈 KM 得电,其主触点闭合,伺服驱动器上电,为主电路供电。在没有故障的情况下,伺服驱动器的输出端子 ALM 闭合,中间继电器 KA

得电，KA 的常开触点闭合，与 KM 的常开触点一起组成自锁电路，继续给接触器 KM 线圈供电。此时，KA 的常开触点闭合，电磁制动器线圈得电，将伺服电机的轴松开，当 SON 端的伺服开启开关 SA 闭合时，伺服驱动器开始工作。

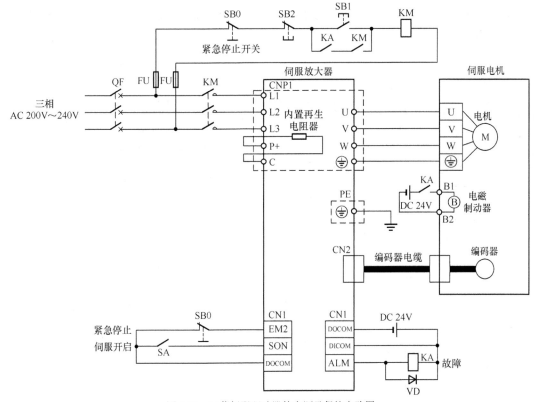

图 6-12　三菱伺服驱动器的电源及保护电路图

为防止伺服驱动器的意外重启，将电路设置成断开电源后 EM2 也跟着断开的结构，因此紧急停止按钮在接触器电路和 EM2 输入端子上采用同一个按钮。

紧急停止控制过程：按下紧急停止按钮，接触器 KM 线圈失电，KM 的自锁点断开，KM 的主触点断开，切断 L1、L2、L3 主电路的电源，使伺服驱动器停止输出，中间继电器 KA 失电，其常开触点断开，电磁制动器线圈失电，对伺服电动机进行电磁抱闸。

故障保护控制过程：如果伺服驱动器内部出现故障，ALM 断开，KA 继电器失电，KA 的常开触点断开，自锁点断开，接触器 KM 失电，将伺服驱动器的主电路电源切除，主电路停止输出，同时，电磁制动器的线圈失电，抱闸对伺服电动机进行制动。

任 务 实 施

【训练工具、材料和设备】

三菱 MR-JE-10A 伺服驱动器 1 台、伺服电机 1 台、《三菱 MR-JE 系列伺服驱动器手册》、开关、按钮若干、通用电工工具一套。

一、三菱伺服驱动器输入输出引脚功能认识

三菱 MR-JE 系列伺服驱动器有位置控制、速度控制和转矩控制等 3 种模式。这 3 种模式下，各引脚功能如图 6-13 所示，其中 CN1 连接器中有些引脚在不同模式时功能有所不同，图 6-13 中，P：位置控制模式，S：速度控制模式，T：转矩控制模式。图 6-13 中，左边是输入引脚，右边是输出引脚。

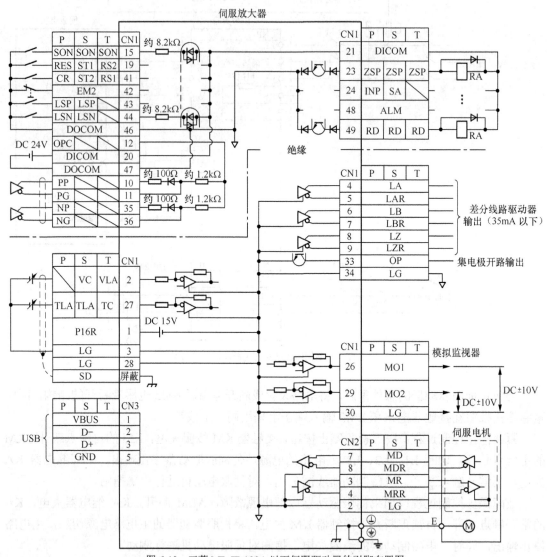

图 6-13　三菱 MR-JE-100A 以下伺服驱动器的引脚布置图

输入、输出信号连接器 CN1 共 50 个引脚，其信号排列位置如图 6-14 所示。

CN1 连接器部分引脚功能如表 6-1 所示。表中的控制模式的符号内容如下。

P：位置控制模式；S：速度控制模式；T：转矩控制模式；

○：可在出厂状态下直接使用的信号；△：通过 PA04、PD03～PD28 的设置能够使用的信号，连接器引脚编号栏的编号为初始状态时下的值。

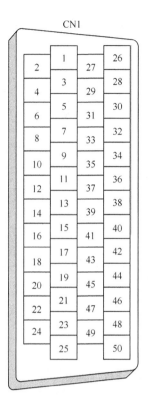

图 6-14 CN1 连接器的引脚位置图

表 6-1 CN1 部分引脚功能分配

信号脉冲	符号	连接器引脚编号	功能/应用			I/O分配	控制模式		
							P	S	T
强制停止2	EM2	CN1-42	当 EM2 与公共端开路时，将根据指令对伺服电机进行减速停止；当从强制停止状态转到 EM2 开启（使公共端之间短路）时，则能够解除强制停止状态； PA04 的设置内容如下所示： PA04 的设定值 / EM2/EM1 的选择 / 减速方法（EM2 或者 EM1 为关闭 / 发生警报） 0 _ _ _ / EM1 / 不进行强制停止减速直接关闭 MBR（电磁制动器联锁）/ 不进行强制停止减速直接关闭 MBR（电磁制动器联锁） 2 _ _ _ / EM2 / 在强制停止减速后关闭 MBR（电磁制动器联锁）/ 在强制停止减速后关闭 MBR（电磁制动器联锁）			DI-1	○	○	○
伺服开启	SON	CN1-15	在开启 SON 时，主电路将会通电，变为可以运行的状态。（伺服 ON 状态）关闭后主电路将被切断，伺服电机进入自由运行状态。在将 PD01 设置为"_ _ _ 4"时，可以在内部变更为自动开启（始终开启）			DI-1	○	○	○
复位	RES	CN1-19	开启 RES 50 ms 以上时可以对报警进行复位。有些报警无法通过 RES（复位）进行解除。没有发生报警的状态下，开启 RES 时会切断主电路。 在将 PD30 设置为"_ _ 1 _"时，主电路不会断开。该功能不用于停止。在运行中请勿开启			DI-1	○	○	○

信号脉冲	符号	连接器引脚编号	功能/应用	I/O分配	控制模式 P	控制模式 S	控制模式 T
正转行程末端	LSP	CN1-43	运行时，请开启 LSP 以及 LSN。关闭时则紧急停止并保持锁定状态。在将 PD30 设置为"＿＿＿1"时，将会变为减速停止。 在按照下述方式对 PD01 进行设置时，可以在内部变更为自动 ON（常闭）	DI-1	○	○	
反转行程末端	LSN	CN1-44					

在按照下述方式对 PD01 进行设置时，可以在内部变更为自动 ON（常闭）

输入设备		运转	
LSP	LSN	CCW 方向	CW 方向
1	1	O	O
0	1		O
1	0	O	
0	0		

注：O 表示伺服电机旋转。

在按照下述方式对 PD01 进行设置时，可以在内部变更为自动 ON（常闭）

PD01	状态	
	LSP	LSN
＿4＿＿	自动 ON	
＿8＿＿		自动 ON
＿C＿＿	自动 ON	自动 ON

当 LSP 或 LSN 变为关闭，则会发生 AL.99 行程限制警告，WNG（警告）变为开启。在使用 WNG 时，请通过 PD24、PD25 及 PD28 的设置使其变为能够使用

信号脉冲	符号	连接器引脚编号	功能/应用	I/O分配	P	S	T
外部转矩制限选择	TL		在关闭 TL 时，PA11 正转转矩限制以及 PA12 反转转矩限制将变为有效，在开启 TL 时，TLA（模拟转矩限制）将会变为有效	DI-1	△	△	
内部转矩制限选择	TL1		当通过 PD03～PD20 使 TL1 能够使用时，则可以选择 PC35 内部转矩限制 2	DI-1	△	△	
正转启动	ST1		启动伺服电机，旋转方向如下：				
反转启动	ST2			DI-1		△	

输入设备		伺服电机启动方向
ST2	ST1	
0	0	停止（伺服锁定）
0	1	CCW
1	0	CW
1	1	停止（伺服锁定）

注．0：OFF，1：ON

当在运行中同时开启或关闭 ST1 和 ST2 时，将通过 PC02 的设置值减速停止后进行伺服锁定。

在将 PC23 设置为"＿＿＿1"时，减速停止后不会进行伺服锁定

续表

信号脉冲	符号	连接器引脚编号	功能/应用	I/O分配	控制模式 P	S	T
正转选择	RS1		选择伺服电机的转矩输出方向，转矩发生方向如下：	DI-1			△
反转选择	RS2						
速度选择 1	SP1		1. 速度控制模式时 运行时的速度指令选择	DI-1		△	△
速度选择 2	SP2			DI-1		△	△
速度选择 3	SP3		2. 转矩控制模式时 运行时的转速限制选择	DI-1		△	△
电子齿轮选择 1	CM1		通过 CM1 和 CM2 的组合，能够选择 4 种电子齿轮的分子。	DI-1	△		
电子齿轮选择 2	CM2			DI-1	△		

正转选择 / 反转选择 功能表：

输入设备		转矩输出方向
RS2	RS1	
0	0	不输出转矩
0	1	正转驱动·反转再生
1	0	反转驱动·正转再生
1	1	不输出转矩

注：0：OFF；1：ON

1. 速度控制模式时　运行时的速度指令选择

输入设备			速度指令
SP3	SP2	SP1	
0	0	0	VC（模拟速度指令）
0	0	1	PC05 内部速度指令 1
0	1	0	PC06 内部速度指令 2
0	1	1	PC07 内部速度指令 3
1	0	0	PC08 内部速度指令 4
1	0	1	PC09 内部速度指令 5
1	1	0	PC010 内部速度指令 6
1	1	1	PC011 内部速度指令 7

注：0：OFF；1：ON

2. 转矩控制模式时　运行时的转速限制选择

输入设备			速度限制
SP3	SP2	SP1	
0	0	0	VC（模拟速度限制）
0	0	1	PC05 内部速度限制 1
0	1	0	PC06 内部速度限制 2
0	1	1	PC07 内部速度限制 3
1	0	0	PC08 内部速度限制 4
1	0	1	PC09 内部速度限制 5
1	1	0	PC10 内部速度限制 6
1	1	1	PC11 内部速度限制 7

注：0：OFF；1：ON

电子齿轮选择功能表：

输入设备		电子齿轮分子
CM1	CM2	
0	0	PA06
0	1	PC32
1	0	PC33
1	1	PC34

注：0：OFF；1：ON

续表

信号脉冲	符号	连接器引脚编号	功能/应用	I/O分配	控制模式 P	S	T
故障	ALM	CN1-48	发生警报时 ALM 关闭。 在没有发生报警时，在开启电源 2.5 s～3.5 s 之后，ALM 将会开启。 在将 PD34 设置为 "＿＿1＿" 时，如果发生报警或警告，则 ALM 将会关闭。	DO-1	○	○	○
准备完成	RD	CN1-49	伺服开启，进入可运行状态，RD 就开启	DO-1	○	○	○
定位完成	INP	CN1-24	累计脉冲在设定到达范围内时 INP 开启。定位范围可以在 PA10 中进行变更。到位范围较大时，低速旋转时会常开。伺服 ON 后 INP 开启	DO-1	○		
速度达到	SA	CN1-24	伺服电机转速接近设定速度时，SA 开启。设置速度在 20r/min 以下时将始终为开启。 即使当 SON（伺服 ON）关闭或者 ST1（正转启动）与 ST2（反转启动）同时关闭，并通过外力使伺服电机的转速达到设置速度，其也不会变为开启	DO-1		○	
速度限制中	VLC		在转矩控制模式，当达到 PC05 内部速度限制1～PC11 内部速度限制7 或 VLA（模拟速度限制）中所限制的速度时，VLC 将会开启。 SON（伺服 ON）关闭时将会变为关闭	DO-1			△
转矩限制中	TLC		当在发生转矩时达到 PA11 正转转矩限制，PA12 反转转矩限制或 TLA（模拟转矩限制）中所设置的转矩时，TLC 将会开启	DO-1	△	△	
零速度检测	ZSP	CN1-23	伺服电机转速在零速度以下时，ZSP 开启。零速度可以在 PC17 中进行变更	DO-1	○	○	○
模拟转矩限制	TLA	CN1-27	在使用此信号时，请在 PD03～PD20 中设置为可以使用 TL（外部转矩限制选择）。 TLA 有效时，在伺服电机输出转矩全范围内限制所有转矩。请在 TLA 与 LG 之间加载 DC 0V～+10V 的电压。在 TLA 上连接+电源。在+10V 下输出最大转矩。 当在 TLA 中输入大于最大转矩的限制值时，则将在最大转矩下被夹紧。 分辨率：10 位	模拟输入	△	△	
模拟转矩指令	TC	CN1-27	控制伺服电机输出转矩全区域的转矩。请在 TC 与 LG 之间加载 DC 0V～±8V 的电压。在±8V 下输出最大转矩。此外，输入±8V 对应的转矩可以在 PC13 中进行变更。当在 TC 中输入大于最大转矩的指令值时，则将在最大转矩下被钳制	模拟输入			○
模拟速度指令	VC	CN1-2	请在 VC 与 LG 之间加载 DC 0V～±10V 的电压。±10V 时对应通过 PC12 中设置的转速。 当在 VC 中输入大于容许转速的指令值时，则将在容许转速下被钳制分辨率：14 位级别	模拟输入		○	
模拟速度限制	VLA	CN1-2	请在 VLA 与 LG 之间加载 DC 0V～±10V 的电压。±10V 时对应通过 PC12 中设置的转速。 当在 VLA 中输入大于容许转速的限制值时，则将在容许转速下被钳制	模拟输入			○
正转脉冲列反转脉冲列	PP NP PG NG	CN1-10 CN1-35 CN1-11 CN1-36	输入指令脉冲列 • 使用集电极开路方式时（最大输入频率 200 kp/s） 在 PP 和 DOCOM 之间输入正转脉冲列 在 NP 和 DOCOM 之间输入反转脉冲列 • 使用差动接收器方式时（最大输入频率 4 Mp/s） 在 PG 和 PP 之间输入正转脉冲列 在 NG 和 NP 之间输入反转脉冲列 指令输入脉冲列形式，脉冲列逻辑以及指令输入脉冲列滤波器可以在 PA13 中进行变更。 当指令脉冲列为 1 Mp/s～4 Mp/s 时，请将 PA13 设置为 "＿0＿＿"	DI-2	○		

信号脉冲	符号	连接器引脚编号	功能/应用	I/O分配	控制模式 P	S	T
			电源				
数字 I/F 用电源输入	DICOM	CN1-20 CN1-21	请输入输出接口用 DC 24V（DC 24V±10% 300 mA）。电源容量根据使用的输入输出接口的点数不同而改变。 使用漏型接口时，请连接 DC 24V 外部电源的正极； 使用源型接口时，请连接 DC 24V 外部电源的负极		○	○	○
集电极开路电源输入	OPC	CN1-12	在通过集电极开路方式输入脉冲串时,请向此端子提供 DC 24V 的正极电源		○		
数字 I/F 用公共端	DOCOM	CN1-46 CN1-47	是伺服放大器的 EM2 等输入信号的公共端子，和 LG 相隔离。 使用漏型接口时，请连接 DC 24V 外部电源的负极； 使用源型接口时，请连接 DC 24V 外部电源的正极		○	○	○
DC 15V 电源输出	P15R	CN1-1	向 P15R 与 LG 之间输出 DC 15V 的电源。向 TC、TLA、VC、VLA 提供电源。 容许电流：30 mA 电压变动：DC 13.5V～16.5V		○	○	○
控制共同	LG	CN1-3 CN1-28 CN1-30 CN1-34	是 TLA、TC、VC、VLA、OP、MO1、MO2、P15R 的公共端子。 各引脚在内部连接		○	○	○
屏蔽	SD	屏蔽	连接屏蔽线的外部导体		○	○	○

二、伺服驱动器输入输出的接线认识

1. 数字量输入引脚的接线

扩展视频：伺服驱动器输入输出的接线

伺服驱动器的数字量输入引脚用于输入开关信号，如启动、正转、反转和停止信号等。根据开关闭合时输入引脚的电流方向不同，可分为漏型输入方式和源型输入方式，不管采用哪种输入方式，三菱伺服驱动器都能接受，这是因为数字量引脚内部采用双向光电耦合器，如图 6-13 所示。

漏型输入是指以电流从输入引脚流出的方式输入开关信号，其接线方式如图 6-15（a）所示，伺服驱动器的 EM2 等端子可以接收继电器开关及漏型（集电极开路））的晶体管输出信号。源型输入是指以电流从输入引脚流入的方式输入开关信号，其接线方式如图 6-15（b）所示，伺服驱动器的 EM2 等端子可以接收继电器开关及源型（集电极开路））的晶体管输出信号。

 注 意

三菱源型和漏型输入方式的定义与西门子相反。

2. 数字量输出引脚的接线

伺服驱动器的数字量输出引脚是通过内部三极管的导通与截止来输出 0、1 信号，能够驱动指示灯、继电器或者光耦合器。

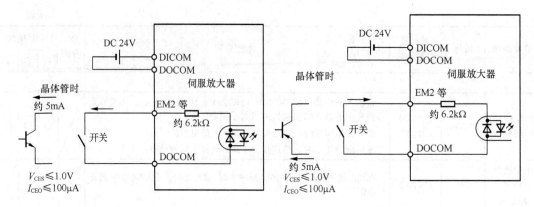

（a）漏型输入接线方式　　　　　　　　　　　（b）源型输入接线方式

图 6-15　伺服驱动器数字量输入的接线方式

其输出接线方式也分为漏型和源型两种情况。图 6-16（a）是漏型输出的接线情况，图 6-16（b）是源型输出的接线情况，从图中可以看出，如果数字量输出端接的是继电器线圈等感性负载，需要在线圈两端并联一只二极管来吸收线圈产生的反峰电压，注意，两种输出接线方式中，二极管的极性不要接反。如果数字量输出端接指示灯，由于指示灯的冷电阻很小，为防止三极管刚导通时因流过的电流过大而损坏，通常需要给指示灯串接一个限流电阻，以便对浪涌电流进行抑制，如图 6-17 所示。

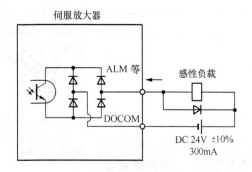

（a）漏型输出接线方式　　　　　　　　　　　（b）源型输出接线方式

图 6-16　伺服驱动器数字量输出的接线方式

3．脉冲列输入引脚的接线

当伺服驱动器工作在位置控制模式时，需要使用脉冲输入引脚来输入脉冲信号，用来控制伺服电动机运动的位移和旋转方向。三菱伺服驱动器的脉冲输入有两种方式：集电极脉冲输入方式和差动脉冲输入方式。

（1）集电极脉冲输入方式的接线。

集电极脉冲输入方式的接线如图 6-18 所示，在接线时，将伺服驱动器的 OPC 接到 24V 电源的正极，24V 电源的负极接到 DOCOM 引脚上。PP 引

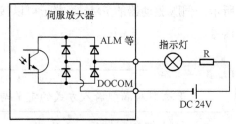

图 6-17　输出端接指示灯的接线图

脚为正转脉冲输入端，NP 为反转脉冲输入端，DOCOM 为公共端，SD 为屏蔽端。

如果采用集电极脉冲输入方式，允许输入的脉冲频率最大为 200kHz。

注　意

三菱 MR-JE 系列的伺服驱动器工作在位置控制模式时，只能接受 NPN 输入信号；脉冲列输入接口中使用了光耦合器，因此，在脉冲列信号线上不能连接电阻。

（2）差动脉冲输入方式的接线。

差动脉冲输入方式的接线如图 6-19 所示，当伺服驱动器采用差动输入方式时，可以利用接口芯片（如 Am26LS31）将单路脉冲信号转换成双路差动脉冲信号，这种输入方式需要 PP、PG 和 NP、NG4 个引脚。脉冲列输入接口使用了光耦合器，因此，在脉冲列信号线上不能连接电阻。输入脉冲频率使用 4 MHz 时，需将 PA13 设置为 "＿ 0 ＿＿"。

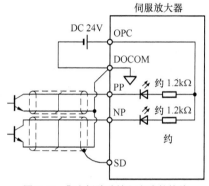

图 6-18　集电极脉冲输入方式的接线

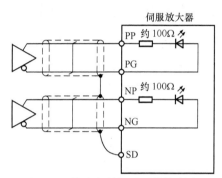

图 6-19　差动脉冲输入方式的接线图

差动脉冲输入方式输入脉冲的最高频率为 4MHz。

4．模拟量输入/输出引脚的接线

（1）模拟量输入。三菱伺服驱动器中模拟量输入主要是完成速度调节、转矩调节或速度限制及转矩限制。

如图 6-20 所示，DC+15V 连接 P15R 流出经过电位器 RP1，并分为两路：一路信号再经过 RP2 直接回到电源负极 LG；另外一路从电位器 RP2 另一段经过 VC 端，最后流入电源负极，所以 VC 端与 LG 端便形成一定的压降。在速度控制模式中，其两端电压变化范围为 0～10V；在转矩控制模式中其电压变化范围为 0～8V，但直流电源为 15V，大于二者电压最高值，所以需要电位器 RP1 分压，一般情况下 RP1 及 RP2 的阻值为 2kΩ。

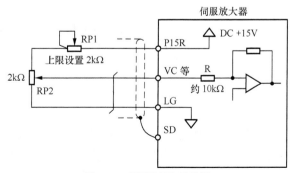

图 6-20　模拟量输入接线图

（2）模拟量输出。三菱伺服驱动器中模拟量输出的主要功能是反映伺服驱动器的状态，如电动机旋转速度、输入脉冲频率、输出转矩等。如图 6-21 所示，三菱伺服驱动器中模拟量输出有两个通道：MO1 和 MO2，由于两通道相似，所以只对 MO1 分析。伺服驱动器通过 D/A 转换将模拟量从 MO1 端口送出，在出厂状态下 MO1（模拟监视器 1）输出伺服电机转速，MO2（模拟监视器 2）输出转矩，但是通过参数 PC14 和 PC15 的设置可以对 MO1 和 MO2 的输出内容进行变更。

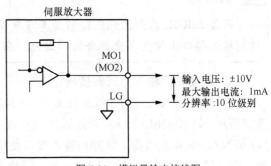

图 6-21　模拟量输出接线图

三、伺服驱动器的显示操作与参数设置

如图 6-22 所示，面板上有"MODE"、"↑（UP）"、"↓（DOWN）"、"SET" 4 个按键和一个 5 位 7 段 LED 显示器，利用它们可以对伺服驱动器的状态、报警、参数设置等操作，此外，可以通过同时按下"MODE"键和"SET"键来进入到单键增益自动调谐模式。

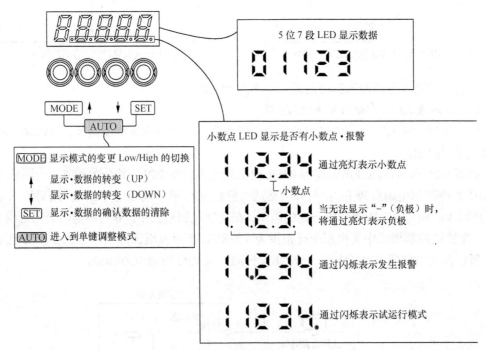

图 6-22　伺服驱动器的操作显示面板

1．各种模式的显示与切换

伺服驱动器通电后，LED 显示器处于状态显示模式，此时显示为 ，反复按压"MODE"键，可让伺服驱动器的显示模式在表 6-2 所示的状态之间切换。当显示器处于某种模式时，按压"UP"键和

视频 35．伺服驱动器
各种模式显示与切换

"DOWN"键即可在该模式中选择不同的项进行详细的设置操作，如图 6-23 所示。

表 6-2　　　　　　　　　　　　各种显示模式及初始画面

显示模式的变化	初 始 画 面	功　　能
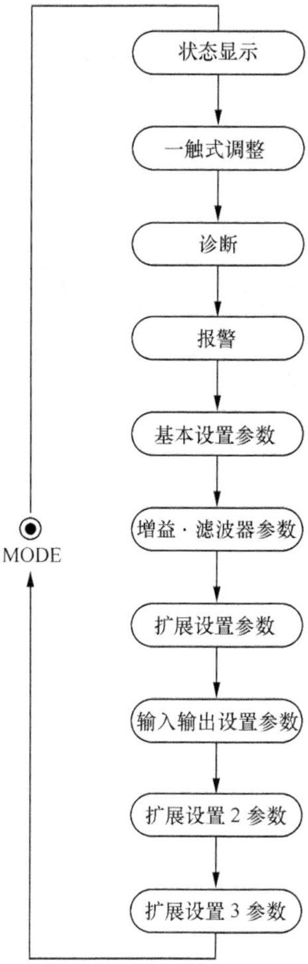	C	伺服状态显示。 电源投入时，显示为 C
状态显示	AUTo	一触式调整。 进行一触式调整时，进行选择
一触式调整	rd-oF	顺序显示，外部信号显示，输出信号（DO）强制输出，试运行，软件版本显示，VC 自动偏置，伺服电机系列 ID 显示，伺服电机类型 ID 显示，伺服电机编码器 ID 显示，驱动记录器有效/无效显示
诊断		
报警	AL--.	当前报警显示、报警履历显示及参数错误编号显示
基本设置参数	P A01	基本设定参数的显示和设定
增益·滤波器参数	P b01	增益·滤波器参数的显示和设定
扩展设置参数	P C01	扩展参数的显示和设定
输入输出设置参数	P d01	输入输出设定参数的显示和设定
扩展设置 2 参数	P E01	扩展 2 参数的显示和设定
扩展设置 3 参数	P F01	扩展 3 参数的显示和设定

（左侧流程图中有 MODE 循环箭头）

2．参数设置

按下"MODE"按键进入基本参数设置画面，接着按下"UP"或"DOWN"按键找到需要修改的参数，例如，将 PA01（运行模式参数）变更为速度控制模式时，接通电源后的操作方法如图 6-24 所示。修改完毕后，继续按"UP"或"DOWN"按键移动到下一个参数。

视频 36. 伺服驱动器
的参数修改

 注　意

更改 PA01 需要在修改设置值后关闭一次电源，再重新接通电源后更改才会生效。

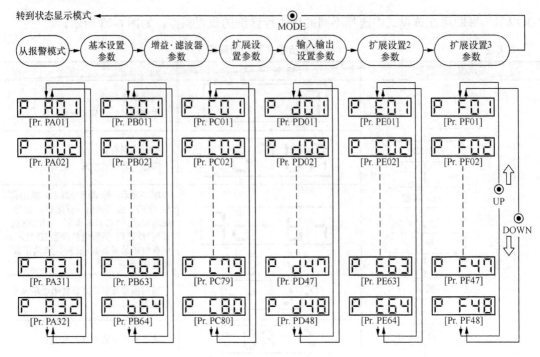

图 6-23　各种模式的显示与操作

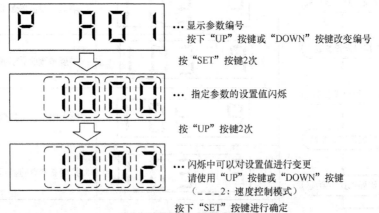

P A01 …显示参数编号
　　　　按下"UP"按键或"DOWN"按键改变编号

按"SET"按键2次

1000 …指定参数的设置值闪烁

按"UP"按键2次

1002 …闪烁中可以对设置值进行变更
　　　　请使用"UP"按键或"DOWN"按键
　　　　(___2：速度控制模式)

按下"SET"按键进行确定

图 6-24　设置参数的操作方法

四、伺服电机的试运行

（1）首先将单相电源接到伺服驱动器的 L1、L3 端子上，将伺服编码器的接口插到 CN2 上，将 24V 电源的正极接到 DICOM 引脚上，24V 电源的负极接到 DOCOM 的引脚上。合上断路器的电源开关，显示报警信息 AL E6.1。

视频 37. 伺服电机的
点动试运行操作

（2）用导线将 EM2 端与 DOCOM 端相连接，报警信息清除。使用 JOG 运行时，需要闭合伺服开启端 SON、正转行程终端 LSP 和反转行程终端 LSN，LSP、LSN 通过将 PD01 设置为 "_ C _ _"，可以进行自动开启。注意：此时不要把 SON 开启，否则图 6-25 中第一行会显示 RD-ON，此时不能进行试运行的操作。

（3）连续按 2 次 "MODE" 按键进入诊断画面，此时显示 RD-OF。按照图 6-25 步骤选择点动运行或者无电机运行。

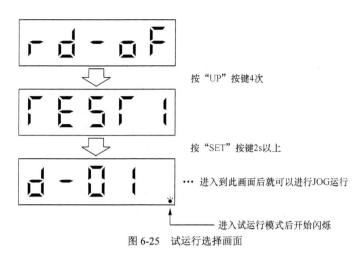

图 6-25　试运行选择画面

（4）JOG 试运行。在按下"UP"按键时，伺服电机以 200r/min 正转，按下"DOWN"按键时，伺服电机以 200r/min 反转。松开"UP"按键或"DOWN"按键时，伺服电机停止。试运行可以的话，至此确认电机编码线和电机线连接无误。

知识拓展——主流伺服驱动器介绍

自从德国 MANNESMANN 的 Rexroth 公司的 Indramat 分部在 1978 年汉诺威贸易博览会上正式推出 MAC 永磁交流伺服电动机及其驱动系统，这标志着新一代交流伺服技术已进入实用化阶段。到 20 世纪 80 年代中后期，各公司都已有完整的系列产品。整个伺服装置市场都转向交流伺服系统。早期的模拟控制系统在诸如零漂、抗干扰、可靠性、精度和柔性等方面存在着不足，不能完全满足运动控制的要求，近年来随着微处理器、新型数字信号处理器（DSP）的应用，出现了数字控制系统，控制部分可完全由软件进行。

到目前为止，高性能的伺服系统大多采用永磁同步交流伺服电动机，控制驱动器多采用快速、准确定位的全数字位置伺服系统。伺服驱动技术作为数控机床、工业机器人及其他产业机械控制的关键技术之一，在国内外普遍受到关注。在我国伺服驱动器的市场上，主要以日系品牌为主，原因在于日系品牌较早进入中国，性价比相对较高，而且日系伺服系统比较符合中国人的一些使用习惯；欧美伺服产品占有量居第二位，且其占有率不断升高，特别是在一些高端应用场合更为常见，欧美伺服产品的性能最好，价格最高，在一定程度上减少了其应用范围。国产的伺服系统与国外品牌相比，性能差距较大，其风格大多与日系品牌类似，价格较低，在一些低端应用场合较常见，但最近几年国产伺服产品的进步很大。国内外一些常用的伺服品牌如下。

1．日本品牌

日系品牌主要有安川 YASKAWA、三菱 MITSUBSHI、欧姆龙 OMRON、富士 FUJI、法那科 FANUC 等。

安川公司是国际上最早研发、生产交流伺服的厂家之一，其产品主要分 Σ-Ⅰ、Σ-Ⅱ、Σ-Ⅲ、Σ-Ⅴ四大系列，目前 Σ-Ⅰ 和 Σ-Ⅱ（除大容量以外）已停产。Σ-Ⅴ系列在国内受众最为广泛。

三菱伺服放大器应用比较广泛，不但可以用于工作机械和一般工业机械等需要高精度位置控制和平稳速度控制的应用，也可用于速度控制和张力控制的领域。三菱公司的伺服驱动器主要有 MR-J2S 系列、MR-E 系列、MR-J3 系列、MR-ES 系列，2013 年推出了全新的

MR-JE 系列。

2．欧美品牌

欧美品牌主要有德国的西门子 SIEMENS、伦茨 Lenze、力士乐 REXROTH、博世 BOSCH、百格 BERGER LAHR；美国的 AB、GE、Rockwell；瑞士的 ABB 等。

西门子公司 SINAMICS V60 和 V80 是通过脉冲实现位置控制和简单参数设定的小型伺服驱动系统；SINAMICS V90 是具有位置控制、速度控制、转矩控制等多种控制方式的基本伺服驱动器；SINAMICS S110、S120、S150 系列为高性能复杂驱动系统。

3．国产品牌

国产品牌主要有台达、东元、和利时、华中数控、广州数控等。

国产全数字式伺服驱动器基本自主开发成功，但产业化方面比较滞后，尚未形成商品化和批量生产能力。近几年，随着国内电机制造能力的空前提升，交流伺服技术也逐渐被越来越多的厂家所掌握，加上交流伺服系统上游芯片和各类功率模块的不断推陈出新和智能化，促成了国内伺服驱动器厂家在短短的不足十年时间里实现了从起步到全面扩展的发展态势。比如数控系统企业中的广州数控，电机和驱动企业中的南京埃斯顿、桂林星辰、东元、珠海运控、和利时电机，运动控制相关企业中的深圳步科、杭州中达，乃至以变频器为龙头产品的台达、汇川等都已纷纷投身伺服产业并实现了批量化生产。

思考与练习

一、填空题

1．伺服系统主要由_____、_____、_____和_____四部分组成。

2．伺服电机可以将电压信号转化为_____和_____输出以驱动控制对象。

3．三菱伺服驱动器的控制模式主要有_____模式、_____模式和_____模式三种。

4．伺服系统常用_____来检测转速和位置。

5．伺服驱动器的功能是将工频交流电源转换成_____和_____均可变的交流电源提供给伺服电动机。

6．伺服驱动器的数字量输入端可分为_____输入方式和_____输入方式。

7．伺服驱动器工作在速度控制模式时，通过控制输出电源的_____来对电动机进行调速；当工作在位置控制模式时，根据_____来确定伺服电机转动的速度，通过_____来确定伺服电机转动的角度。

二、选择题（将正确答案的序号填入括号内）

1．伺服电动机将输入的电压信号变换成（   ），以驱动控制对象。

A．动力   B．转矩   C．电流   D．角速度和角位移

2．交流伺服电动机的定子铁心上安放着空间上互成（   ）电角度的两相绕组，分别为励磁绕组和控制绕组。

A．0°   B．90°   C．120°   D．180°

3．当伺服系统工作在位置控制模式时，需要使用（   ）输入信号，用来控制伺服电机运动的位移和方向。

A．电流   B．电压   C．脉冲   D．角速度

4. 伺服电机内部通常引出两组电缆，一组与电动机内部绕组连接，另一组电缆与（　　）连接。

    A. 编码器　　　　B. 伺服驱动器　　C. 步进驱动器　　D. 三相电源

5. 西门子的 PLC 与三菱 MR-JE-10A 的伺服驱动器的数字输入端相连接时，伺服驱动器应该采用（　　）输入方式。

    A. 源型　　　　　B. 漏型　　　　　C. 差动　　　　　D. 集电极开路

三、简答题

1. 交流伺服电动机的转子与普通电机相比，有什么特点？

2. 三菱伺服驱动器 MR-JE-20A 的端子如图 6-26 所示，指出哪些是主电路的端子，哪些是控制电路的端子，并写出各端子的功能。

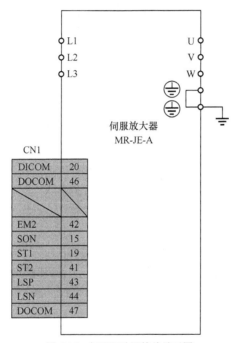

图 6-26　伺服驱动器接线端子图

任务 6.2　伺服电机的速度控制

任务导入

利用 PLC 控制伺服驱动器，按下启动按钮后，先以 1 000r/min 的速度运行 10s，接着以 800r/min 的速度运行 20s，再以 1 500r/min 的速度运行 25s，然后反向以 900r/min 的速度运行 30s，85s 后重复上述运行过程。在运行过程中，按下停止按钮，伺服电机停止运行。这个任务需要用伺服驱动器的速度控制模式实现。

相 关 知 识

一、速度控制模式的接线图

使用源型输入、输出接口时，速度控制模式的接线图如图 6-27 所示，从图中可以看出，速度的控制方式有两种，一种是通过 P15R、VC 和 LG 管脚上接的电位器按照模拟量设定的速度运行，另外一种方式是通过速度选择端 SP1、SP2、SP3 按照内部速度指令设定的速度运行。TLA 和 LG 引脚之间加载 DC 0V～±8V 的电压，在 ±8V 下输出最大转矩。当在 TLA 中输入大于最大转矩的限制值时，则将在最大转矩下被夹紧。

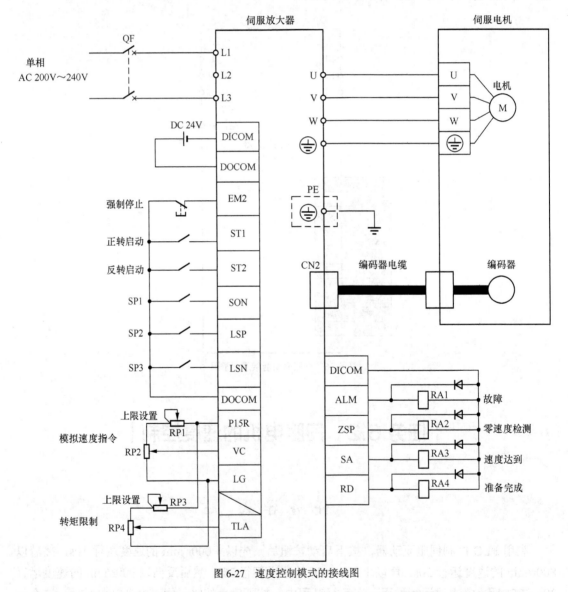

图 6-27　速度控制模式的接线图

图 6-27 的输出有 4 个信号，分别表示 ALM 故障、ZSP 零速度检测、SA 速度达到、RD 准备完成等。

ALM 故障引脚：接中间继电器 KA1 的线圈或指示灯，发生警报时 ALM 关闭。将 PD34 设置为"＿＿1＿"时，在没有发生报警时，开启电源 2.5 s～3.5 s 之后，ALM 将会开启，如果发生报警或警告，则 ALM 将会关闭。

ZSP 零速度检测引脚：伺服电机转速在零速度以下时，ZSP 开启。零速度可以在 PC17（对零速度检测的输出范围进行设置）中进行变更。

SA 速度到达：伺服电机的转速达到按照内部速度指令或者模拟速度指令设定的转速附近时，SA 开启。设置速度在 20 r/min 以下时将始终为开启。

RD 准备完成：伺服开启，进入可运行状态，RD 就开启。

二、速度控制方式

1. 模拟速度指令控制方式

伺服驱动器通过 VC（模拟速度指令）的加载电压设置的速度运行，此种方法需要将电位器接在 P15R、VC 和 LG 引脚上，将正反转启动开关接在 ST1 和 ST2 引脚上，如图 6-28 所示。首先闭合 SON，接着闭合正转启动开关 ST1 或反转启动开关 ST2，伺服电机开始运行，此时调节电位器的大小，就可以调节加在 VC 和 LG 之间的电压，从而调节伺服电机的速度。

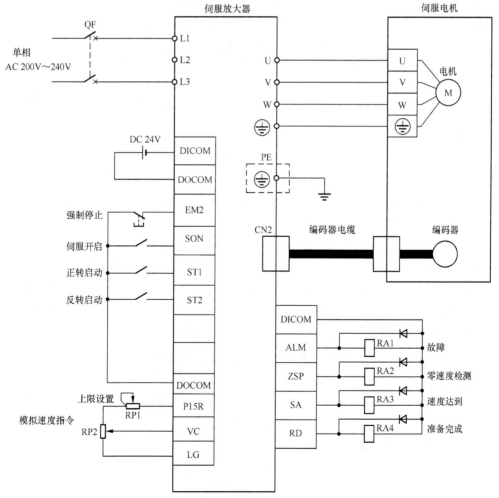

图 6-28 模拟速度指令控制方式的接线图

VC（模拟速度指令）的加载电压与伺服电机转速的关系如图 6-29 所示。伺服电机旋转分为顺时针和逆时针，则对应的输入电压应分为+10V 和−10V。在初始设置下，±10V 对应额定转速，±10V 时的转速可以在 PC12 中进行变更。

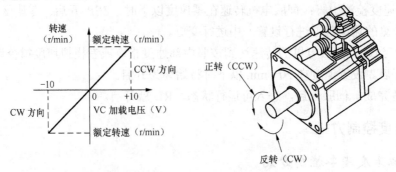

（a）给定电压与转速的关系　　　　（b）电机旋转方向示意图

图 6-29　给定电压与转速关系示意图

用正转启动信号 ST1 和反转启动信号 ST2 决定旋转方向，其旋转方向如表 6-3 所示，其中 "0" 表示 OFF，"1" 表示 "ON"，CCW 表示正转，CW 表示反转。

表 6-3　　　　　　　　　　　　速度控制模式下的电机旋转方向

输入设备		旋转方向			
ST2	ST1	VC（模拟速度指令）			内部速度指令
		+极性	0V	−极性	
0	0	停止（伺服锁定）	停止（伺服锁定）	停止（伺服锁定）	停止（伺服锁定）
0	1	CCW	停止（伺服锁定）	CW	CCW
1	0	CW	停止（伺服锁定）	CCW	CW
1	1	停止（伺服锁定）	停止（伺服锁定）	停止（伺服锁定）	停止（伺服锁定）

在使用伺服驱动器时，需要设置有关的参数。根据参数的安全性和设置频率，可将参数分为基本参数（PA01～PA31）、增益·过滤器参数（PB01～PA64）、扩展参数（PC01～PC80）、输入输出设置参数（PD01～PD48）。在设置参数时，既可以直接操作伺服驱动器面板上的按键来设置，也可以在计算机中使用专用的伺服参数设置软件来设置，再通过通信电缆将设置好的参数传送到伺服驱动器中。要实现模拟速度指令的调速控制，连续按 "MODE" 键直到出现 PA01 的参数设置画面，然后按照表 6-4 所示的数据设置参数。

表 6-4　　　　　　　　　　　　模拟速度指令实现速度控制的参数设置

参数	名称	出厂值	设定值	说　　明
PA01	控制模式选择	1 000	1 002	PA01 是控制模式选择参数，其设定位为 _ _ _ x，在 x 处可以输入以下数值： 0：位置控制模式 1：位置控制模式与速度控制模式 2：速度控制模式 3：速度控制模式与转矩控制模式 4：转矩控制模式 5：转矩控制模式与位置控制模式

参数	名称	出厂值	设定值	说　明
PC01	加速时间常数	1 000	1 000	1 000ms
PC02	减速时间常数	1 200	1 000	1 000ms
PC12	模拟速度指令最大转速	0	0	对 VC（模拟速度指令）的输入最大电压（10V）下的转速进行设置 当设置为"0"时，其将为所连接伺服电机的额定转速
PD01	选择自动开启的输入信号	0000	0C00	LSP、LSN 内部自动置 ON
PD03	输入信号选择	02＿＿	02＿＿	可以将任意的输入设备分配到 CN1-15 针上。其设定位为 x x ＿＿，在 x 处输入 02，将 15 针的功能设定为 SON 伺服开启功能
PD11	输入信号选择	07＿＿	07＿＿	CN1-19 引脚能够有任意输入信号。速度控制模式时，其设定位为 x x ＿＿，在 x 处输入 07，将 15 针的功能设定为 ST1 正转启动功能
PD13	输入信号选择	08＿＿	08＿＿	CN1-41 引脚能够有任意输入信号。速度控制模式时，其设定位为 x x ＿＿，在 x 处输入 08，将 41 针的功能设定为 ST2 反转启动功能
PD24	输出信号选择	000C	000C	CN1-23 引脚能够有任意输出信号。其设定位为 ＿＿ x x，在 x 处输入 0C，将 23 针的功能设定为 ZSP 零速度检测功能
PD25	输出信号选择	0004	0004	CN1-24 引脚能够有任意输出信号。其设定位为 ＿＿ x x，在 x 处输入 04，将 24 针的功能设定为 SA 速度到达功能
PD28	输出信号选择	0002	0002	CN1-49 引脚能够有任意输出信号。其设定位为 ＿＿ x x，在 x 处输入 02，将 49 针的功能设定为 RD 准备完成功能

2．内部速度指令的控制方式

内部速度指令控制方式的接线如图 6-30 所示，将伺服驱动器的数字量输入引脚设置为 SP1（速度选择 1）、SP2（速度选择 2）及 SP3（速度选择 3）的功能，即在 PD03～PD20 参数中将其值设置为 20（SP1）、21（SP2）、22（SP3），通过这 3 个输入引脚的不同组合，就可以控制伺服电机实现 7 段速（7 个速度设置在 PC05～PC11 中）控制，其控制状态如表 6-5 所示。

表 6-5   7 段速控制状态

输入信号			速度指令
SP3	SP2	SP1	
0	0	0	VC（模拟速度指令）
0	0	1	PC05（内部速度指令 1）
0	1	0	PC06（内部速度指令 2）
0	1	1	PC07（内部速度指令 3）
1	0	0	PC08（内部速度指令 4）
1	0	1	PC09（内部速度指令 5）
1	1	0	PC10（内部速度指令 6）
1	1	1	PC11（内部速度指令 7）

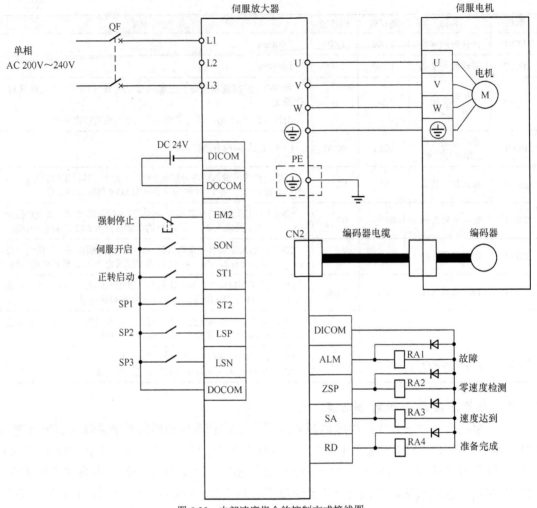

图 6-30　内部速度指令的控制方式接线图

【例 6-1】　用按钮和开关控制伺服电机实现 7 段速运行，运行速度分别为：500r/min、600 r/min、700 r/min、800 r/min、900 r/min、1 000 r/min、1 100 r/min。

扩展视频：用按钮和开关实现伺服电机的 7 段速运行

解：（1）首先按照图 6-30 接线。

（2）参数设置。7 段速控制的参数设置如表 6-6 所示。

表 6-6　　　　　　　　　　　　　7 段速控制的参数设置

参　数	名　　称	出厂值	设定值	说　　明
PA01	控制模式选择	1000	1002	设置成速度控制模式
PC01	加速时间常数	0000	1000	从 0 r/min 开始到达到额定转速的加速时间，设置范围 0～50 000ms
PC02	减速时间常数	0000	1000	从额定转速到 0 r/min 的减速时间，设置范围 0～50 000ms
PC05	内部速度指令 1	100	500	设定内部速度指令的第 1 速度
PC06	内部速度指令 2	500	600	设定内部速度指令的第 2 速度
PC07	内部速度指令 3	1000	700	设定内部速度指令的第 3 速度

续表

参　数	名　　称	出厂值	设定值	说　　明
PC08	内部速度指令 4	200	800	设定内部速度指令的第 4 速度
PC09	内部速度指令 5	300	900	设定内部速度指令的第 5 速度
PC10	内部速度指令 6	500	1000	设定内部速度指令的第 6 速度
PC11	内部指令速度 7	800	1100	设定内部速度指令的第 7 速度
PD01	输入信号自动 ON 选择	0000	0C00	LSP、LSN 内部自动置 ON
PD03	输入信号选择	02 _ _	02 _ _	在速度模式把 CN1-15 脚改成 SON
PD11	输入信号选择	07H	07 _ _	在速度模式把 CN1-19 脚改成 ST1
PD13	输入信号选择	08H	20 _ _	在速度模式把 CN1-41 脚改成 SP1
PD17	输入信号选择	0AH	21 _ _	在速度模式把 CN1-43 脚改成 SP2
PD19	输入信号选择	0BH	22 _ _	在速度模式把 CN1-44 脚改成 SP3

（3）运行操作。

① EM2 一直闭合，把表 6-6 中的参数设置入伺服驱动器，关闭电源，重新开启电源，设置的参数才能生效。

②闭合 SON 开关，伺服开启。闭合 ST1 开关，选择正转。按照表 6-5 操作 SP1、SP2、SP3 开关，实现伺服电机的 7 段速运行。

　注　意

- EM2（强制停止）、LSP（正转行程末端）、LSN（反转行程末端）必须开启。
- 由于采用源型输入接口，DICOM 接直流 24V 电源的负极，DOCOM 接 24V 电源的正极。如果采用漏型输入接口，DICOM 接直流 24V 电源的正极，DOCOM 接 24V 电源的负极。
- 在设置参数时，按表 6-6 的步骤依次设置各值，之后，在显示为 r 时，关闭电源，重新上电。

任 务 实 施

【训练工具、材料和设备】

西门子 CPU226DC/DC/DC 的 PLC1 台、三菱 MR-JE-10A 伺服驱动器 1 台、三菱交流伺服电机（输入三相交流：111V，1.4A，输出 200W，3000/min）1 台、《三菱 MR-JE 系列伺服驱动器手册》、开关、按钮若干、通用电工工具一套。

1．硬件电路

由于西门子 PLC 的输出是 PNP 型，因此伺服驱动器采用源型输入接线方式，伺服电机多段速控制的电路如图 6-31 所示，注意：必须把 PLC 输出端的 1M 与伺服驱动器的 DICOM 连接在一起，达到共地的目的。

2．参数设置

多段速控制的参数设置如表 6-7 所示。

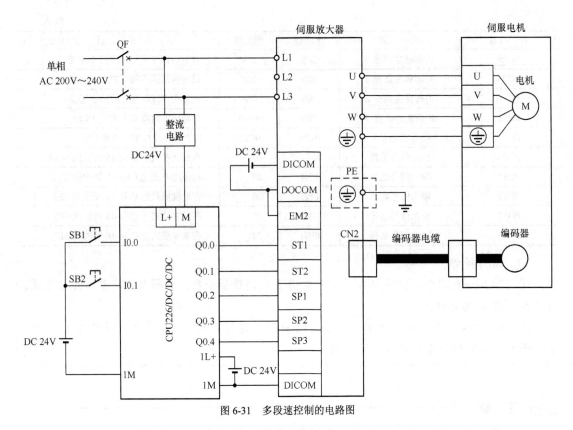

图 6-31　多段速控制的电路图

表 6-7　　　　　　　　　伺服电机的多段速控制参数设置表

参　数	名　称	出厂值	设定值	说　明
PA01	控制模式选择	0000	1002	设置成速度控制模式
PC01	加速时间常数	0000	1000	设置加速时间为 1 000ms
PC02	减速时间常数	0000	1000	设置减速时间为 1 000ms
PC05	内部速度指令 1	100	1000	设定内部速度指令的第 1 速度
PC06	内部速度指令 2	500	800	设定内部速度指令的第 2 速度
PC07	内部速度指令 3	1000	1500	设定内部速度指令的第 3 速度
PC08	内部速度指令 4	200	900	设定内部速度指令的第 4 速度
PD01	输入信号自动 ON 选择	0000	0C04	SON、LSP、LSN 内部自动置 ON
PD03	输入信号选择	02H	07__	在速度模式把 CN1-15 脚改成 ST1
PD11	输入信号选择	07H	08 __	在速度模式把 CN1-19 脚改成 ST2
PD13	输入信号选择	08H	20 __	在速度模式把 CN1-41 脚改成 SP1
PD17	输入信号选择	0AH	21 __	在速度模式把 CN1-43 脚改成 SP2
PD19	输入信号选择	0BH	22 __	在速度模式把 CN1-44 脚改成 SP3

3．程序设计

该控制要求是典型的顺序控制，所以采用顺序功能图编写程序更加简单、易懂，由顺序功能图转换成的程序如图 6-32 所示。

4．运行操作

（1）按照图 6-31 将 PLC 与伺服驱动器连接起来。

（2）将图 6-31 中的断路器合上，则 PLC 和伺服驱动器通电。

（3）将表 6-7 中的参数设置到伺服驱动器中，参数设置完毕后断开 QF，再重新合上 QF，刚才设置的参数才会生效。

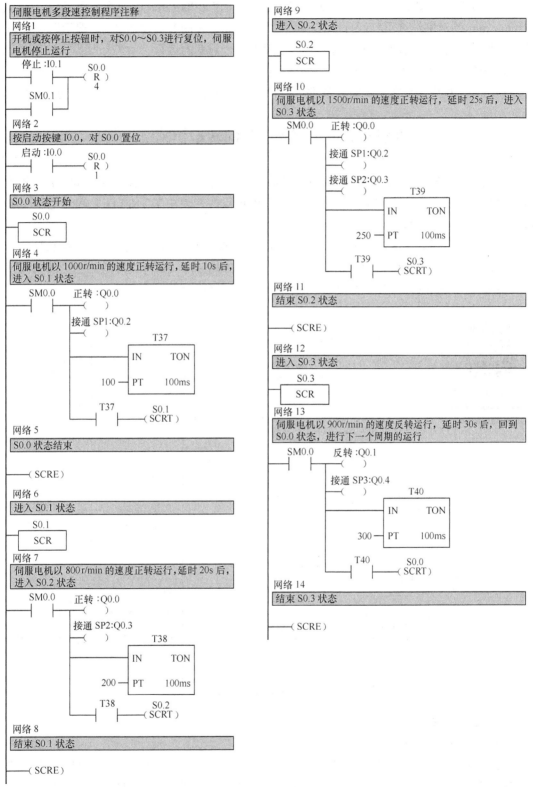

图 6-32 多段速控制程序

（4）将图 6-32 中的程序下载到 PLC 中。

（5）按下启动按钮 SB1（I0.0=1），伺服电机开始以 1 000r/min 的速度正转运行，10s 后，以 800r/min 的速度继续正转运行 20s，接着以 1 500r/min 的速度运行 25s，然后以 900r/min 的速度反转运行 30s 后回到 S0.0 的状态，继续下一个周期的运行。

按下停止按钮 SB2（I0.1=1），伺服电机停止。

在运行过程中，可以通过编程软件上的"程序状态监控"功能，监控 PLC 的运行状态。

知识拓展——伺服电机的转矩控制模式

伺服驱动器转矩控制模式的漏型输入接线方式如图 6-33 所示，图中 TC 和 LG 引脚通过所接电位器加载 0～±8V 的电压，调节电位器就可以改变加在 TC 和 LG 之间的电压，从而调节伺服电机的输出转矩。

VLA 和 LG 引脚之间的电位器加载 DC 0V～±10V 之间的电压，±10V 时对应通过 PC12 中设置的转速。当在 VLA 中输入大于容许转速的限制值时，则将在容许转速下被钳制。

图 6-31 中的 RS1 和 RS2 引脚用来选择伺服电机的输出转矩方向。

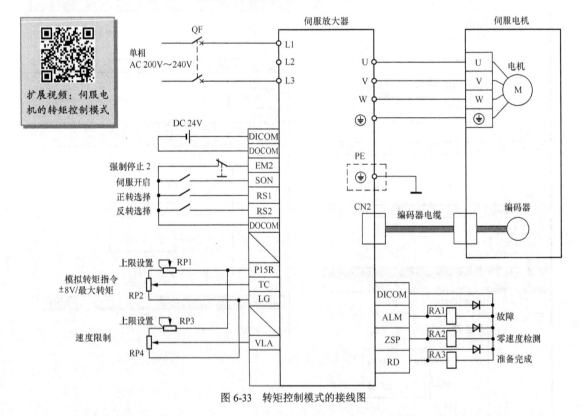

图 6-33 转矩控制模式的接线图

1. 转矩控制

（1）转矩指令与输出转矩。

图 6-33 中，通过调节 RP1 和 RP2 电位器，可以使伺服驱动器的 TC 端的加载电压在 0～8V 范围内变化，从而调节伺服电机的转矩。模拟量转矩指令（TC）的输出电压与伺服电机

转矩的关系如图 6-34 所示。如果电压较低（-0.05～0.05V）的实际速度接近限制值，则转矩有可能会发生变动，此时需要提高速度限制值。TC 输入电压为正时，输出转矩也为正，驱动伺服电机按逆时针旋转；TC 输出电压为负时，输出转矩也为负，驱动伺服电机按顺时针旋转。

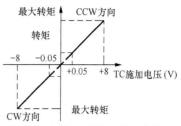

图 6-34　加载电压与转矩之间的关系

在 ±8V 下产生最大转矩。另外，±8V 输入时对应的输出转矩可以在 PC13 中进行变更。

使用 TC（模拟转矩指令）时，RS1（正转选择）和 RS2（反转选择）决定转矩的输出发生方向如表 6-8 所示。

表 6-8　转矩控制模式下的电机旋转方向

输入设备		旋转方向		
RS2	RS1	TC（模拟转矩指令）		
		+极性	0V	-极性
0	0	不输出转矩	不发生转矩	不输出转矩
0	1	CCW（正转驱动·反转再生）		CW（反转驱动·正转再生）
1	0	CW（反转驱动·正转再生）		CCW（正转驱动·反转再生）
1	1	不输出转矩		不输出转矩

注：1：ON；0：OFF。

（2）模拟转矩指令偏置。

在 PC38 中针对 TC 模拟电压可以进行图 6-35 所示的 -9 999～9 999 mV 的偏置电压的相加。

2．转矩限制

如果设置 PA11（正转转矩限制）和 PA12（反转转矩限制），则在运行中将会始终限制最大转矩。

3．速度限制

受到在 PC05（内部速度限制 1）～PC11（内部速度限制 7）中设置的转速或通过 VLA（模拟速度限制）的加载电压设置的转速的限制。VLA（模拟速度限制）的加载电压与伺服电机转速的关系如图 6-36 所示。

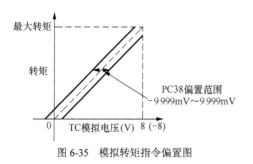

图 6-35　模拟转矩指令偏置图

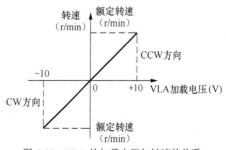

图 6-36　VLA 的加载电压与转速的关系

伺服电机转速达到速度限制值时，转矩控制可能变得不稳定。请将设置值设为大于想要进行速度限制的值 100 r/min 以上。

1. 如果伺服电机需要进行正反转速度控制，如何接线和设置参数？

2. 如果将 LSP 和 LSN 设置为 OFF，伺服电机会怎样运行？

3. 按下启动按钮，伺服电机按图 6-37 所示的速度曲线循环运行，速度①为 0，速度②为 1 000r/min，速度③为 800r/min，速度④为 1 500r/min，速度⑤为 0，速度⑥为−300r/min，速度⑦为 1 200r/min。按下停止按钮，电机马上停止。当出现故障报警信号时，系统停止运行，报警灯闪烁。试画出 PLC 控制伺服驱动器的接线图，设置相关参数并编写控制程序。

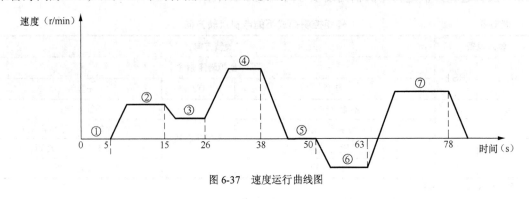

图 6-37　速度运行曲线图

|任务 6.3　伺服电机的位置控制|

任　务　导　入

某伺服驱动系统如图 6-38 所示，采用西门子 PLC 控制三菱伺服驱动器控制伺服电机运行，伺服电机通过与电机同轴的丝杠带动工作台移动。按下启动按钮 SB1，伺服电动机带动丝杠机构以 8 000 脉冲/秒的速度沿 X 轴方向右行，碰到正向限位开关 SQ1 停止 2s，然后伺服电动机带动丝杠机械机构沿 X 轴反向运行，碰到反向限位开关 SQ2 停止 5s，接着又向右运动，如此反复运行，直到按下停止按钮 SB2，伺服电机停止运行。按下手动按钮 SB3，伺服电机以 6 000 脉冲/秒的速度手动运行。

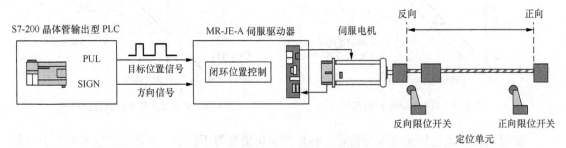

图 6-38　伺服电机位置控制示意图

要想实现上述控制要求，必须采用伺服电机的位置控制模式。

<h1 align="center">相 关 知 识</h1>

一、伺服驱动器位置控制接线图

当伺服驱动器工作在位置控制模式时，需要接收脉冲信号来定位，脉冲信号可以由 PLC 产生，也可以由专门的定位模块来产生。伺服驱动器漏型输入、输出接口的位置控制接线图如图 6-39 所示，输入指令脉冲串可以采用集电极开路输入方式或差动输入方式两种。采用差动输入方式需要将脉冲信号接到 PP、PG、NP、NP 4 个引脚，如图 6-19 所示；如果采用集电极开路输入方式，需要将脉冲信号接到 PP、NP 引脚，然后把 PG 和 NG 引脚接在一起，然后再接到 DOCOM 引脚上，如图 6-18 所示。注意，输入脉冲串采用集电极开路输入方式时，需要将 OPC 端子接入 DC 24V 的正极。

扩展视频：伺服驱动器位置控制接线图

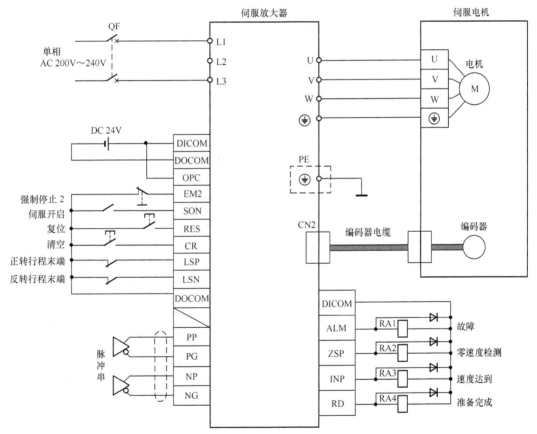

图 6-39 伺服驱动器位置控制接线图

图 6-39 中，EMG、LSP、LSN 都要接入常闭触点，不可以接入常开触点，否则伺服驱动器停止运行。

二、脉冲输入形式

伺服驱动器工作在位置控制模式时，是根据脉冲输入引脚送入的脉冲串来控制伺服电机的位移和方向，它可以接受 3 种脉冲输入形式，能够选择正逻辑或者负逻辑，正逻辑脉冲是以高电平作为脉冲，负逻辑脉冲是以低电平作为脉冲。指令脉冲串的方式可以在 PA13 中进行设置，具体设置如表 6-9 所示。

表 6-9 脉冲串输入形式设置

参数名称	设定位	功能	初始值（单位）
PA13 指令脉冲 输入形态	_ _ _ x	指令输入脉冲列形态选择 0: 正转，反转脉冲列 1: 带符号脉冲列 2: A 相，B 相脉冲列 设定值请参考附表	0h
	_ _ x _	脉冲列逻辑选择 0: 正逻辑 1: 负逻辑 设定值请参考附表	0h
	_ x _ _	指令输入脉冲列过滤器选择 通过选择和指令脉冲频率匹配的过滤器，能够提高耐干扰能力 0: 指令输入脉冲列在 4 Mp/s 以下时 1: 指令输入脉冲列在 1 Mp/s 以下时 2: 指令输入脉冲列在 500 kp/s 以下时 "1"对应 1 Mp/s 以内的指令。在输入 1 Mp/s～4 Mp/s 的指令时，请设置"0"	1h
	x _ _ _	厂商设定用	0h

附表指令输入脉冲形式选择

设置值	脉冲列形态		正转指令时反转指令时
0010h	负逻辑	正转脉冲列 反转脉冲列	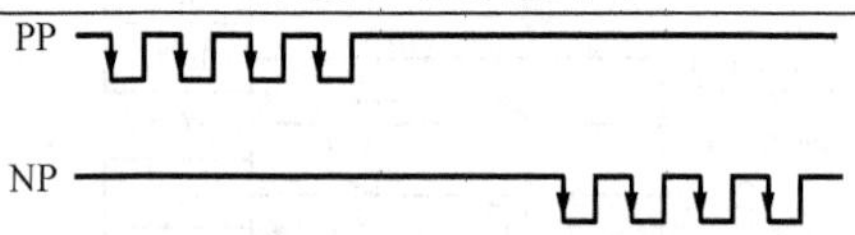
0011h		脉冲列+方向信号	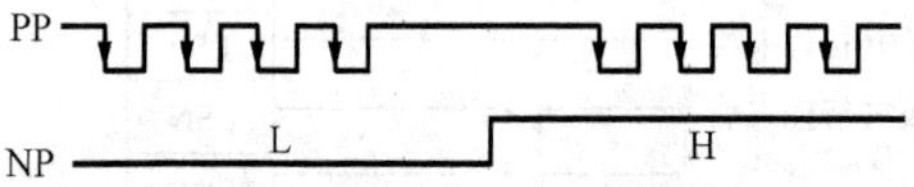
0012h		A 相脉冲列 B 相脉冲列	
0000h	正逻辑	正转脉冲列 反转脉冲列	
0001h		脉冲列+方向信号	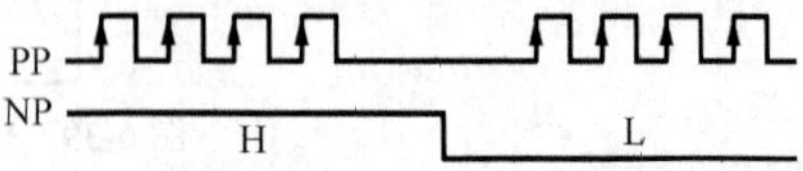
0002h		A 相脉冲列 B 相脉冲列	
附表中的箭头表示进行脉冲的时间。A 相和 B 相脉冲列，乘以 4 后进行			

脉冲输入形式选择"正转脉冲列、反转脉冲列"的形式，是指 PP 引脚输入正转脉冲，

NP 引脚输入反转脉冲；脉冲输入形式选择"脉冲列+方向信号"的形式，是指 PP 引脚输入脉冲，NP 引脚输入方向；脉冲输入形式选择"A 相脉冲列、B 相脉冲列"的形式，是指 PP 引脚和 NP 引脚输入的脉冲串相位相差 90°，一个脉冲控制正转，另一个脉冲控制反转。

当 PA13 设置为 0000h～0002h 时，允许输入 3 种形式的正逻辑脉冲来确定伺服电机运动的位移和方向；当 PA13 设置为 0010h～0012h 时，允许输入 3 种形式的负逻辑脉冲来确定伺服电机运动的位移和方向。各种形式的脉冲都可以采用集电极开路输入或差动输入方式进行输入，请参考任务 6.1 中这两种输入方式的说明。

三、定位完成（INP）

图 6-39 所示，在伺服电动机工作在位置控制模式时，伺服驱动器有 4 个数字量输出：ALM、ZSP、RD、INP，前 3 个输出的功能参看任务 6.2 中的讲述。INP 是定位完成，当偏差计数器的滞留脉冲在设置的定位范围（PA10）以下时，INP 将会开启。将负载范围设定为很大的值，低速运行时，会进入常通状态，INP 开启的时序图如图 6-40 所示。

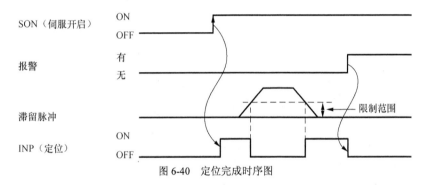

图 6-40 定位完成时序图

任 务 实 施

【训练工具、材料和设备】

西门子 CPU224XPSi DC/DC/DC 的 PLC1 台、三菱 MR-JE-10A 伺服驱动器 1 台、三菱交流伺服电机（输入三相交流：111V，1.4A，输出 200W，3 000/min）1 台、《三菱 MR-JE 系列伺服驱动器手册》、开关、按钮若干、通用电工工具 1 套。

1. **硬件电路**

根据控制要求可知，该伺服系统需要采用位置控制模式才能实现定位控制。要想实现位置控制，必须通过 PLC 的高速脉冲输出端给伺服驱动器的 PP 和 NP 引脚提供脉冲。三菱 MR-JE-A 系列伺服驱动器的脉冲输入引脚 PP 和 NP 只能接受 NPN 型的信号，而西门子 S7-200 晶体管输出型的 PLC 大多数是 PNP 输出型，很显然，三菱伺服驱动器不能直接接收西门子的 PNP 信号，解决问题的方案就是将西门子的 PLC 信号通过 SS8050 三极管反相处理，这样三菱的伺服驱动器就可以从 PP 或 NP 引脚接收脉冲信号了。但是，PLC 输出的脉冲信号经过三极管处理后，其品质明显变差，容易丢失脉冲。因此，在该控制系统中，选择西门子新推出的 CPU224XPSi，它是西门子公司为适应日系伺服驱动器的要求而特别推出的 NPN 输出型 PLC，它可以直接和三菱的伺服驱动器连接，其 I/O 分配表如表 6-10 所示，控制系统的电路图如图 6-41 所示。

表 6-10 I/O 分配表

输　入			输　出		
输入继电器	输入元件	作　用	输出继电器	伺服引脚	作　用
I0.0	SB1	启动按钮	Q0.0	PP	脉冲信号
I0.1	SB2	停止按钮	Q0.2	NP	方向控制 Q0.2=0，正向 Q0.2=1，反向
I0.2	SA	手动	Q0.3	SON	伺服开启
I0.3	SQ1	正向限位	Q0.4	LSP	正向限位
I0.4	SQ2	反向限位	Q0.5	LSN	反向限位
元件名称		作用			
EM2		急停			
RES	SB3	复位			

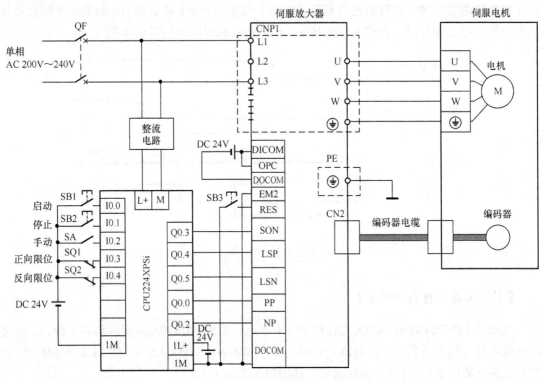

图 6-41　伺服电机位置控制接线图

在图 6-41 中，位置控制模式下需要把 24V 电源的正极和 OPC（集电极开路电源输入）连接在一起。为了节约 PLC 的输入点数，将 RES 复位引脚通过按钮 SB3 直接与 DOCOM 连接在一起，为了保证伺服电机能够正常工作，急停 EMG 引脚必须连接至 DOCOM（0V），PP（脉冲输入）和 NP（方向控制）分别接在 PLC 的 Q0.0 和 Q0.2 上。

为了使图 6-41 所示的伺服系统能够正常工作，还需要做 4 点说明。

（1）PLC 输出的公共端 1M 必须与伺服驱动器的公共端 DOCOM 连接在一起，不然 PLC 发送的输出信号和脉冲串无法被伺服放大器识别。

（2）PLC 输出 Q0.3 控制伺服驱动器的 SON 接通，则主电路通电，进入可运行状态（伺服 ON 状态）；SON 断开，则主电路断路，伺服电机呈空转状态（伺服 OFF 状态）。

（3）伺服放大器的脉冲串的输入形式有三种可选，并可以选择正负逻辑，可以通过 PA13 参数选择脉冲串输入的形式，该控制方式选择正逻辑的"脉冲列+方向信号"，参照表 6-9 将 PA13=0001h。

（4）PLC 的输出 Q0.4 和 Q0.5 控制伺服驱动器的 LSP（正转行程末端）和 LSN（反转行程末端），通过限位开关 SQ1 和 SQ2 配合使用，完成限位要求。运行时应将 LSP、LSN 接通，如果断开，则急停并伺服电机锁定，具体情况见表 6-1 中 LSP 和 LSN 引脚说明中的第一个表格。

2．参数设置

位置控制模式中，需要设置电子齿轮比。如图 6-42 所示，假设伺服放大器的电子齿轮比设定为 N，那么 PLC（或者上位机）发送 1 个脉冲给伺服放大器，那么伺服放大器就会发送 N 个脉冲给伺服电机。假如电子齿轮比设为 30，PLC 发出 100 个脉冲，经过伺服放大器后实际发送给伺服电机的脉冲数应该为 100×30=3 000。

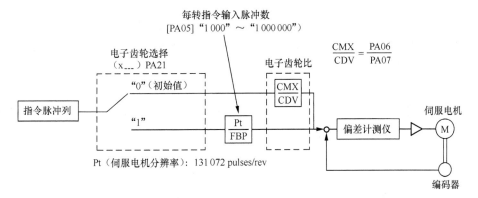

图 6-42　电子齿轮比的定义

电子齿轮比的具体功能是指可将相当于指令控制器输出 1 个脉冲的工件移动量设定为任意值的功能。在实际运用中，连接不同的机械结构，如滚珠丝杠、蜗轮蜗杆，由于它们的螺距、齿数等参数不同，移动最小单位量所需的电机转动量是不同的。

下面简单的通过一个例子来讲解电子齿轮比的应用。假设一个伺服电机带动一个辊子转动，伺服电机每转动 5 圈，辊子转动 1 圈，辊子的直径为 120mm，所使用的伺服放大器的编码器分辨率为 131 072pulses/rev，要求 PLC 每发送 1 个脉冲辊子转动 0.01mm，这时的电子齿轮比应该设定如下公式所示。

$$\frac{CMX}{CDV}=\frac{0.01}{\dfrac{\pi\times120}{131072\times5}}=\frac{131072\times5}{\pi\times120\times100}=\frac{131072}{7536}=\frac{8192}{471}$$

任务 6.3 的参数设置如表 6-11 所示。

表 6-11　　　　　　　　　　　　位置控制的参数设置

参数	名称	出厂值	设定值	说　明
PA01	控制模式选择	1 000	1 000	选择位置控制模式
PA06	电子齿轮分子	1	16 384	设置为上位机发出 1 000 个脉冲伺服电机旋转一周，则
PA07	电子齿轮分母	1	125	$\dfrac{CMX}{CDV}=\dfrac{131072}{1000}=\dfrac{16384}{125}$

续表

参数	名称	出厂值	设定值	说　明
PA13	指令脉冲输入形态	0100h	0001h	用于选择脉冲串输入信号波形，设定如下： 正逻辑 脉冲列+方向信号
PA21	功能选择A-3	0000h	0000h	电子齿轮选择，输入位 x ___ 中的 x 为 0 时，选择电子齿轮比
PD03	输入信号选择	02h	__02	在位置模式把 CN1-15 脚改成 SON
PD11	输入信号选择	03h	__03	在位置模式把 CN1-19 脚改成 RES
PD17	输入信号选择	0Ah	__0A	在位置模式把 CN1-43 脚改成 LSP
PD19	输入信号选择	0Bh	__0B	在位置模式把 CN1-44 脚改成 LSN

3. 程序设计

按照 PLC 的"位置控制向导"生成的子程序编写程序。

（1）PTO 向导配置。前三步配置可参考图 5-24、图 5-25、图 5-26，接着按下面步骤进行设置。

① 设置最高电机速度 MAX_SPEED 和电机启动/停止速度 SS_SPEED。

最高电机速度（Pulses/s）=电机额定转速（r/s）×电机每转一圈所需脉冲数（Pulses/r）

假设此例中电机的额定转速为 3 000 r/min，即 50 r/s，设置指令脉冲分辨率为 1 000（即 PLC 控制器向伺服驱动器发送 1 000 个脉冲会使伺服电机转动一圈），因此，设置最高电机速度为电机额定转速即 50（r/s）×1 000（Pulses/r）=50 000（Pulses/s），启动/停止速度取其 10%，即 5 000（Pulses/s），如图 6-43 所示。

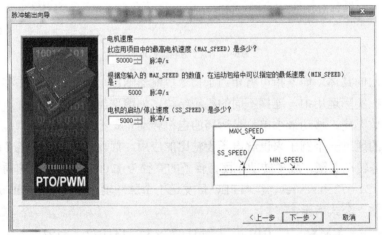

图 6-43　电机速度设置

② 设置加速时间 ACCEL_TIME 和减速时间 DECEL_TIME 均为 1 000ms，可参考图 5-28。

③ 运动包络定义。用户需配置包络，参考图 5-29，单击"新包络"按钮，出现"运动包络定义"界面，单击"是"增加一个新包络运动。如图 6-44 所示，选择"单速连续旋转"，输入目标速度为 8000 脉冲/秒。

④ 分配 PTO 向导建议地址，如图 6-45 所示。

⑤ 选择完成 PTO 向导配置，如图 6-46 所示。

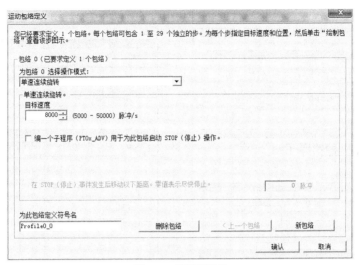

图 6-44 配置新包络

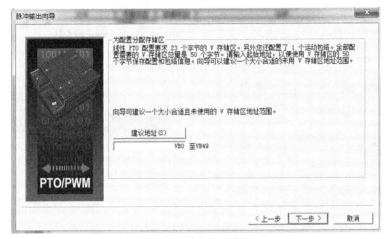

图 6-45 建议分配地址

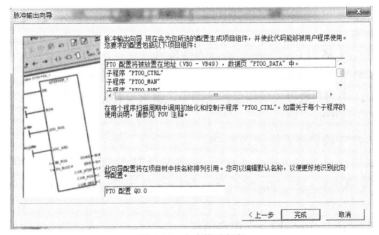

图 6-46 生成的子程序

（2）编写程序。伺服位置控制程序如图 6-47 所示。

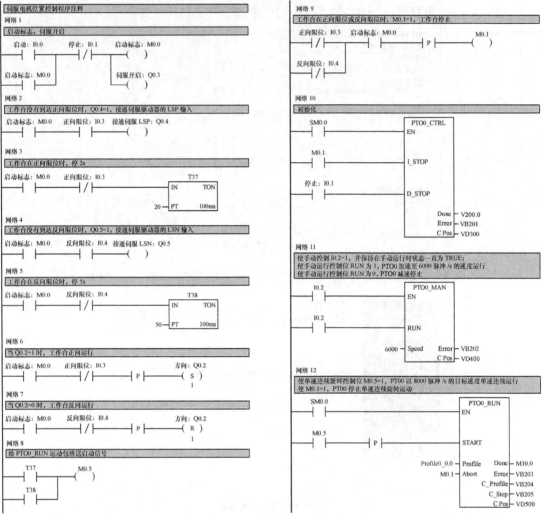

图 6-47 伺服电机位置控制程序

4. 运行操作

（1）按照图 6-41 将 PLC 与伺服驱动器连接起来。

（2）将图 6-41 中的断路器合上，则 PLC 和伺服驱动器通电。

（3）将表 6-11 中的参数设置到伺服驱动器中，参数设置完毕后断开 QF，再重新合上 QF，刚才设置的参数才会生效。

（4）将图 6-47 中的程序下载到 PLC 中。

（5）按下启动按钮 SB1（I0.0=1），伺服电机延时 5s 后开始以 8 000 脉冲/秒的速度正向运行，碰到 SQ1 后，停 2s，然后再反向运行至 SQ2，停 5s 后，继续下一个周期的运行。

按下停止按钮 SB2（I0.1=1），伺服电机停止。

在运行过程中，可以通过编程软件上的"程序状态监控"功能，监控 PLC 的运行状态。

知识拓展

一、西门子 SINAMICS V60/V80 伺服驱动器

西门子经济型伺服驱动器包括 SINAMICS　V60、V80 两个系列，V60 的工作电源是 3 相 AC220V～240V，功率范围为 0.8～2kW，V80 的工作电源是单相 AC 200V～230V，功率范围是 0.1kW～0.75kW，它们分别驱动不同的电机，并与 S7-200/S7-1200 一起构成简易、经济型伺服控制系统。

SINAMICS V80 伺服驱动系统包括伺服驱动器和伺服电机两部分，伺服驱动器总是与其对应的同等功率的伺服电机一起配套使用。SINAMICS V80 伺服驱动器通过脉冲输入接口来接收从上位控制器发来的脉冲序列，进行速度和位置的控制,通过数字量接口信号来完成驱动器运行的控制和实时状态的输出。V80 伺服驱动器的外部结构如图 6-48 所示。X1 连接插头是指令脉冲及 DI/DO 接口，主要用来接收上位机发出的脉冲信号和输入输出控制信号；X2 连接插头是接收来自伺服电机的编码器信号的接口；X10

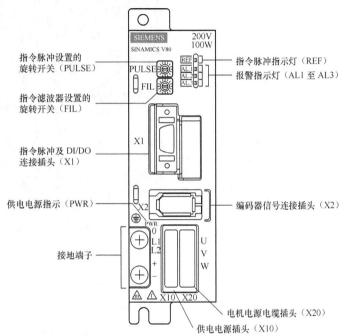

图 6-48　西门子 V80 伺服驱动器外形

是伺服驱动器的电源输入接口；X20 是连接伺服电机电源的接口。V80 上还有指令脉冲设置旋转开关，用来设置指令脉冲的分辨率、指令脉冲的连接方式及指令脉冲类型、滤波时间常数等；指令脉冲指示灯用来显示伺服电机通电状态及脉冲输入状态；报警指示灯用来显示各种报警信息。

V80 伺服驱动器可以接收两种脉冲输入形式："正转脉冲列+反转脉冲列"和"脉冲列+方向"。伺服驱动器通过脉冲的频率控制伺服电机的转速，通过脉冲的数量控制伺服电机的角位移。

二、西门子 SINAMICS V90 伺服驱动器

SINAMICS V90 作为 SINAMICS 驱动系列家族的新成员，与 SIMOTICS S-1FL6 完美结合，组成最佳的伺服驱动系统，实现位置控制、速度控制和扭矩控制。

V90 的进线电压为 380V～480V（−15%～10%），功率范围为 0.4～7kW，其外部结构如图 6-49 所示。

1．控制模式

V90 伺服驱动器支持 9 种控制模式，包括 4 中基本控制模式和 5 种复合控制模式，如表 6-12 所示。基本控制模式只能支持单一的控制功能，复合控制模式包含两种基本控制功能，可以通过 DI 信号在两种基本控制功能间切换。

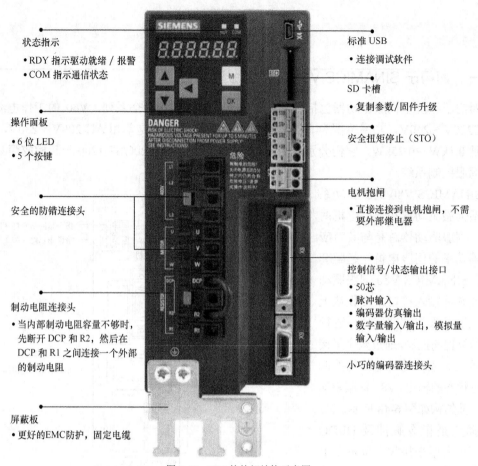

状态指示

- RDY 指示驱动就绪 / 报警
- COM 指示通信状态

操作面板

- 6 位 LED
- 5 个按键

安全的防错连接头

制动电阻连接头

- 当内部制动电阻容量不够时，先断开 DCP 和 R2，然后在 DCP 和 R1 之间连接一个外部的制动电阻

屏蔽板

- 更好的EMC防护，固定电缆

标准 USB

- 连接调试软件

SD 卡槽

- 复制参数/固件升级

安全扭矩停止（STO）

电机抱闸

- 直接连接到电机抱闸，不需要外部继电器

控制信号/状态输出接口

- 50芯
- 脉冲输入
- 编码器仿真输出
- 数字量输入/输出，模拟量输入/输出

小巧的编码器连接头

图 6-49　V90 的外部结构示意图

表 6-12　　　　　　　　　　　　　　V90 控制模式

控 制 模 式		缩　写
基本控制模式	外部脉冲位置控制模式	PTI
	内部设定值位置控制模式	IPos
	速度控制模式	S
	转矩控制模式	T
复合控制模式	外部脉冲位置控制与速度控制切换	PTI/S
	内部设定值位置控制与速度控制切换	IPos/S
	外部脉冲位置控制与转矩控制切换	PTI/T
	内部设定值位置控制与转矩控制切换	IPos/T
	速度控制与转矩控制切换	S/T

通过参数 P29003 选择控制模式，参数值如表 6-13 和表 6-14。

表 6-13　　　　　　　　　　　　　　基本控制模式选择

参　　数	参　数　值	说　　明
P29003	0（默认值）	外部脉冲位置控制模式（PTI）
	1	内部设定值位置控制模式（IPos）
	2	速度控制模式（S）
	3	转矩控制模式（T）

数字量输入 D10 的功能被固定为控制模式选择（C-MODE）。

表 6-14 　　　　　　　　　　　　　　　　复合控制模式选择

参数	参数值	DI10 控制模式选择信号状态	
		0（第 1 种控制模式）	1（第 2 种控制模式）
P29003	4	外部脉冲位置控制模式（PTI）	速度控制模式（S）
	5	内部设定值位置控制模式（IPos）	速度控制模式（S）
	6	外部脉冲位置控制模式（PTI）	转矩控制模式（T）
	7	内部设定值位置控制模式（IPos）	转矩控制模式（T）
	8	速度控制模式（S）	转矩控制模式（T）

2．数字量输入输出功能

V90 集成了 10 个数字量输入（DI1～DI10）和 6 个数字量输出（DO1～DO6）端口，其中 DI9 的功能固定为急停，DI10 的功能固定为控制模式切换，其他的 DI 和 DO 功能可通过参数设置。SINAMICS V90 可以将信号自由分配给数字量输入端口，使其具有 SON 伺服开启、RESET 复位、CWL 正向行程限位、CCWL 反向行程限位、CLR 清除、转矩限制、速度选择等功能，DI1～DI8 的功能可通过参数 P29301[X]～P29308[X]设置，不同的控制模式下的功能在不同的下标中区分。数字量输出端口 DO1～DO6 具有伺服准备就绪 RDY、ALM 报警、INP 就位、ZSP 零速检测、SPDR 速度到达等功能，DO1～DO6 功能通过参数 P29330～P29335 设置，不区分控制模式。

3．脉冲输入通道

V90 支持两个脉冲信号输入通道，通过 P29014 参数进行脉冲输入通道选择。

（1）24 V 单端脉冲输入通道，最高输入频率 200kHz。

（2）5 V 高速差分脉冲输入（RS-485/RS-422 标准）通道，最高输入频率 1MHz。

 注　意

两个通道不能同时使用，同时只能有一个通电被激活。

4．脉冲输入形式

V90 支持两种脉冲输入形式，两种形式都支持正逻辑和负逻辑，通过 P29010 参数选择脉冲输入形式。

（1）AB 相脉冲，通过 A 相和 B 相脉冲的相位控制旋转方向。

（2）脉冲+方向，通过方向信号高低电平控制旋转方向。

思考与练习

1．三菱 MR-JE-A 系列伺服驱动器的接线端子 EMG、LSP 和 LSN 在正常情况下应接常开还是常闭开关？

2．三菱 MR-JE-A 系列伺服驱动器的输入指令脉冲串有哪几种输入方式？如何接线？

3．三菱 MR-JE-A 系列伺服驱动器的脉冲输入形式有几种？由哪个参数进行设置？

4．比较三菱 MR-JE-A 系列伺服驱动器和西门子 V90 伺服驱动器的异同。

［1］向晓汉，宋昕．变频器与步进/伺服驱动技术完全精通教程［M］．北京：化学工业出版社，2015．

［2］李全利．PLC运动控制技术应用设计与实践［M］．北京：机械工业出版社，2014．

［3］蔡杏山．步进与伺服应用技术［M］．北京：人民邮电出版社，2012．

［4］李华德．电力拖动控制系统［M］．北京：电子工业出版社，2006．

［5］张燕宾．SPWM变频调速应用技术［M］．北京：机械工业出版社，2002．

［6］李方园．零起点学西门子变频器应用［M］．北京：机械工业出版社，2013．

［7］王建，杨秀双．西门子变频器入门与典型应用［M］．北京：中国电力出版社，2013．

［8］龚仲华．交流伺服与变频技术及应用（第二版）［M］．北京：人民邮电出版社，2014．

［9］陈相志．交直流调速系统（第二版）［M］．北京：人民邮电出版社，2015．

［10］蔡行健，黄文钰，李娟．深入浅出西门子S7-200PLC（第3版）［M］．北京：北京航空航天大学出版社，2007．

［11］宋爽，周乐挺．变频技术及应用［M］．北京：高等教育出版社，2008．

［12］西门子电气传动有限公司．MICROMASTER 440通用型变频器使用大全［M］．2004．

［13］西门子电气传动有限公司．MICROMASTER 440使用说明书．2004．

［14］西门子（中国）有限公司．S7-200可编程序控制器系统手册．2008．

［15］MITSUBISHI ELECTRIC CORPORATION．三菱通用变频器FR-D700使用手册（应用篇）．2008．

［16］三菱电机自动化（中国）有限公司．三菱通用AC伺服MR-JE-A伺服放大器技术资料集．北京：机械工业出版社，2015．